CHINA ARCHITEC-
TURAL
EDUCATION

U0180852

2019年　2019（总第23册）

主办单位：中国建筑出版传媒有限公司（中国建筑工业出版社）
　　　　　教育部高等学校建筑学专业教学指导分委员会
　　　　　全国高等学校建筑学专业教育评估委员会
　　　　　中国建筑学会
协办单位：清华大学建筑学院　　　　　　同济大学建筑与城规学院
　　　　　东南大学建筑学院　　　　　　天津大学建筑学院
　　　　　重庆大学建筑城规学院　　　　哈尔滨工业大学建筑学院
　　　　　西安建筑科技大学建筑学院　　华南理工大学建筑学院

顾　　问：（以姓氏笔画为序）
　　　　　齐　康　关肇邺　李道增　吴良镛　何镜堂　张祖刚　张锦秋
　　　　　郑时龄　钟训正　彭一刚　鲍家声

主　　编：仲德崑
执行主编：李　东
主编助理：鲍　莉

编辑部
主　任：陈夕涛
编　辑：徐昌强
特邀编辑：（以姓氏笔画为序）
　　　　　王　蔚　王方戟　邓智勇　史永高　冯　江　冯　路　李旭佳
　　　　　张　斌　顾红男　郭红雨　黄　瓴　黄　勇　萧红颜　谭刚毅
　　　　　魏泽松　魏皓严
责任校对：王　烨
装帧设计：编辑部
平面设计：边　琨
营销编辑：柳　涛
版式制作：北京雅盈中佳图文设计公司制版

编委会主任：仲德崑　朱文一　赵　琦
编委会委员：（以姓氏笔画为序）
　　　　　丁沃沃　马树新　马清运　王　竹　王建国　王洪礼　毛　刚
　　　　　孔宇航　吕　舟　吕品晶　朱　玲　朱小地　朱文一　仲德崑
　　　　　庄惟敏　刘　甦　刘　塨　刘加平　刘克成　关瑞明　孙　澄
　　　　　孙一民　杜春兰　李　早　李子萍　李兴钢　李岳岩　李保峰
　　　　　李振宇　李晓峰　时　匡　吴长福　吴庆洲　吴志强　吴英凡
　　　　　沈　迪　沈中伟　张　利　张　彤　张　颀　张玉坤　张成龙
　　　　　张兴国　张伶伶　张珊珊　陈　薇　陈伯超　邵韦平　范　悦
　　　　　周若祁　单　军　孟建民　赵　辰　赵万民　赵红红　饶小军
　　　　　秦佑国　桂学文　夏铸九　顾大庆　徐　雷　徐行川　徐洪澎
　　　　　凌世德　唐玉恩　黄　耘　黄　薇　梅洪元　曹亮功　龚　恺
　　　　　常　青　常志刚　崔　愷　梁　雪　梁应添　韩冬青　覃　力
　　　　　曾　坚　魏宏扬　魏春雨
海外编委：张永和　赖德霖（美）黄绯斐（德）王才强（新）何晓昕（英）

编　　辑：《中国建筑教育》编辑部
地　　址：北京海淀区三里河路9号　中国建筑出版传媒有限公司　邮编：100037
电　　话：010-58337110（7432，7092）
投稿邮箱：2822667140@qq.com
出　　版：中国建筑工业出版社
发　　行：中国建筑工业出版社
法律顾问：唐　玮

CHINA ARCHITECTURAL EDUCATION

Consultants:
Qi Kang　Guan Zhaoye　Li Daozeng　Wu Liangyong　He Jingtang
Zhang Zugang　Zhang Jinqiu　Zheng Shiling　Zhong Xunzheng
Peng Yigang　Bao Jiasheng
Editor-in-Chief:
Zhong Dekun
Deputy Editor-in-Chief:　**Editoral Staff:**
Li Dong　　　　　　　　　　Xu Changqiang
Director:　　　　　　　　**Sponsor:**
Zhong Dekun　Zhu Wenyi　Zhao Qi　China Architecture & Building Press

图书在版编目（CIP）数据

中国建筑教育.2019.总第23册/《中国建筑教育》编辑部编.—北京：中国建筑工业出版社，2020.12
ISBN 978-7-112-25687-7
Ⅰ.①中…　Ⅱ.①中…　Ⅲ.①建筑学—教育研究—中国　Ⅳ.①TU-4
中国版本图书馆CIP数据核字（2020）第240848号

开本：880毫米×1230毫米　1/16　印张：11½　字数：394千字
2020年12月第一版　2020年12月第一次印刷
定价：**38.00**元
ISBN 978-7-112-25687-7
（36591）

中国建筑工业出版社出版、发行（北京海淀三里河路9号）
各地新华书店、建筑书店经销
北京中科印刷有限公司印刷

本社网址：http://www.cabp.com.cn　中国建筑书店：http://www.china-building.com.cn
本社淘宝天猫商城：http://zgjzgycbs.tmall.com　博库书城：http://www.bookuu.com
请关注《中国建筑教育》新浪官方微博：@中国建筑教育_编辑部
请关注微信公众号：《中国建筑教育》

目 录

EDITORIAL

主编寄语

随着本期扩容，增加页面，首次出现三大学科同时在列的格局。三个一级学科，有着不尽相同的思维模式和不同的学科语言和体系，各各丰富，也各有精彩。随着科技与万物互联时代的发展，一方面，原来的学科内容在继续深化、延展，继续拓深拓宽；一方面，互联思维、5G技术、VR、遥感等新介质、新方法不断激荡原有学科内涵和体系，带来一些基本问题的升维和跃迁，专业面临的对象、要解决的问题，以及最终使用者的价值判断，都发生了很大的变化，日常无所不在的，以互联和数据为特征的"景、物"（实体的、虚拟的）都在对人类发生实实在在的影响，并带来了切身的情感体验，反过来，这些以前未曾具有的体验方式，也反作用于我们的学科专业，让我们在慎行中期待，未来会有怎样的多元和精彩。

本期的三个主要栏目：城乡规划、风景园林、建筑设计专业研究和教学，正是以上述思路在组织稿件。首先，是对原有专业领域范畴的拓深，进行横向与纵向的研究，也有对院校具体教学体系的介绍，以及专题设计的探讨；其次，是这样一些文章，它们积极地引入新的技术视野和方式、方法，以处理、解决变化了条件的老问题，从而获得超越当下现实的创新性教学成果，比较突出的是西安交通大学关于5G时代居住建筑的概念化设计，以及北京交通大学关于VR应用于建筑设计教学的两篇文章，前者的设计成果在竞赛中获奖，有力证明了它的探索是有效、有益的。

本期同时还对古老的建筑材料的建造给予了重要篇幅，东南大学等院校近年来一直致力于传统建筑材料——竹、木等——在本科基础阶段教学中的运用与实践；重庆大学、昆明理工大学的多种材料的实体建造实验，均是在基础阶段培养学生对于材料的性能和结构特性的感知，这些教学，安排得越早越好，能使学生在进入专业学习早期就能切身感受到，建筑要解决什么问题，材料的本性和建构的可能，从而更好地理解建筑的本质。

教学札记栏目，一向偏重教学中的独立思考以及对本质问题的探讨，创意工科以及创新人才培养体系的建构，均是对原有教学体系的创新发展；建筑物理，这个非主科课程，其实对建筑设计有着很大的帮助，如何教，才能让学生学进去，感受到它的重要，是需要一番功夫的。

青年论坛，以及"清润奖"大学生论文竞赛获奖论文选登，这两个栏目的文章大都是曾获奖的优秀论文，无论是青年作者，还是他们的指导老师，当时都对论文投入很多时间和精力。作为历次论文竞赛的评审人，目睹后浪纷涌，深感成果可喜。

李 东

2020年12月

城乡规划专业研究与教学
Research and Teaching of Urban and Rural Planning

二级学科视角下城乡规划学科研究述评与展望

——基于国家自科项目（2010–2019）计量分析

顾大治　孟庆贺　徐震　徐益娟

Review and Prospect of Urban and Rural Planning Based on Secondary Disciplines——Projects Statistical Analysis by the National Natural Science Foundation of China (2010-2019)

■ **摘要**：城乡规划学成为一级学科以后发展迅速，其自身学科体系建设与基础研究正蓬勃发展，势如破竹。本文选取国家自科基金官网近十年资助城乡规划学科的项目数据进行分析讨论，借助统计学方法分析项目的题目、关键词、依托单位等数据，并从资助数量、金额、类别、依托单位分析资助项目特征。然后以城乡规划二级学科为分类视角，研究二级学科国家自科项目的数据表征、高频关键词与热点内容，并总结出城乡规划学科研究三个特征，即校际差异、问题导向、研究热度不均衡。最后结合国家与社会形势发展，提出城乡规划学科未来研究趋势。

■ **关键词**：城乡规划学；国家自然科学基金；二级学科；述评；展望；计量

Abstract：Since urban and rural planning has become a first-class discipline, it has developed rapidly, and its own discipline system construction and basic research are booming. This paper discusses the project data of urban and rural planning discipline funded by the National Natural Science Foundation of China in recent ten years, analyzes the project title, key words, supporting units and other data with the help of statistical methods, and analyzes the characteristics of the funded projects from the number, amount, category and supporting units. Then, based on the perspective of urban and rural planning secondary disciplines, this paper studies the data representation, high-frequency keywords and hot content of national self-discipline projects of secondary disciplines, and summarizes three characteristics：inter school differences, problem orientation, and research heat imbalance. Finally, propose the future research trend of urban and rural planning combined with the national and social situation development.

Keywords：Urban and Rural Planning；the National Natural Science Foundation of China；Secondary Disciplines；Review；Prospect；Statistical Analysis

基金项目：合肥工业大学研究生教学改革研究项目（2019YJG10）；安徽省级教学研究项目（2017JYXM0043）

近年来，一些研究者选取国内外主流城乡规划类期刊、学术会议等，以分析城乡规划学科的基础研究现状和发展趋势[1-3]。然而以国家自科基金项目（以下简称国家自科）为切入点开展相关研究不多，且多聚焦于建筑学科和风景园林学科[4、5]。国家自然科学基金是我国基础研究的主渠道，为全面培育我国学科基础创新研究作出了重要贡献，可以说国家自科研究是学科研究的风向标，代表着学科的前沿水平与热门研究方向。城乡规划学最初是建筑学二级学科，2009年有专家认为我国正处于经济大发展与城镇化高速建设时期，亟须培养专业城市规划人才，而传统"建筑学"一级学科难以支持客观培养需要，因此建议将城乡规划学上升为一级学科[6]，2011年城乡规划学正式批准为一级学科。作为"新兴学科"的城乡规划学已经历经九年发展，本文通过统计2010—2019年国家自科基金资助城乡规划学的课题项目数量及相关内容，分析近十年间城乡规划领域学者对城乡规划基础科学研究特点及研究热点。从国家自科基金网站中获取资助课题项目的相关数据，包括立项批准时间、项目资助类型、项目名称、项目负责人、依托单位、资助金额等。其中资助类别包括面上项目、重点项目、国际（地区）合作与交流项目、专项基金项目、青年科学基金项目、地区科学基金项目等系统提供的18项类别，结果共梳理立项项目591项，以此作为本次计量分析的基础数据。

1 近十年城乡规划学科受资助项目特征分析

1.1 资助项目数量及经费分析

资助数量及经费反映出国家基金委对学科的资助力度，也侧面反映出城乡规划学科近十年资助情况的发展态势。2010—2019年城乡规划领域中国家自科项目共有591项，资助经费共25672.99万元。（图1）从资助项目数量看，2010年至2012年，资助项目数量增长较快，之后变化较平缓，总体来说近十年呈增长态势；资助项目数量的高峰拐点出现在2012年（67个）、2015年（72个）、2017年（80个）；从资助经费上看，资助经费变化与资助数量存在一定的正相关性，表现在2010年至2012年，随着资助项目数量增加，资助经费也快速增加，2012年之后，两者变化态势继续保持同步。可以看出，近十年来国家基金委对城乡规划学科资助力度不断加大，学科基础研究总体呈现增长态势。2011年城乡规划成为一级学科后，学科基础研究数量及资助金额显著增加。

1.2 资助类别分析

近十年城乡规划学科国家自科基金资助的591项中项目类型有面上项目（266项）、青年科学基金项目（292项）、地区科学基金项目（18项）、国家（地区）合作与交流项目（10项）、重点项目（3项）、专项基金项目（1项）、国家优秀青年科学基金（1项），共七种类型（图2）。其中，资助项目数量排名前三的类型为青年科学基金项目、面上项目、地区科学基金项目，占本学科总资助数量的97.47%。其中面上项目和青年科学基金项目占本学科总资助数量的94.42%，是最主要的资助类型。从资助数量增长看，面上项目和青年科学基金项目变化趋势明显，总体呈现增长趋势。

1.3 项目依托单位分析

单位承担国家自然科学基金项目数量多少体现了其具备的科研实力和学术生产能力。统计发现，591个项目分布在107家单位，依托单位分为高等院校（99家，共578项）和科研院所（8家，共13项）两类，单从立项数量上看，其资助数量占比分别为97.80%和2.20%，可见高校是国家自然科学基金立项的主要单位。具体来看，立项数量大于10项的单位共有15家，共计立项数量301项，约占总立项数量的61.08%。结合资助金额来看，15家单位资助金额共计17592.89万元，占总立项金额的68.53%。其中"建筑老八校①①"立项数量和资助金额稳居前列（图3），总计立项数量250项，资助金额12120.69万元，占

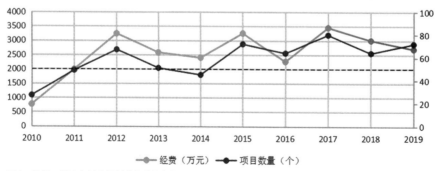

图1　2010—2019年城乡规划学自科基金资助项目数量及经费年度分布

---

① 建筑老八校是指最早开设建筑学专业，且在行业领域有重要学科影响力的八所高校，包括清华大学、东南大学、天津大学、同济大学、哈尔滨工业大学、华南理工大学、重庆大学、西安建筑科技大学。

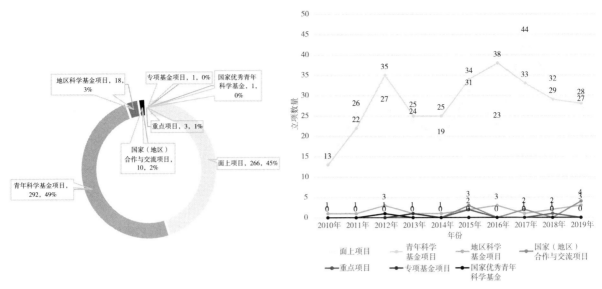

图2 城乡规划学国家自科资助项目类型及数量统计

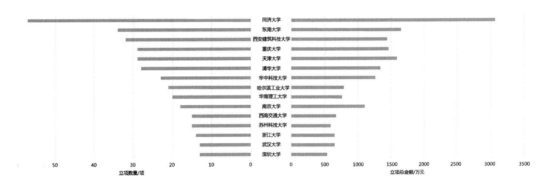

图3 立项数量与资助金额排名前列的高校单位统计

总立项的 42.30% 和 47.21%。可以看出"建筑老八校"在立项数量和资助金额上都远超其他单位，表现出强大的科研实力和学术生产能力。此外华中科技大学、南京大学、西南交通大学、浙江大学、苏州科技大学、武汉大学、深圳大学七所高校近十年承担课题项目成绩斐然，共承担 111 项，占总数的 18.78%。

2 基于城乡规划二级学科分类的资助项目研究热点分析

2011 年城乡规划学成为一级学科后，赵万民等规划学界专家学者明确了城乡规划学六个二级学科，即区域发展与规划、城乡规划与设计、住房与社区建设规划、城乡发展史与遗产保护规划、城乡生态环境与基础设施规划、城乡规划与建设管理，并明确了每个二级学科的基本内容。本文基于六个二级学科基本内容进行分类，在实际操作中筛选出每个项目中核心内容的关键词作为分类标准。统计结果发现，六个二级学科资助项目占比最多的是城乡规划与设计学科（47.21%），其他五个二级学科立项排名为城乡生态环境与基础设施规划（17.26%）、城乡发展史与遗产保护规划（15.74%）、住房与社区建设规划（7.78%）、区域发展与规划（6.60%）、城乡规划与建设管理（5.41%）。依据上述二级学科项目分类数据，分别对六个二级学科的立项项目主题进行拆解，利用教育部语言文字应用研究所开发的语料库在线网站，分别对六个二级学科的项目关键词进行词频统计，并利用 Word-Art 网站将统计结果可视化。通过对热点关键词分析，探析城乡规划学科研究进展以及相关二级学科研究热点内容。

2.1 二级学科国家自科项目的表征分析

二级学科各年份立项数量变化趋势可以反映出该学科研究领域活力程度。通过对六个二级学科十年立项数量趋势对比分析来看（图4），起初六个二级学科立项水平相差无异，但 2012 年以后城市规划与设计的立项数量远远大于其他五个学科，且整体保持增长趋势，所以在六个二级学科中，城市规划与设计的理论研究较为丰富。其次，对六个二级学科变化曲线进行线性拟合可以看出，六个二级学科十年间的关注度不断增加，但增长趋势各有差异，城市规划与设计增长趋势最为明显，其次为城乡发展史与遗产保护，而区域发展与规划、住房与社区建设规划、城乡生态环境与基础设施规划、城乡规划与建设管理四门二级学科增长趋势缓慢。可见，城乡规划学科作为新兴学科，其内部学科发展存在差异，但学科的总发展态势表现良好。

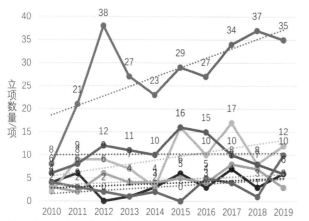

图4 城乡规划二级学科国家自科资助项目数量分析

图例:
- 区域发展与规划
- 住房与社区建设规划
- 城乡生态环境与基础设施规划
- 线性(区域发展与规划)
- 线性(住房与社区建设规划)
- 线性(城乡生态环境与基础设施规划)
- 城乡规划设计
- 城乡发展史与遗产保护规划
- 城乡规划与建设管理
- 线性(城乡规划与设计)
- 线性(城乡发展史与遗产保护规划)
- 线性(城乡规划与建设管理)

2.2 二级学科国家自科项目的共现高频关键词分析

共现高频关键词代表对某个研究对象的共同关注程度与研究持续性,对城乡规划六个二级学科进行关键词计量统计,对关键词频率不小于1.00%且排名Top10的词语统计分析,可以总结出以下特征:①"空间""城市"等关键词出现频率最高。近十年来城乡规划学的研究对象落实在"空间"上,反映出城乡规划学科研究特征,即以空间为载体,实现资源有效配置与合理规划布局,达到特定发展目标。城市是人口、经济、文化、社会等因素构成的复杂综合体,城市生产生活生态问题错综复杂,因此受到更多众多专家学者的关注。②研究区位涉及广泛,包括地理区位、文化区位、生态区位。地理区位主要是行政地理范围,涉及城市群、省市县、乡镇、农村和社区等;文化区位是以地域文化特征为划定标准,包括羌族、侗族、回族、藏族等少数民族地区,"西南山地""西北地区""关中地区"等面状地域文化地理景观区域,以及徽州文化区、都江堰灌区等地域特色历史文化区域等;生态区位是从生态系统功能角度定义,近十年来主要关注的是城市生态空间;

③研究实现目标多落脚在"机制""模式"等,研究多探讨要素之间内在关联与作用。

2.3 城乡规划二级学科关注热点内容分析

研究热点是一定时期内学者共同且持续关注的科学问题,关键词是研究核心内容的高度概括,高频关键词代表研究主题关键词出现的次数多,即是研究主题的研究热度。利用Word-Art网站的计量可视化功能与ROST CM6的词频统计功能,对六个二级学科的国家自科项目主题进行计量分析(图5),并筛选出词频贡献率在1.00%以上的关键词(表1),以此作为城乡规划二级学科热点内容分析的高频关键词,同时结合高频关键词持续关注时间演变特征(图6),探析城乡规划二级学科领域近年来的研究热点与关注内容。

(1)"城市群""城镇化"是区域发展与规划的高频关键词,2015-2019年国家相继成立10个国家级城市群,"城市群"研究在此期间受到持续关注。当前经济发展的趋势是跨区域合作[7],城市群作为跨区域合作重要形式而受到学者关注,相关研究内容包括跨域协同机制、城市群的城市体系、城市群紧凑度、城市多中心网络组织、区域就业等。从城市群研究聚焦内容来看,我国城

城乡规划学六个二级学科资助项目热点关键词　　　　表1

	区域发展与规划			城乡规划与设计			住房与社区建设规划			城乡发展史与遗产保护规划			城乡生态环境与基础设施规划			城乡规划与建设管理		
	词语	词频	频率	词语	词频	频率	词语	词频	频率	词语	词频	频率	词语	词频	频率	词语	词频	频率
1	空间	20	6.45%	空间	121	5.39%	空间	18	4.31%	保护	29	3.54%	城市	51	5.09%	城市	17	5.69%
2	机制	10	3.23%	城市	116	5.17%	社区	15	3.59%	历史	29	3.54%	空间	45	4.49%	空间	9	3.01%
3	城镇化	10	3.23%	机制	42	1.87%	城市	14	3.35%	空间	27	3.30%	设施	24	2.40%	灾害	9	3.01%
4	长/珠三角	9	2.90%	优化	36	1.60%	住区	12	2.87%	村落	21	2.56%	碳	22	2.20%	韧性	8	2.68%
5	模式	7	2.26%	模式	34	1.51%	模式	8	1.91%	机制	14	1.71%	生态	20	2.00%	安全	6	2.01%
6	体系	6	1.94%	结构	28	1.25%	环境	7	1.67%	城市	11	1.34%	优化	16	1.60%	防灾	6	2.01%
7	区域	5	1.61%	交通	27	1.20%	更新	6	1.44%	更新	11	1.34%	公共	14	1.40%	机制	6	2.01%
8	网络	4	1.61%	机理	25	1.11%	公共	6	1.44%	聚落	10	1.22%	模式	14	1.40%	技术	5	1.67%
9	演化	4	1.61%	形态	24	1.07%	健康	6	1.20%	文化	10	1.22%	布局	13	1.30%	社区	4	1.34%
10	城市群	4	1.61%	理论	23	1.02%	居民	5	1.20%	形态	10	1.22%	模拟	11	1.10%	地震	3	1.00%

注:表格中的关键词按照2个条件筛选:①关键词频率不小于1.00%;二是按词频排名前10。

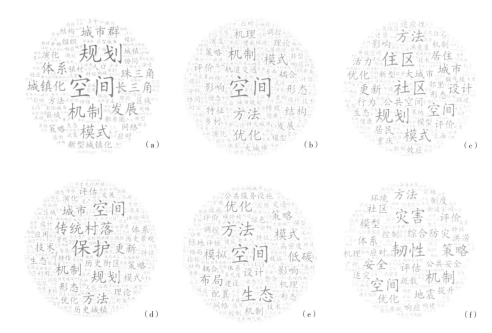

图5 六个二级学科项目关键词可视化分析结果

（a–f 依次为区域发展与规划、城乡规划与设计、住房与社区建设规划、城乡发展史与遗产保护规划、城乡生态环境与基础设施规划、城乡规划与建设管理）

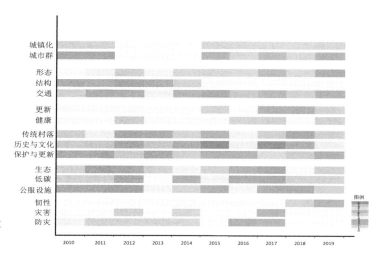

图6 二级学科高频关键词持续关注时间演变特征

市群研究多偏重于实践型理论研究，以实际问题为导向，注重解决城市群发展过程中的矛盾。城镇化是全球关注的科学问题，在中国语境下学者更多结合国情需要开展研究工作，内容包括城镇化政策研究、路径模式、城镇体系规划等。近年来，随着新型城镇化、城乡统筹发展、乡村振兴等国家战略的提出，城镇化研究有利于厘清城乡内在关系，均衡城乡发展[8]，更好地服务于国家战略。

（2）"形态""结构""交通"是城乡规划与设计的高频关键词，从关注持续性看"形态与交通"关注度高且持续研究时间长，而"结构"后期研究逐渐淡化。国家自科中形态与结构研究项目涉及空间形态与结构历史演变以及特定空间形态研究，如产业形态、居住形态、街区形态等。研究城市形态结构能够掌握城市空间变化规律，并以此引导和控制城市的空间发展[9]。有关交通方面研究主要涉及城市轨道交通与绿色交通、交通与土地利用、高铁等。交通带动着城市"流"的运转，影响着城市效率，随着城市轨道交通发展，城市交通也深刻影响着城市土地利用与空间结构、房价政策、交通与低碳生态、社会公平等，这些话题是国家自科资助的热门内容。

（3）"社区""更新""健康"是住房与社区建设规划的高频关键词，有关国家自科研究主要集中在2015 年以后。作为最小的城市管理单元——社区，与居民生活息息相关，国家自科项目中较多关注一些特殊类型社区，如保障性住房社区、老旧小区、单位大院等，反映规划学者对特殊群体的关注，以及强烈的社会责任感。老旧小区更新作为近些年政府城市管理工作一部分，也受到规划学者的关注，研究多聚焦在公共空间规划、社会网络研究、社区治理、适老化改造等。而对住区健康的研究主要涉及住区步行环境、公共健康、开放空间与老年健康等。

（4）"保护""历史""文化""传统村落""更新"作为城乡发展史与遗产保护规划保护的高频关键词，其相关研究持续时间较长，研究热度高，整体研究数量呈多增少减态势。保护与更新是历史文化遗产重要研究内容，国家自科项目保护研究的对象涉及四类：一是古代城市，包括都城（如秦都咸阳城、隋唐长安城、元大内等）、一般府县（如太行山前古代府县城市）；二是少数民族地区（包括羌族、侗族、回族、藏族等聚落）以及其他具有地域文化的区域（包括徽州地区、都江堰灌区、西南山地、西北地区、关中地区等）；三是线状文化区域，如古丝绸路沿线、河西走廊、中东铁路沿线等；四是历史名城、历史地段／地区与文化景观。研究内容涉及古代城市规划建设研究、民族及特色地区历史遗产规划建设研究、城乡历史遗产的时空演变与形态结构研究、区域性历史遗产整体研究、城乡历史遗产保护与活化研究等。

（5）"生态""低碳""公共服务设施"是城乡生态环境与基础设施规划的高频关键词，有较好的时间连续性，研究内容多样化。当前我国城乡发展面临经济结构、社会治理、环境保护等多方面矛盾，其中气候变化与生态环境问题日益受到广泛关注。国家自科项目中多涉及生态城市、低碳城市的研究，研究内容涉及低碳生态城市发展演变、指标构建与评价、低碳生态空间规划等。低碳生态空间规划强调对碳排放量的控制指标，因此在自科项目中学者围绕着碳源碳汇、碳流情景、碳排放计量、碳平衡等方面研究低碳空间规划理论与方法。此外一些学者从绿地空间、生态网络、海绵城市等方面来研究城市生态空间。在环境方面，研究者对可吸入颗粒物、雾霾天气、PM2.5以及热岛效应等环境问题展开研究。公共服务设施研究一直是热门话题，研究持续度高。在推进基本公共服务设施均等化大背景下，基础设施建设仍面临资源配置不均、服务水平差异大、规模不足等问题，一些学者在自科项目中围绕基础设施的设施配置、布局模式、绩效评价等内容展开研究，其中涉及基础设施类型包括绿色基础设施、交通设施、旅游设施、邻避设施、老年人设施、城乡基本公共服务设施等。

（6）"韧性""灾害""安全""防灾"是城乡规划与建设管理的高频关键词，可以发现灾害研究是学者普遍关注的议题，近十年来国家自科项目从聚焦"防灾"研究发展为"韧性"研究，韧性一词含义广阔，体现出对防灾减灾研究内容的丰富化与体系化。随着人们对灾害认识的提高，安全与防灾成为学者关注的重要议题，国家自科项目研究的灾害类型包括地震、洪涝、台风等，研究内容涉及防灾减灾的基础设施体系、避难空间布局与安全疏散模型、数字信息技术在综合防灾中的应用、城市韧性评价与韧性城市建设等。

3 城乡规划学科研究特征与趋势展望

3.1 城乡规划学科研究特征

3.1.1 校际差异以建筑老八校主导

建筑老八校作为城乡规划学科教育前沿基地，在城乡规划学科发展上起着重要带头作用，也是国家自科项目研究的主力军。近十年来建筑老八校承担了近50%的国家自科城乡规划学科项目，研究内容涉及城乡规划各二级学科，表现出强大的科研能力与学科水平。此外一些新秀高校，如华中科技大学、南京大学、西南交通大学、浙江大学、苏州科技大学、武汉大学、深圳大学等开始崭露头角，成为城乡规划学科国家自科研究的新兴力量。可见校际之间差异较大，形成了以建筑老八校为主导、新秀高校为辅的国家自科高校研究局面。

3.1.2 研究内容突出问题导向性

城乡规划学国家自科项目研究以鲜明问题为导向，紧扣国家发展形势，服务城乡建设热潮，注重理论探索和实践应用，体现本学科综合应用性与公共政策属性。2015年中央城市工作会议以及党的十九大等提出一系列城乡发展方向与战略，如新型城镇化、城市群、生态保护、乡村振兴、文化自信等，规划学者紧紧围绕国家战略部署，探索学科发展方向，研究内容涉及区域发展的城镇化与城市群研究、城乡空间形态结构、社区更新与管理、历史遗产保护、生态环境与基础设施规划、防灾减灾与规划管理等，规划学者以学科素养自觉服务社会需求。

3.1.3 二级学科研究热度不均衡

城乡规划二级学科国家自科研究热度不均衡，且差异较大。从数量上看，城市规划与设计学科受到资助数量及资助金额最大，远超其他五个二级学科；城乡生态环境与基础设施规划学科和城乡发展史与遗产保护学资助项目数量位居中等；而城乡规划与建设管理学科资助项目较少。从高频关键词持续关注时间看，城乡发展史与遗产保护、城市规划与设计、城乡生态环境与基础设施规划三个学科热点内容持续关注时间较长。造成研究热度不均衡的原因有二：一是各二级学科人才分布不均衡；二是二级学科研究团队发展程度不一。

3.2 城乡规划学科研究趋势与展望

中国特色社会主义进入新时代，城乡规划学科作为服务于国家与城市发展的综合应用型学科，其核心宗旨是响应和支持国家战略和新时代发展要求。有学者分析近年中央文件有关城乡规划内容，指出"生态""乡村""国土空间规划""文化""安全"等是未来城乡规划学科研究的宏观趋势[10]，因此结合当前国家政策形势与社会发展趋势探讨城乡规划学科研究的未来趋势及展望。

3.2.1 响应生态文明建设战略

党的十八以来，生态文明建设提升到较高战略地位，生态文明事关美丽中国建设。当前世界面临资源紧张、环境污染、生态系统破坏等生态问题，要实现资源可持续利用、社会可持续发展、生态系统可持续循环，生态文明建设势在必行。城市与乡村是生态文明建设的重要物质空间载体，城乡规划作为研究空间属性的学科，应主动响应生态文明建设战略，以"绿水青山观"去认识城乡空间发展，需要深入研究城乡生态网络空间保护、环境治理与恢复、空间开发格局控制、绿色低碳循环发展等内容。

3.2.2 支持乡村振兴建设发展

党的十九大将乡村振兴提升为国家战略，广大农村地区迎来新的发展机遇。"农村建设，规划先行。"实施乡村振兴离不开城乡规划学科的支持。当前农村建设正火热进行，但也面临一些问题，城市经验主义、精英规划等层出不穷，导致农村规划生硬，缺乏地方特色，虽有专家发声批评，但力量仍不足。因此城乡规划领域需要投入更多关注，扎根农村，开辟村庄规划的专属理念，以人为本，突出农村特色，注重实用性与可操作性。解决农村发展与建设过程中的实际问题，关注城乡统筹、空间发展、生态保护、人居环境整治、乡村传统文化等议题。

3.2.3 适应国土空间规划要求

国土空间规划作为多规合一实现途径，正深刻影响着我国空间规划的发展。城乡规划学科应主动迎头面对，做好调整，积极探索学科融合与深刻改革，以适应国土空间规划要求。关注国土空间规划实质内容研究，以问题为导向，深入研究规划体系改革以及在此语境下各级空间规划的分类研究。此外注重学科人才培养，完善城乡规划学科教育培养结构，与时俱进，为国家培养一批专业人才。

3.2.4 体现国家文化自信魅力

文化是一个民族自然的内在魅力，深刻影响着每个人。文化自信是民族自豪感的重要体现，城乡规划学应结合自身学科特点与优势，深入挖掘民族文化内涵与地域历史文化资源，研究历史文化的保护与活化传承，保护文化物质空间载体与非物质文化，合理开发文化资源，为我国文化事业贡献学科力量。

4 结语

城乡规划学成为一级学科已有9个年头，通过对城乡规划学国家自科项目研究，可见城乡规划学科基础研究正如火如荼开展，但作为新兴学科仍有很多问题有待深入研究与探讨。未来学科应充分利用国家自然科学基金平台，发挥高校与科研院所的科研能力，立足国家与社会发展趋势，加强学科基础理论和实践应用研究，完善城乡规划学科研究结构体系。

参考文献：

[1] 牛通，刘颖，潘泽强等.国外城市规划学刊研究热点与趋势——基于6种主流规划类期刊的计量研究[J].规划师，2019（2）：91-98.

[2] 彭翀，吴宇彤，罗吉，黄亚平.城乡规划的学科领域、研究热点与发展趋势展望[J].城市规划，2018，42（07）：18-24+68.

[3] 袁媛，陈金城.近十年英国城市规划研究——以《城镇规划评论》期刊为例[J].国际城市规划，2015，30（01）：78-85.

[4] 刘娜，王玏.风景园林领域自科基金资助项目及研究热点探析[J].中国基础科学，2016，18（06）：56-60+43.

[5] 曹伟，吴佳南.自科基金资助建筑学城乡规划类课题的统计研究[J].建筑学报，2012（S1）：1-5.

[6] 赵万民，赵民，毛其智.关于"城乡规划学"作为一级学科建设的学术思考[J].城市规划，2010，34（06）：46-52+54.

[7] 邓文博，宋宇.区域合作促进经济增长效应评估[J].华东经济管理，2020，34（08）：64-75.

[8] 姚石，吴淑莲.基于文献计量学的城乡融合发展相关研究综述[J].小城镇建设，2020，38（06）：5-11.

[9] 齐康.城市的形态[J].现代城市研究，2011，26（05）：92-96.

[10] 杨晓丹，周庆华.文献分析视角下我国城乡规划学科研究动态[J].现代城市研究，2020（01）：81-88.

图表来源：

本文图表均为作者自绘

作者：顾大治，合肥工业大学副教授，博士，硕士生导师；孟庆贺，合肥工业大学城乡规划学硕士研究生；徐震，合肥工业大学副教授，博士，硕士生导师；徐益娟，合肥工业大学城乡规划学硕士研究生。

城乡规划专业研究与教学

Research and Teaching of Urban and Rural Planning

面向新工科建设的天津大学建筑学院城市更新课程体系建构

左进　赵佳　李曌

Construction of Urban Regeneration Curriculum System of School of Architecture of Tianjin University for New Engineering Construction

■ 摘要："新工科"建设以继承与创新、交叉与融合、协调与共享为主要途径。在此背景下，城市更新教学应注重学科融合与实践探索。本文以天津大学建筑学院城市更新课程体系为对象，以"设计认知""理论提升"与"实践应用"为主干，构建覆盖本科二、三、四、五年级以及硕士一年级的"N+1"式的贯穿式课程体系。通过教学方法的创新拓展与多方联合，涉及多元学科交叉，以问题为行动导向，通过创新从实践中求解，展开城市更新的研究、教学与实践工作。

■ 关键词：新工科建设；城市更新；课程体系；教学方法

Abstract："New engineering" construction takes inheritance and innovation, crossover and integration, coordination and sharing as main approaches. Under this background, Urban Regeneration teaching should pay attention to subject integration and practice exploration. This paper takes the Urban Regeneration curriculum system of school of architecture of Tianjin University as the object, takes "design cognition", "theory improvement" and "practical application" as the main body, and constructs the "N+1" penetrating curriculum system covering the second, third, fourth, fifth years of undergraduate and the first year of master´s degree. Through the innovation and expansion of teaching methods and the combination of multiple disciplines, the research, teaching and practice of Urban Regeneration are carried out by taking the problem as the action orientation and solving from practice through innovation.

Keywords：New Engineering Construction；Urban Regeneration；Curriculum System；Teaching Method

基金项目：天津市哲学社会科学规划课题（TJGL18-021）、高等学校学科创新引智计划（B13011）

1 "融合创新"的新工科建设需求

建设中国特色世界一流大学，培养适应新时代需要的一流卓越人才，是教育发展的重大战略任务。"新工科"是以立德树人为引领，以应对变化、塑造未来为建设理念，以继承创新、交叉融合、协调共享为途径的我国工程教育改革方向，通过统筹考虑"新的工科专业、工科的新要求"，促进学科融合，推进实践探索[1-4]。

新工科的建设需要从专业分割转向交叉融合。复合型人才作为新时代发展背景下产业界人才需求的要点，学生的学科交叉能力和跨界整合能力是产业界对人才的新要求[5]。因此，新工科的建设应着力推动学科专业交叉融合与跨界整合，促进科学教育、人文教育与工程教育的有机融合，通过积极探索思维综合性、问题导向性、学科融合性课程，构建"融合创新"的教育新模式。

新工科的建设需要从学科导向转向需求导向。新工科"反映了未来工程教育的形态，是与时俱进的创新型工程教育方案，需要新的建设途径"[1]。以实践为导向，对各专业课程建设提出结合办学特色，注重教学实践环节创新的要求，通过优化配置学科资源，加强产学结合、校企合作，可以不断激发学生的创新意识与实践能力，培养多元化、创新型卓越工程人才。

2 城市更新的整体背景

2.1 城市更新的现状及问题

经济新常态下，城镇化发展逐渐从侧重增量开发建设过渡到存量和增量并重。城市更新中人文价值与经济价值的共生与复兴，是盘活城市空间存量的重要内容，也是激发城市创新活力的重要空间载体。深圳、上海、北京等城市已经相继开展了大量存量规划背景下的城市更新实践活动。针对城市更新规划和实施特点出台《城市更新管理办法》及相应《细则》[6-9]，以解决城市问题为目标，以更新项目实施计划为协调工具，制定相应城市更新举措[10-11]。

同时，城市更新是一项复杂的系统工程，常常面临土地利用粗放、空间资源紧缺、公共设施缺乏、产权复杂多元、交易成本巨大、历史文化缺失等多元问题。产生这些问题的原因错综复杂，如何基于城市更新的多维视角，以问题为行动导向，通过创新方式从实践中求解是城市更新领域所面临的问题和挑战。

2.2 城市更新的未来趋势

2016 年世界"人居三"大会通过的《新城市议程》(New Urban Agenda) 从经济、环境、社会、文化等多个问题领域对全球的城市规划以及城市更新工作提出了新的要求[12]。在此背景下，我国城市更新呈多元维度发展，不仅关注物质层面的更新，还包括社会、经济、文化等层面的更新[13]。城市更新的特征决定了这是一项多学科综合性的研究，未来城市更新课程体系的建设将存在更多面向。通过搭建城乡规划学、建筑学、风景园林学、地理学、社会学、经济学、管理学、法学等多元学科交叉的学术平台，促进多专业、多学科的有机融合[14]。

从城市更新课程本身来看，该课程知识覆盖面广，内容庞杂，课程容量相对较大。无法通过开设单一理论课程让学生对城市更新有全面深入的理解，需要以循序渐进的方式，让学生首先通过观察、体验城市来认知城市更新理念，再通过理论与实践相结合的方式较为系统地理解城市更新体系。因此，如何围绕多元学科交叉，从实际问题出发展开城市更新的研究、教学与实践工作是未来城市更新学科的发展趋势。

3 "设计+理论+实践"的城市更新课程体系建构

多学科融合、从实践出发是城市更新以及新工科建设的共同需求。在此背景下，天津大学建筑学院城市更新课程教研组（以下简称"教研组"）通过对城市更新领域现状及发展趋势的敏锐研判以及对城市更新成为城市空间发展主导模式的快速响应，以培养学生设计思维、工程思维、批判性思维和数字化思维为本，通过"设计＋理论＋实践"相结合的教学环节以及多元化贯穿式的课程模块，构建覆盖本科二、三、四、五年级以及硕士一年级的贯穿式的城市更新课程体系。

3.1 "N+1"式的课程体系建构

天津大学建筑学院城市更新课程体系（以下简称"课程体系"），包含课程类型、课程内容、课程模式以及课程模块等方面。教研组通过对本科及硕士阶段培养方案的不断更新以及对课程体系的不断修订，在开拓和完善课程结构体系的基础上，强化主干课程教学，采用"N+1"的阶段教学培养模式，即本科阶段采用"设计认知""理论提升"与"实践应用"的递进式教学模式以及硕士一年级采用"理论结合实际"的综合性教学模式，构筑横向合作与纵向培养的网络化的培养体系（图1）。

本科阶段第一层次的设计课程模块作为课程体系的基础，主要运用在本科二、三年级专业设计课程中。结合二年级"城市社区中心组群规划设计"课程，以真实的城市老旧街区为研究对象，鼓励学生用天真的眼睛观察世界，运用互联网平台与田野调查等，了解使用者需求，剖析现实问题，定位建筑功能，从不同维度思考并进行空间设计（图2），培养学生观察城市、体验城市的基础能力。

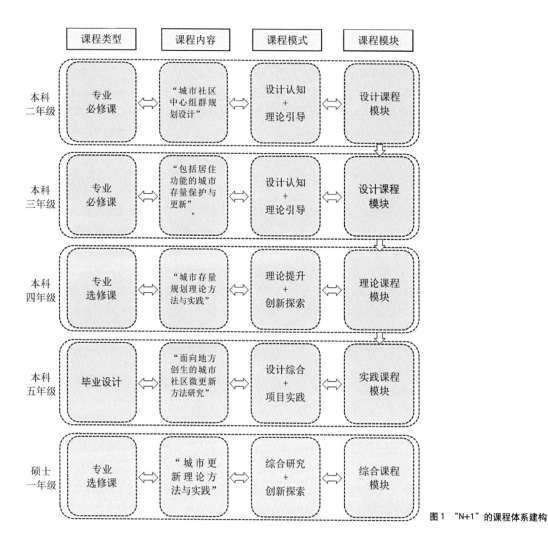

	课程类型	课程内容	课程模式	课程模块
本科二年级	专业必修课	"城市社区中心组群规划设计"	设计认知 + 理论引导	设计课程模块
本科三年级	专业必修课	"包括居住功能的城市存量保护与更新"	设计认知 + 理论引导	设计课程模块
本科四年级	专业选修课	"城市存量规划理论方法与实践"	理论提升 + 创新探索	理论课程模块
本科五年级	毕业设计	"面向地方创生的城市社区微更新方法研究"	设计综合 + 项目实践	实践课程模块
硕士一年级	专业选修课	"城市更新理论方法与实践"	综合研究 + 创新探索	综合课程模块

图1 "N+1"的课程体系建构

在三年级"具有居住功能的城市存量保护与更新"设计课程中，尝试与台湾省东海大学景观学系的本科三年级开展联合设计（图3），以"双城奇谋"为主题，针对台中绿川绿空廊道与天津十五经路老旧片区两个不同历史，但具备类似地理背景的城市更新实践研究进行比较学习，促进两岸师生交流，从实际调查中凝练问题、针对实际问题开展策划研究、基于研究进行针对性设计，使学生在设计课程中初步认知城市更新理念与方法。

本科阶段第二层次的理论课程模块在设计课程模块基础上进一步展开，主要运用在本科四年级的专业选修课程中。在设计认知的基础上，结合对社会学、经济学等多学科交叉的相关课程学习，面向建筑学、城乡规划学学生开设"城市存量规划理论方法与实践"的理论教学。通过对城市更新相关发展历程的梳理，以及对北京、上海、天津、成都、厦门、台湾等实际案例的解读，总结出城市更新的类型、维度及特点，引发学生对城市更新的现实需求及发展趋势产生思考。在案例与实践分析的基础上进行理论与方法提升，加强学生对城市更新的理解，拓展思考理论方法在城市更新实践中的运用。

图2 二年级设计课程城市认知板块

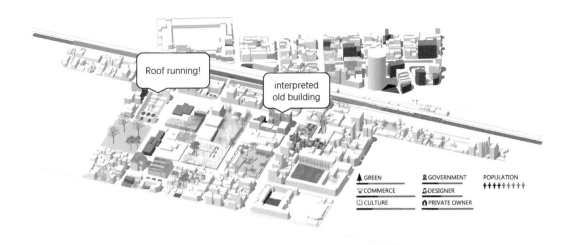

图3 三年级联合设计成果

　　本科阶段第三层次的综合课程模块则是在设计模块与理论模块的基础上展开，主要运用在本科五年级的毕业设计中。基于当前城市更新实践开展以"面向地方创生的城市社区微更新方法研究"为主题的毕业设计，与台湾省元智大学艺术与设计学系教师联合指导，针对台湾基隆老旧社区，带领学生进行实地探访，通过驻地访谈、跨域合作与参与式设计等特色实践方式，引导学生认知基地，挖掘传统社区历史人文与资源价值，探索地方创生策略，提出社区有机更新的方法（图4、图5）。以实践项目为研究对象，让学生深入参与到城市更新的实践当中，培养学生"设计结合实践"的能力。

　　硕士阶段则采用"理论结合实践"的综合性教学模式，主要体现在硕士一年级建筑学及城乡规划学的专业选修课"城市更新理论方法与实践"中。鼓励建筑、城乡规划等不同专业的学生自愿结组，以小组为单元进行问题探索与创新拓展。鼓励学生快速响应当前城市更新的实际需求，发掘凝练城市更新面临的问题挑战，敏锐研判城市更新的发展趋势，以课上PPT汇报的方式与设计机构的资深规划师进行深入讨论，之后再以结课论文形式进行总结，从而针对理论与实践问题进行探索与创新拓展，培养学生的思考与创新能力。

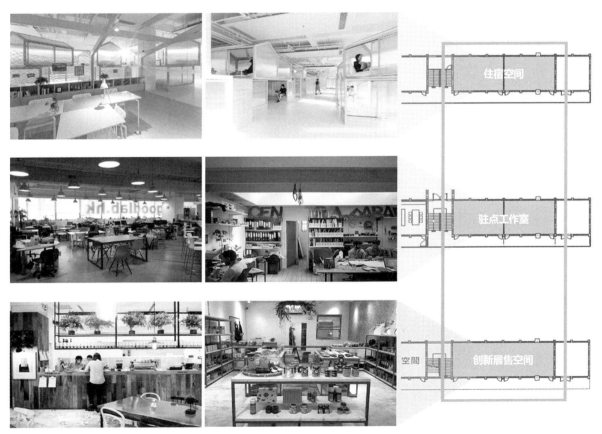

图4-1 台湾基隆老旧社区公共空间优化

a. 改造前　　　　　　　　　　　　　　　　　　　　b. 改造后

图5　台湾基隆老旧社区传统业态复兴

本课程体系中各课程之间相互联系，贯穿本科及硕士培养全过程，采用设计、理论与实践课程有机结合的创新教学方式，为培养多元化、创新型的"新工科"人才提供支撑。

3.2　多元化贯穿式的课程模块构建

面向"新工科"人才培养需求，呼应城市更新的发展趋势，教研组对课程体系进行模块化分类，以城市更新理论与设计课程为主干（表1），关联校内相关学科课程（表2），涉及地理学、社会学、经济学、管理学、法学等多学科、多专业渗透。教研组通过不断强化主干课程，完善和开拓相关课程，按照由浅入深、循序渐进的认知客观规律，融入由本科生到硕士生、由低年级到高年级的教学过程中。授课形式根据不同学习阶段，选择不同授课形式，通过课堂讲授、专题讲座、实践调研、规划设计以及工作营等多元化方式，提升学生的参与程度以及接受程度。通过与其他人文学科、自然学科有机结合，使城市更新更加符合社会与经济规律，也培养学生认识城市更新的核心，形成不同知识间的关联。

4　创新拓展、多方联合的教学方法探索

4.1　创新拓展的教学方法

4.1.1　多专业领域教学研讨拓展

鉴于城市更新课程多学科背景和教学内容广度要求，教研组在课堂讲授基础上，增加拓展研讨板块，有针对性地邀请城市更新及相关领域专家参与教学研讨。专家根据自身的研究背景和工作成果，从城市更新理论方法与实践探索角度讲授社会观察、信息技术、策划运营等多角度专题，促进学生对城市更新深入全面了解，有效拓展学生视野，思考不同专业与城市更新的相关性（表3）。同时，通过理论研究、方法创新以及实践探索等不同类型及主题的拓展研讨增加了前沿理论创新的参与度，实现不同学科优势互补。

城市更新课程体系主干课程模块一览表　　　　　　　　　　　　　　　　　　　　　　　　表1

年级	课程 （学时）	性质	教学目标	内容	教学方法	作业与评价方式
本科二年级	建筑设计二 （64学时）	设计	（1）掌握城市传统街区中建筑组群规划设计的规律与组合方式；（2）强调综合能力培养和设计过程体验；（3）提高对城市公共空间形态的基本认识和设计能力	城市社区中心组群规划设计	课堂讲授/互动研讨/设计指导	策划＋图纸＋模型（联合评图）
本科三年级	城市规划设计二 （64学时）	设计	（1）进一步掌握居住社区和各类城市公共建筑设计的基本知识；（2）强调综合能力和设计过程；（3）训练存量和增量规划相结合的能力	包括居住功能的城市存量保护与更新	课堂讲授/互动研讨/设计指导	图纸＋模型（联合评图）
本科四年级	城市存量规划理论方法与实践 （16学时）	理论	（1）了解城市更新与存量规划的基本概念，形成初步认知；（2）理解当前城市增存并行发展的现实需求	包括理论讲授与案例分析，学生以小组为单元观察城市问题	课堂讲授/互动研讨	小组PPT汇报（联合评图）
本科五年级	毕业设计 （96学时）	设计＋实践	（1）培养多元视角，综合运用城市更新及其他领域知识；（2）校内外联合培养，让学生深入参与实践项目；（3）训练设计、理论、实践相结合的能力	面向地方创生的城市社区微更新方法研究	设计指导/实地教学	毕业论文/毕业设计（联合评图）
硕士一年级	城市更新理论方法与实践 （16学时）	理论	（1）了解并掌握城市更新的概念与方法；（2）理解城市更新与城市发展的关系；（3）发掘当前城市更新发展过程中的问题与实际需求，总结城市更新的发展趋势	包括理论讲授与案例分析，学生以小组为单元发掘当前城市更新的现实需求和发展趋势，针对理论与实践问题进行探索与创新拓展	课堂讲授/互动研讨	研究论文/小组PPT汇报（联合评图）

城市更新课程体系相关课程模块一览表 表2

年级	课程 （课时）	性质	相关学科	与城市更新的关系
本科三年级	城市经济概论 （16学时）	理论	经济学	存量用地再开发是产权交易和利益重构的过程，城市规划应当从基准分析和制度分析考虑[15]，以经济学原理为基础，通过城市更新策略使得土地资源得到最优化利用，推动产业结构升级，促进城市发展
本科四年级	城市地理概论 （16学时）	理论	地理学	城市地理学主要研究利用人地关系协调以及解决城市问题，借助地理信息技术，分析地理空间利用以及人群需求，为城市更新提供策略基础，建设满足人们需求的城市网络，提供多样化服务[16-17]
本科四年级	城市规划社会学概论 （32学时）	理论 + 实践	社会学	城市社会学主要对城市研究的基本理论进行梳理与比较，为经验与应用研究提供参考指导。在聚焦的早期城市社会学理论的同时，展望当前全球化与信息化背景下，城市研究走向更加开放多元的新趋势[18]
本科四年级	城市规划管理与法规 （24学时）	理论	法学，管理学	完善的法规机制能够保障城市更新有序进行，有利于城市土地资源整合，避免政府职能异化，推进城市治理进程[19]
本科四年级	历史文化名城保护 （16学时）	理论	法学，管理学	作为城市更新中重要分类，保护历史文脉，延续城市传统，能够有效推动城市特色传承与发扬，激发旧城活力[20]

课程相关研讨讲座简表 表3

研讨面向	讲座主题	主讲人	内容概要
理论研究类	新型城镇化背景下城市更新的动因，探索与展望	阳建强 东南大学建筑学院教授	结合各地推进的城市更新工作，提出城市更新在注重城市内涵发展，提升城市品质，促进产业转型的趋势下日益得到关注
理论研究类	城乡异变：从二元对立到二元消解	张宇星 深圳大学建筑与城市规划学院教授	聚焦城乡之间从二元对立到二元消解的关系转变，提出在未来的地理空间体系中，城市和乡村将成为只存在于历史叙事中的名词概念
理论研究类	台湾现代建筑与社区结合的观察	阮庆岳 台湾元智大学艺术与设计学系教授	针对台湾现代建筑与社区的结合，对整体趋势上的发展做出描述与观察
方法创新类	遥感大数据智能计算及在城乡规划中的应用	骆剑承 中国科学院空天信息研究院研究员	地理时空与遥感大数据；遥感大数据粒结构模型；AI遥感：从感知到决策；遥感数据应用于城乡规划的思考
方法创新类	人工智能时代的建筑生态	杨小荻 深圳小库科技有限公司创始合伙人	以"人工智能时代的建筑生态"为主题，将人工智能应用于城市规划和建筑设计领域，构建全新的设计体系
方法创新类	项目策划——重新定义	郭泰宏 黄靖联合设计机构首席策划师	何为项目策划；如何通过策划激活城市；在具体项目中运用的实例
方法创新类	城市更新中的一体化设计	凌克戈 上海都设营造建筑设计事务所有限公司董事总建筑师	聚焦如何留住城市记忆的问题，提出了"脑洞大开，不拘一格"是城市更新的重要特征
方法创新类	城市浮洲计划：地景采集器的建筑思考与实践	陈宣诚 台湾中原大学建筑系专任助理教授	通过地景艺术挖掘当代城市底层的能量，并探问另一种艺术场域生成的可能
方法创新类	再聚落：艺术浸润下的城市生发诗学想象	邱俊达 台湾共感地景创作策展人	以社区策展实务经验、实验建筑以及筹划中的区域型艺术季为例，阐述城市生发诗学的构思与实践
方法创新类	不是乌托邦：2018年的循环行动	王家祥 台湾Renato lab合伙人	聚焦循环经济，并与商业模式转移、建筑设计、城市更新等深度关联
实践探索类	社区空间文化线路营造——对山地城市聚落空间文化的再定义	黄瓴 重庆大学建筑城规学院教授	以重庆嘉西村等社区为例，探索重庆"营造山地城市社区空间文化线路"的重要价值
实践探索类	装配式建筑在旧改项目中的适应性研究——以白塔寺实际改造项目为例	刘智斌 北京清华同衡规划设计研究院有限公司建筑分院副院长	讨论了装配式建筑在城市旧改项目中的适应性问题，并尝试提出一套完整的产业化解决方案
实践探索类	大尺的原都市建筑	郭旭原 台湾郭旭原建筑师事务所主持人	通过不同的角度和多重的思维看待建筑设计与城市更新，项目执行需跨界合作与整合
实践探索类	老城市，新态度	吴声明 台湾十禾设计主持人	以台北老旧公寓改造为例，提出微小建筑的介入不仅仅停留在"区域改善"层面，更要能催化"都市保育"的整体效应
实践探索类	重新想象	曾柏庭 台湾Q-LAB建筑师事务所主持人及设计总监	通过建筑改造案例分享，探究如何从人文角度进行城市再造与设计
实践探索类	重识价值与空间再造——以昆山中山堂地块改造规划实施为例	艾昕 弈机构（上海）投资咨询＆规划设计机构总经理/合伙人	以昆山中山堂地块的改造为例，分享对遗产的价值重识与空间再造的经验方法

4.1.2　线上线下资源开放共享

随着互联网媒体的普及，"互联网＋"也开始运用到教学领域。"互联网＋城市更新教育"不单指在教学中的互联网或移动数字技术应用，更是通过互联网技术搭建各种教学平台，拓展教学环境，推动教育资源开放共享。目前，中国城市规划年会城市更新专题会议、中国城市规划设计研究院业务交流与技术培训会、"智慧规划·未来社区"论坛等许多相关会议及论坛均开展了线上直播（图6）。在教学过程中，教研组鼓励学生参与线上学术活动，了解更多城市更新领域的前沿动态与实践案例，并在自主学习后在课堂上进行开放式讨论（图7），实现互联网与传统教育的融合，推动教育资源开放共享。

4.2　多方联合的教学方法

4.2.1　技术创新应用

在城市更新课程教学的过程中，教研组积极推进"校校联合"的教学方式，与海峡两岸多个高校开展联合教学。除此之外，教研组还采用"校企联合"的方式，与相关设计机构达成教学合作协议。一方面通过与天津市城市规划设计研究院等设计机构合作，依托"百度慧眼天津规划院联合实验室"，在设计中结合百度慧眼大数据，从不同视角切入，针对天津和平区小白楼五号地、天津市河东区十五经路片区等开展传统街区有机更新行动规划与设计（图8），引导学生综合思考空间和行为数据，形成具有实用性的研究成果。另一方面与中国科学院空天信息研究院遥感科学国家重点实验室进行战略合作（图9），开展城市更新中智

图6　线上学术会议直播

图7　线下开放式讨论

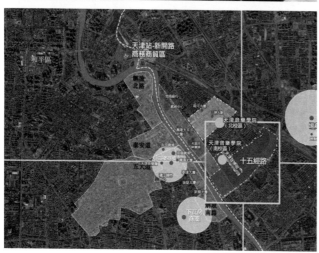

图8　天津十五经路传统街区有机更新行动规划与设计

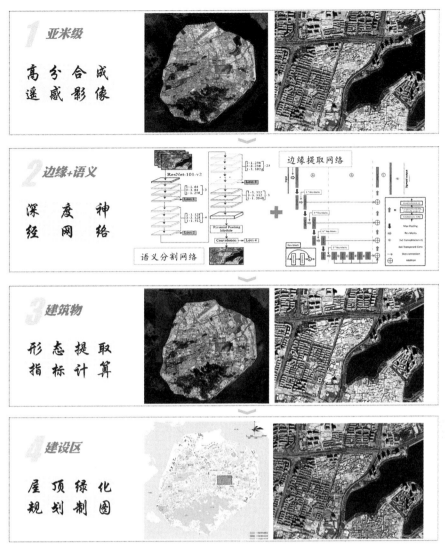

图9　城市更新中智能技术的应用研究

能技术的应用研究，有效推动技术创新、拓展应用领域，为培养多元化、创新型的卓越工程人才提供支持。

4.2.2　设计联合实践

在城市更新课程教学的过程中，教研组采用"多元导师联合"的教学方式，通过邀请知名设计机构企业导师作为兼任教师，参与到集中授课以及分组指导的过程中，培养学生的创新思维与设计能力。通过多元导师联合教学模式，将"研究性"与"实践性"结合，从多维关注视角、多方利益诉求以及多元价值判断维度引导学生思考，提升学生专业理解力与判断力。

在城市更新设计课程点评的过程中，教研组在各阶段的评图过程中邀请设计机构、管理部门以及高校教师联合讲评，针对设计课专题内容，学生以答辩形式阐述设计思路，形成与行业内专家的直接互动。评图专家对学生的设计与表达提出有针对性的意见，引发学生思考，并从实践角度提出所需的专业技能和不足之处，为初步接触规划设计的学生树立"规划落地"的意识（图10）。

在理论课程讨论的过程中，教研组鼓励规划、建筑等不同学科背景的学生结组合作，采取"汇报＋研讨"的形式，邀请来自规划设计机构、规划管理部门的不同专家，组成角色多元的专家点评小组进行综合评价并给出相应建议。通过搭建与行业专家交流的平台，激发学生更深层次的思考，也为企业探索有潜力的规划人才提供了解渠道（图11）。学生也可以在综合"多家之长"的实际指导过程中收获知识与技能，从不同方面理解城市更新的本质内涵与核心价值。

图 10　设计课程联合评图　　　　　　　　　　图 11　课程研讨联合点评

5　总结及展望

综上所述，城市更新课程体系的建构不是单纯将城市更新课程进行罗列，而是将城市更新的理念融合贯穿到整个主干课程及相关课程的课程体系架构之中。基于此，教研组提出构建贯穿本科二、三、四、五年级及硕士一年级教学过程的"N+1"式的城市更新课程体系，建立多元教学模块，内容涵盖社会、经济、文化、物质环境等多元维度，促进学科融合，推动实践探索。通过"创新拓展、多方联合"的教学方法，推进企业与高校的合作共建。在此基础上，为了进一步培养多元化、创新型的卓越工程人才的新工科建设目标，未来城市更新课程体系的建设还将存在更多面向。

5.1　加强城市更新课程模块间的关联性

在目前课程体系建设的过程中，城市更新相关课程更多是依附在城乡规划学专业课程体系的框架内。除了城市更新为主干课程外，辅以地理学、社会学、经济学等相关课程，但各类课程之间关联性需要进一步加强，否则极易形成知识碎片化等问题。因此，未来课程体系的建设需要进一步探索如何增强相关课程的衔接内容，形成更加完备的贯通式课程体系。

5.2　有效构建多元机构联合的开放式教学

在城市更新教学的发展过程中，亟待打破专业领域间的壁垒，搭建互融共通、多元开放的交流平台，鼓励多元机构及科研院所联合教学培养，促进城市更新与其他领域的融合，共同探索城市更新教学的新路径和新视角，达到课程体系开放灵活化的目标。

5.3　在城市更新领域深化应用智能技术

基于当前智能技术的快速发展，新数据环境为城市更新发展提供了新的研究视角与技术支持，弥补了传统城市更新过程中主观性强、科学依据不足的情况。将大数据分析、人工智能识别与智能计算等智能技术嵌入到城市更新研究、实践及教学过程中，将是未来城市更新发展的重要趋势。

参考文献：

[1]　钟登华.新工科建设的内涵与行动 [J].高等工程教育研究，2017（3）：1-6.

[2]　曹英丽，许童羽，王立地等.以信号类课程为核心构建农业信息化背景下电子信息专业实践教学新体系 [J].高等农业教育，2016（3）：81-83.

[3]　郭业才，王友保，胡昭华等.以电子信息专业类协同建设为契机，构建人才分类培养模式：以南京信息工程大学为例 [J].大学教育，2014（3）：53-55.

[4]　林健.新工科建设：强势打造"卓越计划"升级版 [J].高等工程教育研究，2017（3）：7-14.

[5]　张凤宝.新工科建设的路径与方法刍论——天津大学的探索与实践 [J].中国大学教学，2017（07）：8-12.

[6]　深圳市规划和国土资源委员会.深圳市城市更新办法 [Z].2009-12-01.

[7]　深圳市规划和国土资源委员会.深圳市城市更新办法细则 [Z].2012-01-21.

[8]　上海市人民政府.上海城市更新实施办法 [Z].2015-05-15.

[9]　上海市规划和国土资源管理局.上海城市更新规划土地实施细则 [Z].2017-11-17.

[10]　刘昕.城市更新单元制度探索与实践——以深圳特色的城市更新年度计划编制为例 [J].规划师，2010，26（11）：66-69.

[11]　匡晓明.上海城市更新面临的难点与对策 [J].科学发展，2017（03）：32-39.

[12]　石楠."人居三"、《新城市议程》及其对我国的启示 [J].城市规划，2017（1）：9-21.

[13]　孙施文.关注城市更新，推动城乡规划改革 [EB/OL].http：//www.tjupdi.com/new/index.php?classid=9164&newsid=16739&t=show，2014-12-19/2019-5-24.

[14]　阳建强.走向持续的城市更新——基于价值取向与复杂系统的理性思考 [J].城市规划，2018，42（06）：68-78.

[15]　赵燕菁.制度经济学视角下的城市规划（上）[J].城市规划，2005（06）：40-47.

[16] 郭生智，张晓锋．基于地理视角的智慧城市规划的理论研究 [J]．居舍，2018 (29)：103.

[17] 甄峰，席广亮，秦萧．基于地理视角的智慧城市规划与建设的理论思考 [J]．地理科学进展，2015，34 (04)：402-409.

[18] 吴军，张娇．城市社会学理论范式演进及其 21 世纪发展趋势 [J]．中国名城，2018 (01)：4-12.

[19] 李方方．我国城市更新法律机制研究 [D]．东南大学，2013.

[20] 王承华，张进帅，姜劲松．微更新视角下的历史文化街区保护与更新——苏州平江历史文化街区城市设计 [J]．城市规划学刊，2017 (06)：96-104.

图片来源：

图 1：作者自绘

图 2：作者自绘

图 3：董其乐提供

图 4、图 5：台湾元智大学艺术与设计学系陈冠华系主任提供

图 6：源自网络 https：//mp.weixin.qq.com/s/Ry9cF5oE4P2LMxVEgiEfcg

图 7：作者自摄

图 8：作者自绘

图 9：作者自绘

图 10：作者自摄

图 11：作者自摄

图表来源：

表 1：作者自绘

表 2：作者自绘

表 3：作者自绘

作者：左进，天津大学建筑学院副教授，城乡历史保护与发展研究所副所长；赵佳，天津大学建筑学院，硕士研究生，课程助教；李翌，天津大学建筑学院，硕士研究生，课程助教。

法国城乡规划与设计专业化培养对我国的启示

——以巴黎美丽城建筑学院系列课程教学为例

孙婷　潘斌

The Enlightenment of French Urban and Rural Planning and Design Professional Training to China——Taking the Series of Courses of National School of Architecture of Paris-Belleville as an Example

■ 摘要：在既有的学术型硕士学位基础上，我国增设了城乡规划与设计的专业型硕士，但在实际培养中仍然缺乏针对性，法国对城乡规划与设计高等教育学术型与专业化教育培养进行了深入改革，借鉴法国城乡规划与设计专业化培养的教学体系及课程设置有助于国内城乡规划与设计人才的专业化素质培养和强化，满足社会就业对高层次专业化设计人才的需求。

■ 关键词：专业硕士；专业化培养；法国；城乡规划与设计教育

Abstract：On the basis of the existing academic master's degree, China has added a professional master's degree in urhan and rural planning and design, but it still lacks pertinence in actual training. France has carried out academic and professional education for urban and rural planning and design in-depth reform. Learning from the French urban and rural planning and design professional training system and course setting will help the domestic urban and rural planning and design talents professional quality training and strengthening and meet the needs of social employment for high-level professional design talents.

Keywords：Professional Master Degree；Professional Training；France；Urban Planning and Design Education

基金项目：国家自然科学基金资助项目（51908391）；江苏高校优势学科建设工程三期工程资助项目；江苏高校品牌专业建设工程资助项目；中国建设教育协会教育教学科研立项课题（思政专项）（2020073）

　　法国建筑学院自 1969 年以来从美术学院中独立出来，与欧洲大学体制接轨，历经多次教育及专业学位改革，在城市规划职业化教育方面独具特色。国内城乡规划专业高等院校建设最早的同济大学于 1952 年设立了城乡规划专业，与法国规划教育发展几乎同步[1]。国内城乡规划专业经过几十年发展，至今已有大约 200 所高校开设城乡规划与设计教学，至 2018 年经过专业评估委员会评估的院校有 47 所[5][6]。随着国内社会经济提升、城镇水平不断提高，对城乡规划专业设计人才的职业素养要求也越来越高。尽管我国在既有学术型硕士学位的基础上增设了城乡规划学科的专业型硕士学位，虽然部分高校对培养计划的课程整体进行精简、调整及学生再分配[2]，但学位体系的调整并非易事，不是增设课程，改变毕业要求以及更换毕业证书这么简单。法国学术界和教育界近二十年来对这一问题也有过争论，进而形成专业学位改革的思路，对城乡规划职业化教育形成具体的教育策略。中法两国之间政治体制、社会经济发展水平有所不同，针对我国城乡规划与设计教育与培养面临的问题和挑战，总结法国城乡规划与设计在职业化培养方面的经验，希冀对国内城乡规划与设计高等教育带来借鉴。

1 法国建筑学高等教育改革背景

传统法国建筑学院学制为六年，按照每两年一个阶段，共三个阶段组织教学，包含为期半年的事务所专业实习以及毕业设计答辩阶段。本科学习阶段无相关专业分化，重点教育是硕士阶段，实行以职业型人才为导向的专业化文凭。整个学制六年的最终目标都是为职业化专业硕士方向 DPLG（diplôme par le gouvernement），即"政府认可职业建筑师文凭"。

为推动法国国内建筑学院与综合类大学等高等院校之间的互动，同时在 Erasmus 等国际交流与文凭互认以及建立与欧洲大多数国家建筑学院学制统一的目标下，法国二十所国立建筑学院自 2004 年起进行教育改革，建立与国内外综合大学相互协调的教学体系，最终获得文凭 DPLG 改为目前的 LMD 体制（Licence，Master，Doctorat），即学士、硕士及博士文凭。整个学制由原来六年制三阶段教学调整为五年制两阶段，依照大学模式分为五年两个阶段，第一阶段学制为三年，毕业后获得建筑学学士学位，第二阶段学制两年，毕业后获得国家建筑师文凭[1] [3]。完成五年学制后，可以有三种职业方向：

（1）从事建筑师职业的，需要完成一年的学习，包含不少于 6 个月的实习，获得 HMONP 资格，是从事建筑设计职业必需的资格证书。

（2）对于希望在建筑学特殊领域深入学习的学生，国家在建筑学院设立了统一的 DSA 文凭，为城乡规划与设计专业化文凭，根据不同学校要求，学制为一到两年，分为四个方向：建筑遗产保护，城乡规划与设计，建筑防灾及城市项目管理。

（3）准备从事理论研究，可以继续进入建筑学院与综合大学联合建立的博士生学校，进行建筑学博士学位学习。

法国建筑学高等教育改革扩大了学生毕业后从事教学研究、项目管理或者城乡规划与设计深入技术服务的可能性。DSA 城乡规划与设计专业化文凭，是继硕士之后的深入城乡规划与设计方向的研究培训，教育的目的是为城市规划设计的学生提供多学科综合深入学习的机会，加强城乡规划与设计职业化训练[4]。

2 城乡规划与设计专业化系列课程目的及框架

法国巴黎美丽城建筑学院隶属法国文化部国立建筑学院联盟，在全法国共有二十所建筑学院，作为欧洲顶级建筑院校，该学院曾被誉为世界十所最具深度建筑院校之一。巴黎美丽城建筑学院 DSA 体制建立同步于法国建筑学改革，DSA 城乡规划与设计专业化培养旨在设计教学和设计科学之间建立起理论及实践相结合的关系。通过理论探索强化学生城乡规划与设计的职业化能力，特别强调在公共建筑、社会住宅等设计方向的能力提升。为此，巴黎美丽城建筑学院依托巴黎城市、建筑与社会研究中心（IPRAUS）①，通过欧洲、地中海甚至非洲及中东实际项目经验及最新城乡规划与设计理论探索，制定了 DSA 城乡规划与设计专业化培养系列课程。

2.1 城乡规划与设计专业化教学目的

DSA 城乡规划与设计方向的教学重点是对大规模地块基于现状情况的批判与质疑进行城乡规划与设计训练。设计培养中，注重可持续发展的关键因素、机动性和交通问题（道路基础设施和主要交通设施的主要作用，新的相关极性，城市扩张等），能够深层次地阅读城市形态，量化改变以及关键的土地使用问题。巴黎美丽城 DSA 城乡规划与设计培养并未局限于一般的城市项目方法，而是让学生参与质疑，这个设计是问题化过程，结合 Ipraus 研究实验室的理论探索指导，将城市项目作为整体性的研究过程。

2.2 城乡规划与设计专业化课程框架

DSA 城乡规划与设计方向教学共计三个学期，八个模块，第一、二学期由城乡规划与设计、城市用地分析及抽象表达、认知提升三个模块组成，第三学期主要为毕业设计或研究及规划师职业认知两个模块。三个学期的系列课程可分为城乡规划与设计、研究类课程、通识课程以及指导类四类课程。第一学期三个模块中包含两个设计课程（14 学分）、一个研究类课程（2 学分）、两个指导类课程（6 学分）以及四个通识课程（8 学分）。第二学期三个模块涵盖了一个设计课程（15 学分）、一个指导类课程（1 学分）、三个研究课程（4 学分）、五个通识课程（11 学分），第三学期则为一项毕业设计或研究（15 学分）、规划师职业认知（15

学分）（见表1）。

　　课程框架建立以大尺度的城乡规划与设计为主导，选择欧洲或亚洲大都市范围内近来具有挑战性的题目，通过实地考察，进行设计研究，例如大巴黎规划、上海虹桥交通枢纽地区发展、河内地区城市发展等，强调科学设计，注重抽象表达等基础性设计教育，第一学期引入研讨类课程，主要针对城乡规划与设计的相关理论及分析方法。第二学期引入三项研讨类课程，在理论及方法的基础上，结合城乡规划与设计开展小课题研究[7]（见图1、图2、图3）。

DSA 城乡规划与设计方向主要课程模块　　　　　　　　　　　　　　　　表1

城乡规划与设计模块	城市用地分析及抽象表达模块	认知提升
密集型设计 （第一学期）	研究初步 （第一学期）	城市肌理及网络 （第一学期）
大都市设计 （第一、二学期）	基于案例的城市机动性研究 （第一学期）	亚洲城市及建筑设计 （第一学期）
	基于 GIS 的城镇用地分析及抽象表达 （第一学期）	城市经济及产出：机制及参与者的角色 （第一、二学期）
	城市用地识别 （第二学期）	设计资源及背景 （第一、二学期）
	城市形态、密度及机动性研究 （第二学期）	用地解读及抽象表达 （第二学期）
	规划师职业解读 （第二学期）	设计、地块及周边情况研究 （第二学期）
	课题研讨会 （第二学期）	参与者的作用 （第二学期）

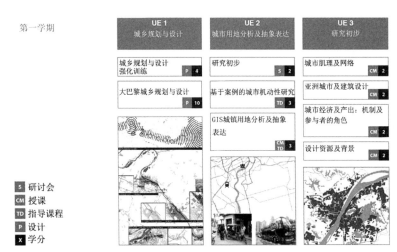

图1　第一学期课程设置及主要内容

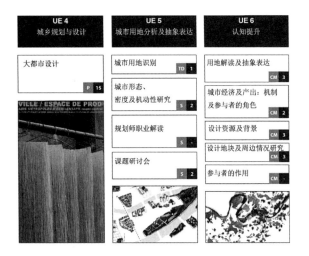

图2　第二学期课程设置及主要内容

第三学期

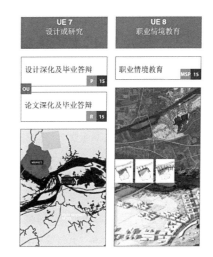

UE 7 设计或研究	**UE 8** 职业情境教育

设计深化及毕业答辩 `P 15`
`OU`
论文深化及毕业答辩 `R 15`

职业情境教育 `MSP 15`

`MSP` 职业情境教育
`R` 研究
`P` 城市设计
`X` 学分

图3　第三学期课程设置及主要内容

3　围绕城乡规划与设计专业化课程内容安排

巴黎美丽城 DSA 课程城乡规划与设计最具特点的是三学期的学习均依托大都市范围内大尺度地块展开，与建筑学院城市规划与设计 lpraus 实验室合作，以城市项目为研究过程，培养从提出问题到解决问题的设计逻辑思路，这个教学并非局限于具体统一方法，每个老师都有独特的教学方式，最终的目的是让学生参与质疑，能够从批判的角度探寻城乡规划与设计的路径。

3.1　城乡规划与设计课程训练

城乡规划与设计地块选择往往为多元化区域，被理解为城市空间与自然地形相互作用的结果，一般为大都市区范围内尺度规模较大的区域。近几年来法国境内的城乡规划与设计地块研究选择从勒阿弗尔一直到巴黎的塞纳河北部，类似于苏州东部至上海西部的距离。城乡规划与设计分为两个阶段，第一阶段为短暂十天的密集型小组设计研究，第二阶段为小组概念设计、深化以及不同尺度城乡规划与设计（见图4）。

3.1.1　密集型十日小组设计

密集型小组设计持续十天，主要任务包括实地考察、问题提出、研究思路框架等。课程目的是让学生充分理解设计地块，并同世界不同文化背景以及不同学科背景的学生交流。通过集体设计实践模式，进行文化及不同领域学科知识的交流，最终学生相互影响，提升设计能力。学生可以整合近年来城乡规划与设计理论及思想，充分考虑大都市持续建设中产生的问题及实际建设项目的影响，让学生参与到实际城市项目的情境中。

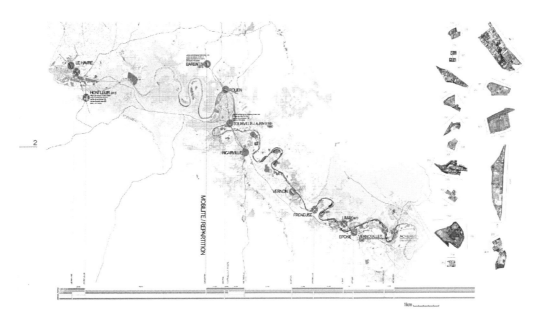

图4　基于宏观－微观的城市设计培养

3.1.2　大都市地区设计

课程设计完全模拟真实项目设计进行。具体工作顺序包括与当地国土部门联系，了解当地亟待解决的问题，学生以此为依据，进行成因、结果预计等详细分析，由此讨论进一步引发的未来大都市地区发展可能面临的问题，这些问题涉及对地区经济、人口、环境等多个因素的考虑。要求学生提出研究假设，探讨前瞻性问题，并与提出的假设相互对应，制定研究框架，从中找到适宜的研究方法及操作模式。

课程设计旨在让学生明白城乡规划与设计是一个复杂的过程，需要将自然地理、城市发展诸多要素、甚至城市遗产等联系起来，希望学生通过综合计划、专题等形式，采用多尺度绘图方式及空间布局方式来表达设计思想、城市不同空间，利用草图、模型等辅助阐述城乡规划与设计思想，能够进行当场论证以及辩论。

3.2　土地使用与空间设计训练课程

作为基本功强化训练，土地认知与表达分为两个类型，一是以时间为轴线的土地利用演变认知，培养学生从历史发展视角探讨当前城市问题，另一类是基于不同学科视角的城市空间的分析与设计，培养学生多学科的综合设计能力。

3.2.1　基于历史视角的土地演变认知及表达

土地使用认知及表达课程从历史发展的视角出发，以时间变化为轴线，通过土地使用演变认知及绘图表达，达到帮助学生理解不同时间、政治、经济背景下土地使用转变方式，进行成因分析总结。课程将真实的城市项目纳入研究范围，该课程的目的是希望通过关注土地长期逐步的历史变化，将有助于培养学生将当代城市问题及设计影响纳入历史的发展角度思考的能力。通过多维度对土地发展动态产生的影响分析，在时间框架及历史变革背景下，可能提出有关当前城市和土地规划以及城市复兴的假设方法。

在认知表达阶段，应用历史地图黑白绘制方法，从绘图学角度抽象化、简洁表达土地使用和城市发展情况，多种制图方法将在课程中间讨论，并对当前最新的设计技术及制图方法进行批判性应用，其目的认为抽象化、准确地表达土地使用的历史阶段将更全面的理解大都市地区城市形态变化、充分理解城市化不同阶段的发展变化。

3.2.2　多学科视角的空间研究与设计

该课程通过对大型项目进行有条理的分析，从空间多维尺度的角度对土地使用、空间变化进行理解和解释，从不同学科角度（形态学、景观导向、感性、视觉）提出具体的分析方法。多维尺度的认知仍然是遵循时间线性发展，通过绘制缓慢变化、突然变化或城市形态快速变化的认知图，用以认证发展条件多样性对城市形态的影响

和变化。随后的更多扩展探索将涉及不同的尺度和框架（与时间和空间有关）以及制图和图像表示的使用（照片，符号表示，解释性制图，专题，数字 GIS）。这项工作将与城乡规划与设计课程一起进行，例如绘制大巴黎地区城市发展变化的土地认知。

3.3　可持续发展与机动性设计思路培养

除了根据时间轴线及空间轴线进行城市空间设计课程设置以外，城市交通对城市发展的影响不容忽视，交通机动性、交通网络、基础设施深刻影响着城市的建设和土地使用转型，在城市规模扩张和城市结构中起到重要作用。对于当代城市空间发展来说，掌握城市机动是实现可持续城市的基本条件之一。交通机动性学习旨在提高学生对城市问题和与交通相关的行为、出行方式的认识。他们还将寻求交通运输与地域演变之间的关系。交通网络运输、基础设施与建筑以及城市之间的问题将由小组同学建立分析框架、寻找研究案例共同来解决。涉及可持续发展与交通机动性之间关系的问题时，将进行案例比较分析。

3.4　大尺度城乡规划与设计思路培养及表达

培养学生如何从大尺度的领土这一唯一认知逻辑中解脱出来，寻找到认知这片土地的新的逻辑方式，以及如何将短暂时间阶段的设计策略与已有的现状联系起来建立一种总体的思路及视角。培训的第二个重点是让学生能够应用方法及工具将大尺度的土地认知及设计策略表现出来，尤其对重点设计地区而言，能够体现设计思想。最后是对城市形态以及城市自然环境关系的处理，如何建立联系又有区别。

4　城乡规划与设计专业化培养的特点

法国巴黎美丽城建筑学院秉承建筑学院的特色，强调学生基础课程和训练作为扎实基本功能力的培养，注重多维度视角剖析城市发展的影响因素，并与城乡规划与设计相互结合，培养学生对不同尺度规模地块的认知和寻找到设计逻辑的能力。

4.1　注重空间识别与抽象表达能力

城乡规划与设计深入研究强化基于建筑教育的城乡规划与设计在高等教育中的特殊性，注重基础能力培养，教学特征的总体概括便是基本功非常扎实。结合制图学的多种方法以及现代绘图方法，注重培养学生空间识别与抽象表达能力。

空间识别能力培养基于欧洲古老的地图绘制科学，从制图学、黑白制图方法入手，让学生对土地使用及空间进行抽象化认知，从日常捕捉到的空间要素结合定性分析，做到信息归类识别与等级划分。抽象表达能力强调学生能够将设计思想转换为简洁的符号语言，帮助理清思路，以此

推导空间设计，帮助学生从众多信息中抽象化找到城乡规划与设计的逻辑。

4.2 注重不同尺度设计思路培养

城乡规划与设计课程往往选择较大规模尺度的地块，课程培养学生在不同尺度层面上，如何发现问题，找到解决问题的方法，以及如何相互合作解决问题。在大尺度层面，要求学生能够通过多维度的思考与研究，找到对于设计地块的重新认知和问题提炼，建立城乡规划与设计的逻辑性，进而找到解决方法；中观层面强调大尺度的设计思路和概念的渗透，进一步结合用地的具体情况，贯彻设计思想或加以调整。在小规模尺度层面，注重学生个体的设计能力，能够实现小尺度的地块细致化分析，和细致化的城乡规划与设计，同时能够和大规模尺度的城乡规划与设计相互协调。设计思路在秉承大尺度用地的基础上，能够做到小尺度的特色。

4.3 融合多学科研究与设计相结合

基于建筑教育的科学性，汇集融合知识与技能，理论与实践。强调在设计概念生成前的深度调研和理解。不仅基于城市发展角度，还包括社会政治、经济等方面对项目的影响。课程教授中，老师往往会应用历史分析方法，对城市演变进行逻辑性梳理，同时注重理论研究学习，通过多种课程为学生架构理论体系。

法国城市规划设计都有注重城市交通发展与城市土地使用变化的关系。城市机动性作为可持续发展的重要影响因素，是城乡规划与设计环节中不可缺少的考虑重点。学生设计课程往往会通过研究大型的交通项目及其对城市的影响，来找到城乡规划与设计中潜在的问题以及未来应对的重点。

5 对国内城乡规划与设计专业化培养的启示

国内城乡规划与设计主要研究城乡规划与设计、城乡规划理论、城市设计、新技术在城乡规划中的应用等。课程培养包括公共课、基础理论课和专业技术课，实现教学、选修课和必修环节，课程设计缺乏城市设计方向的针对性，在实际培养中往往重视城乡空间形态设计的原理和方法，缺乏对现象背后成因的深究。法国城乡规划与设计深入研究系列课程与国内教育相比较，有着鲜明的特色，对国内城乡规划与设计课程教学，无论是本科阶段，还是研究生阶段，都有较大的借鉴意义。

5.1 基于制图学的扎实基本功强化

法国巴黎美丽城城乡规划与设计教学源于欧洲古老的美术学分支，特别强调绘画、绘图及制图在城乡规划与设计教学中作为基础能力的培养，城乡规划与设计深入研究文凭系列课程的设置就体现了这一特点，课程模块中有独特的城乡规划与设计表达课程训练，该项训练强调学生对城市发展演变及用地分析基于两个轴线，一为空间轴线，另一为时间轴线。无论哪个维度的分析都要求学生基于欧洲传统制图科学的方式及方法对城市时空间变化进行抽象化分类提炼及表达。

基于制图学方式方法的城乡规划与设计表达训练在国内城乡规划与设计课程中是少有的，无论是本科学习阶段还是研究生学习阶段，城市空间的表达训练都是相对缺失的，没有系统性的课程来强化这一基础能力的培养，导致学生存在有设计思路及好的设计理念时，无法用绘图方式表达出来，或者表达效果不能完全反映设计思想，也对后续设计造成偏差。大多数院校本科阶段基础能力培养放置在大学第一、第二年级，往往进行建筑设计基础训练，缺失对于城市空间的认知和设计思想的表达。法国基于制图学的城市大尺度、中观尺度及微观尺度的城市空间土地分析及表达课程为国内城乡规划与设计教学提供了一种思路。

5.2 科学问题与城乡规划与设计的结合

法国建筑学院独立于欧洲传统美术教育的时候就提出了建筑、特别是城市规划与社会政治、经济发展、人文地理、绘图技术等多维度学科有着密切的联系。巴黎美丽城城乡规划与设计系列课程中强调对于城市用地的分析及其对地块的逻辑性认知，其目的是让学生有能力从错综复杂的多层次信息中找到城市中存在的问题，应用城乡规划与设计的方法来解决城市中存在的问题。这一思路的培养不是简单的一门课程训练，而且独立设置城市研究讨论课程，与传统研究中的重要环节 Seminar 讨论相结合。学生在研究初步这门课程中选择城乡规划与设计地块的研究问题，可以是基于大尺度的社会问题，也可以是基于小尺度的空间环境建设，继而在 Seminar 讨论中修正研究中提出的假设、问题及解决方式，最终在 Seminar 讨论中进行结果的汇报。

巴黎美丽城建筑学院将研究分析模块与城乡规划与设计模块相结合，使得城乡规划与设计更具针对性，具有鲜明的科学问题与城乡规划与设计相结合的特点，这一点也值得国内城乡规划与设计高层次水平培养借鉴。

5.3 强调城乡规划与设计思想的培养

无论哪一个学科，法国建筑学教育均能体现理论与设计逻辑性的培养，尽管这一点与法国长期以来自小学阶段的哲学教育分不开，在整个课程的教授中，设计思想的培养也始终围绕着认知到抽象问题凝练到设计方法提炼，最终获得设计结果。课程训练在强调小组合作的基础上，更注重个体思想的培养，由个体认知的差异性出发，培养每个学生拥有自己的设计逻辑，形成个体的设计优点和特色，这一方面的教育也在欧洲拥有大量设计师的现实中得到印证。

注释：

① 隶属于法国重要的城市研究团体（L′UMR AUSSER n3329）

参考文献：

[1] 卓健.城市规划高等教育是否应该更加专业化——法国城市规划教育体系及相关争论 [J].国际城市规划，2010，25（06）：87-91.

[2] 王睿，张赫，曾鹏.城乡规划学科转型背景下专业型硕士研究生培养方式的创新与探索——解析天津大学城乡规划学专业型研究生培养方案 [J].高等建筑教育，2019，28（02）：40-47.

[3] 张梁.漫谈法国建筑教育改革——巴黎美丽城（BELLEVILLE）国家高等建筑学院 [J].中国建筑教育，2009（01）：88-89.

[4] 张赫，运迎霞，曾鹏.国外城乡规划专业学位研究生教育制度研究 [J].高等建筑教育，2015，24（04）：46-51.

[5] 石楠，唐子来，吕斌，彭震伟，陈沧杰，袁奇峰，司马晓，王春，叶裕民，胡毅，黄亚平，汤放华，段进.规划教育——从学位教育到职业发展 [J].城市规划，2015，39（01）：89-94.

[6] 黄亚平，林小如.改革开放 40 年中国城乡规划教育发展 [J].规划师，2018，34（10）：19-25.

[7] Diplôme de spécialisation et d′approfondissement en architecture，architecture et projet urbain，2019 Brochure APU.

图片来源：

图片 1 来源：Diplôme de spécialisation et d′approfondissement en architecture，architecture et projet urbain，2019 Brochure APU. http：//www.paris-belleville.archi.fr/formation-continue_290.

图片 2 来源：Diplôme de spécialisation et d′approfondissement en architecture，architecture et projet urbain，2019 Brochure APU. http：//www.paris-belleville.archi.fr/formation-continue_290.

图片 3 来源：Diplôme de spécialisation et d′approfondissement en architecture，architecture et projet urbain，2019 Brochure APU. http：//www.paris-belleville.archi.fr/formation-continue_290.

图片 4 来源：Diplôme de spécialisation et d′approfondissement en architecture，architecture et projet urbain，2019 Brochure APU. http：//www.paris-belleville.archi.fr/formation-continue_290.

作者：孙婷，法国巴黎城市规划学院博士，法国国立美丽城建筑学院硕士；潘斌，苏州科技大学建筑与城市规划学院，城乡规划系副主任。

地方高校乡村规划教学的课程体系与实践探索

潘斌　范凌云　彭锐

Curriculum System and Practical Exploration of the Rural Planning Teaching in Local Universities

■ 摘要：乡村规划在我国城乡规划体系中的法律地位已逐渐明确，国家乡村振兴战略和机构改革对乡村规划提出了更高的要求，然而城乡规划专业普遍对乡村发展规律及其规划的研究还很缺失，需要从乡村规划实际教学经验中来掌握科学合理的乡村规划理论、方法与技术。苏州科技大学作为具有一定特色的地方高校，近三年积极开展了乡村规划教学，构建了自具特色的课程体系，并在实际教学中进行了实践探索。在深刻理解城乡规划专业乡村规划教学的目的的基础上，探讨了包括系列课程建设、课程体系建构和特色课程强化等乡村规划教学方案的建设和完善；并针对性地从教学模式、教学内容、教学方法、教学载体等四个方面进行了乡村规划教学方案的具体实践探索，总结了相应的乡村规划实际教学经验。

■ 关键词：城乡规划专业；乡村规划教学；课程体系；教学实践；苏州科技大学

Abstract：The legal status of rural planning has gradually become clear in China's urban and rural planning system.The National rural revitalization strategy and institutional reform has put forward higher requirements for rural planning.It is necessary to master the scientific and reasonable theory，methods and techniques of rural planning from the practical teaching experience of rural planning. As a local university with certain characteristics，Suzhou University of Science and Technology has actively carried out rural planning teaching in the past three years，built curriculum system with its own characteristics，and carried out practical exploration in practical teaching.Based on a deep understanding of the purpose of rural planning teaching for urban and rural planning specialty，this paper discusses the construction and improvement of rural planning teaching programs including the construction of the series course，curriculum system and special course.It also explores the practice of rural planning teaching programs from four aspects：teaching mode，teaching module，teaching method and teaching mechanism，and summarizes the practical teaching experience of rural planning.

基金项目：江苏省高等教育教改研究立项课题（项目编号：2019JSJG321）；江苏高校优势学科建设工程三期资助项目；江苏高校青蓝工程优秀教学团队"小城镇与乡村规划设计团队"资助

Keywords：Urban and Rural Planning Specificity；Rural Planning Teaching；Curriculum System；Teaching Practice；Suzhou University of Science and Technology

引言

近些年来，国家在统筹我国城乡发展上的一系列政策举措，使得长期以来更多关注城市发展而忽视乡村发展，城乡关系严重失调的状态已经有了较大改观。在城乡规划学科的发展上，2008 年国家颁布的《城乡规划法》明确了乡村规划在我国城乡规划体系中的法律地位，2011 年国家正式设立城乡规划学一级学科，从我国城乡建设事业发展和人才培养的战略高度架构了城乡规划理论与方法体系，也对我国高等院校城乡规划专业人才培养体系的建设和乡村规划学科建设给予了直接的方向性指导。2017 年中央一号文件和十九大乡村振兴战略有关发展乡村规划专业新的要求，对于城乡规划专业发展提出了更高的要求。2018 年国务院进行机构改革和新成立自然资源部，正式提出了国土空间规划，并强调其对各专项规划的指导约束作用，同样对乡村振兴规划和城乡规划专业提出了新的要求。在这些宏观利好政策的影响下，国内高校的城乡规划专业正逐步探索从城市规划到城乡规划的人才培养方案和教学体系建设。

苏州科技大学作为具有深厚行业背景和一定培养特色的地方高校，近三年持续对原有的城市规划专业培养方案和课程体系等进行了系统性的调整，开展了乡村规划教学体系内容的建设和完善，增设了乡村规划原理和乡村规划设计的课程内容。本文结合苏州科技大学近三年的乡村规划实际教学，从教学模式、教学内容、教学方法、教学载体这四个方面对地方高校城乡规划专业乡村规划教学的课程体系与实践探索进行总结归纳，以实现乡村振兴背景下城乡规划专业人才培养的新要求。

1　城乡规划专业乡村规划教学的目的

由于我国长期以来"二元化"的社会经济结构和传统城镇化发展模式的影响，规划专业教育与实践普遍对城市发展规律及其城市规划应对的研究相对系统完整，而对乡村发展规律及其规划的研究与实践却严重不足，导致虽已轰轰烈烈开展了乡村规划实践，却依然站在城市发展的立场上规划乡村的发展，或忽视乡村发展的固有特征而按照城市规划的理论、方法和标准进行乡村规划，对我国乡村的科学发展缺乏有效的指导。因此，正确认识乡村发展建设的普遍性、系统性规律和乡村规划基本知识形态，掌握科学合理的乡村规划理论、方法与技术，一直是城乡规划学科建设的一项重要而艰巨的任务。

城乡规划专业是实践创新性很强的专业，苏州科技大学城乡规划专业多年来坚持"顶天立地"的人才培养思路，"顶天"是指人才培养目标的高度，就是以服务最新国家战略为己任，瞄准行业与学科发展前端，引领行业发展，成为高素质人才培养的摇篮；"立地"是指人才培养过程的深度，以地方社会经济发展的人才需求为导向，面向地方需求，强化校地合作，利用地方优质资源和条件，构建深度融合的政产学研一体化培养体系。依据人才培养思路，经过长期探索和实践，苏州科技大学城乡规划专业立足江苏、服务地方，确立了培养"高素质、有特色、实践创新能力强的卓越应用型城乡规划专业人才"的目标。

苏州科技大学城乡规划专业较早开展乡村规划教学的目的就是为了更好地实现城乡规划专业人才"顶天立地"的培养，能够既瞄准城乡规划行业与学科发展前端、加强高素质创新精神培养，又面向城乡规划行业和地方需求、强化解决实际问题的能力塑造，以乡村规划教学带动城乡规划专业人才培养模式从培养理念到培养体系的全面系统改革（图1）。

1.1　实现"聚焦创用"的培养理念

在乡村规划教学中持续坚持"创新为魂、应用为本"，独创性地提出"聚焦创用"的人才培养理念，将人才培养从单一的专业知识导向转变为"学术修养——专业知识——应用能力"并进的逻辑体系。并创新性地将培养目标深化为"优秀的综合素质与专业素养、较强的创造性思维和综合规划设计能力、鲜明的学科专长与地域特色、能够解决行业与地方现实问题"四个方面内涵要求和"协同创新、前瞻预测、综合思维、专业分析、公正处理、共识建构"六大素质与能力，并通过乡村规划教学将这种内涵要求与素质能力培养贯穿落实于整个培养体系。

1.2　实现"聚力协同"的培养体系

在乡村规划教学中运用协同育人新理念，逐步建构形成"创用型人才"培养目标导向下的以教学模式（Model）创新为路径、以教学内容（Module）重构为主干、以教学方法（Method）优化为抓手、以教学载体（Mechanism）打造为支撑的"4M"内外协同的人才培养体系。通过乡村规划教学，使得教学模式注重多方协同，形成多主体、多要素、多样化；教学内容注重知行协同，实现认知与实践一体化；教学方法注重师生协同，建构新型教学组织，形成探究式互动教学；教学载体注重建设特色化、多元化实践载体，为培养

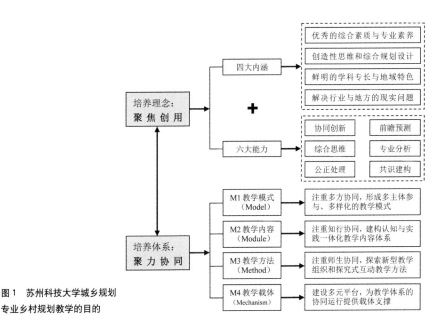

图1 苏州科技大学城乡规划
专业乡村规划教学的目的

体系的协同运行提供坚实的平台支撑。同时，通过乡村规划教学，也使得人才培养全体系的建构更加注重各维度间和维度内各要素间的互动协同，建立完善互利共赢的资源配置机制、规范有效的动态协调机制、目标导向的绩效评价机制等，聚合多方优势和资源服务于创用型人才培养全过程，实现创新和应用的复合叠加和交融促进。

2 城乡规划专业乡村规划教学方案的建设和完善

国内城乡规划专业高校都已开展乡村规划教学，考虑到乡村规划是一个比较完整的系统，都将乡村规划教学方案分为三部分内容：第一部分是原理课程，从城市规划原理到城乡规划原理，强调城乡规划是一个整体的概念，在原来城市规划原理一（微观详规）、城市规划原理二（宏观总规）、城市规划原理三（前沿专题）三门课程的基础上增加了乡村规划原理的课程；第二部分是相关规划类课程，在原来的城市规划类课程当中进行相应的教学内容改革，如城市地理学的课程中对整个城乡地域结构的调整、区域发展和区域规划的课程当中增加城乡统筹、乡村规划的内容等；第三部分是乡村规划设计课程，其是乡村规划教学的重要内容，主要采用乡村规划教学与城市总体规划教学相结合的方式。结合城市总体规划教学实践过程进行乡村的现场调研，在此基础上形成专门的调研报告，然后进行方案规划设计。

在借鉴国内高校乡村规划教学方案经验的基础上，作为地方高校的苏州科技大学城乡规划专业的乡村规划教学主要还是围绕培养"创用型人才"的目标，课程体系和教学内容紧密结合苏南地区社会、经济发展的需要，同时融入特色小城镇和乡村振兴背景下城乡规划学科发展的前沿。

在原来城乡规划学课程体系的基础上进行改革和完善，一是建设了地域特征鲜明、知识面广而复合的"小城镇与乡村规划"特色系列课程；二是建构了"理论""设计""实践"的综合课程体系；三是更加强调由理论到设计再到实践，实现创新思维培养与基本技能训练双轮驱动。

2.1 建设了"地域性、复合性"的系列课程

苏南地区，尤其是苏州本地经济发达，城市化和城乡一体化的发展水平处于国内前列，特别是小城镇和乡村发展在国内有着重要的示范性作用。依托地域优势，形成小城镇与乡村规划这一特色鲜明的学科方向。围绕学科发展优势和地域特色，由专门的师资团队领衔，设置并承担了关于乡村发展理论、乡村规划设计、乡村综合实践等方面的系列课程，涵盖乡村经济、社会、生态等多个层面，案例与设计选题立足苏南地域，课程体系和教学内容具有强烈的地域性、复合性特点。

2.2 建构了"综合性、渐进式"的课程体系

在乡村规划教学中建构了"理论基础""规划设计""综合实践"循环梯度渐进的乡村规划综合课程体系。"理论基础"课程包括《城乡规划原理》《小城镇和乡村规划》《城乡综合调查》《国土资源与空间规划》等；"规划设计"课程包括《城乡总体规划》《乡村规划设计》《毕业设计》《城市详细规划》等；"综合实践"课程包括《总体规划实习》《社会综合调查实践》《毕业实习》《规划师业务实践》等。为了突出"乡村规划"的重要和特殊地位，理论课程和实践课程都围绕着"小城镇和乡村规划"课程展开。在设计课程教学内容选择上，按照各个年级的具体教学需要，从课题选择、案例研究等方面大量结合实际研究课题或实践项目进行。同时建立立体化多维课堂，研究调整课程之

间的前后衔接、递进关系,进行多门课程合作互动、优势互补、资源共享。

2.3 强化了"设计"与"实践"的特色课程

规划设计类课程是苏州科技大学城乡规划专业最重要的核心课程,设计"五年一贯不断线"是创新与应用能力培养的中心环节。乡村规划设计课程特色建设结合了地方高校定位和乡村社会经济发展需求,重点锻炼和培养学生的实践能力、沟通能力、创新能力,形成以"厚基础、严要求、育创新"为特色的乡村规划设计课程。实践教学的根本目的是通过理论与实践课程的互动,培养与提高学生运用基本知识创造性解决实际问题的应用能力,这也是专业人才培养的根本。苏州科技大学城乡规划专业十分重视对学生实践能力的培养,通过贯穿五年本科教育的实践环节为主线,与理论课、课外社会实践的渗透和互补,结合设计院和实习基地的实习实践,提高学生乡村规划设计的社会实践能力,形成了"体系新、条件优、形式多"的实践教学特色体系。

3 城乡规划专业乡村规划教学的实践探索

3.1 教学模式:注重多方协同,形成多主体参与、多样化的教学模式

针对传统城乡规划专业教学过程中主体单一、开放不足的问题,依据乡村规划教学的目的,结合经济、社会需求,创新性实践探索境内外联合教学、校际联合教学、校政联合教学和校企联合教学等"校—政—企"多层次、多样化的乡村规划教学模式。协同境内外知名高校开展多种形式的乡村规划联合教学,拓展学生创新思维和国际化视野;联合知名规划设计企业开展乡村规划创新实践、专业实训和企业课程,提升学生解决实际问题的能力;引入政府和企业参与乡村规划教学全过程,强化与社会的全方位融合(图2)。

多方联合教学:专门教学团队老师进行组织联系,团队成员积极与其他教师拓展与其他知名高校的联合培养与合作。与台湾市立大学、朝阳科技大学、金门大学、华侨大学联合主办海峡两岸"乡村复兴"城乡规划专业联合毕业设计暨设计竞赛等,拓展了学生乡村规划的国际视野,吸收了台湾较好的乡村规划经验,学生反映较好,多方联合设计的做法与成果也在城乡规划专指委获得高度赞誉。

校际联合教学:专门教学团队老师领衔,长期开展与国内知名大学的乡村规划联合教学、联合培养,与同济大学、西安建筑科技大学等名校开展常态化乡村规划设计类课程联合教学,为学生培养提供了向国内标杆院校学习乡村规划的机会。

校政联合教学:专门教学团队老师与地方政府和行业管理部门紧密合作,合作共建了多个专业高端引领平台,不仅为专业教师的应用性研究提供乡村规划设计方向的丰富课题资源,也给学生的课程设计、毕业设计带来了众多有价值的乡村规划选题。

校企联合教学:专门教学团队老师与地方规划设计企业紧密合作,建设综合实习基地。根据培养方案中不同教学阶段的能力培养要求,学生不断地到企业进行以乡村规划为主的、时间长短不一的实习锻炼,学生的乡村规划实践应用能力得到显著提高。

3.2 教学内容:注重知行协同,建构认知与实践一体化教学内容体系

针对传统城乡规划专业教学内容理论与实践交互性差、特色性弱的不足,遵循"知是行之始,行是知之成"的基本逻辑,以提高创造性解决实际问题的能力为根本,从选题、内容到方法、手段,突出创新思维培养,强化城乡规划与设计基本技

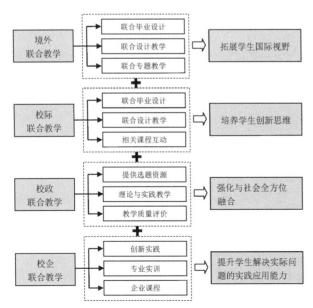

图2 苏州科技大学城乡规划
专业的乡村规划教学模式

能训练，增加乡村规划教学内容，全面改革完善教学内容体系，形成认知与实践一体化。

第一，大力更新原有教学内容，增加乡村规划教学内容，优化完善理论课程体系。乡村规划理论教学内容突出真实、创新并具有特色。一方面结合实际项目或当前乡村发展面临的实际问题进行选题，体现乡村规划教学的地域及学科特色；另一方面切实关注学生创新能力培养，鼓励并留出足够空间供学生自主创新学习乡村规划理论知识。目前主要在核心课程中的城乡规划原理和特色课程中的小城镇规划都相应增加了乡村发展与规划的相关教学内容。

第二，建立结构紧凑的实践教学体系，将乡村规划设计教学内容贯穿于整个体系中。苏州科技大学城乡规划专业以规划设计实践为主线，校内与校外的专业实践为两翼，共同构成了三线并行互动的实践教学体系；并强化由基础—专业—综合的阶进式交互和网络化协同，形成认知与实践一体化。在实践教学体系中规划设计类课程增加了乡村规划设计教学内容，增大了实践性教学环节的比重，形成一条贯穿详细规划、总体规划、专题规划的规划设计实践主线，同时形成校内的专题调查、综合调查、毕业设计和校外的认知实习、专业实习、毕业实习的专业实践两翼。再辅以学生的课外实践环节，结合学生科研创新训练，寒暑期社会实践、城乡规划学科竞赛、挑战杯等相关活动展开上述教学，共同构成复合、开放的乡村规划实践教学体系。在实践教学中鼓励教师将教学与科研结合，结合苏南地区乡村发展，充分体现实践环节的地域性特征（图3）。

3.3 教学方法：注重师生协同，探索新型组织形式和探究式互动教学

在乡村规划教学上，继续坚持"学生为本、师生协同"，开展了全方位的教学方法改革实验探索。首先是打破传统行政班建制，构建跨专业、跨年级的新型教学组织形式，如低年级"共题共课共室"的"虚拟班"，高年级"课题核心、专业混编"的"工作室"，境内外校际联合设计、竞赛的"设计营"等多种新型教学组织形式。其次是实施多样化、探究式的教学方法，包括互动式教学方法（案例分析、情景模拟、小组讨论、提问互动）、团队式教学方法（组建团队、分解任务、作品评议、跨专业合作）、体验式教学方法（项目活动、实地参与、虚拟技术）等，让学生在感悟中学习乡村规划知识，在乡村实境中锻炼能力（图4）。

3.4 教学载体：建设多元平台，为教学体系的协同运行提供载体支撑

紧密结合国家政策和地方建设需求，校内整合与校地合作相结合，共建实践实训基地，形成多层次实践育人平台，为多样化教学模式提供载体条件；围绕学科优势和专业特色，打造"两院、两中心"特色平台，为人才的特色培养提供支撑；完善实践平台的协同运行机制，常态化开展系列教学活动，营造"在现场、在一线"的培养环境（图5）。

第一，校地共建研究平台，立足全国城乡一体改革发展试点——苏州，学校与苏州市政府合作共建"苏州城乡一体化改革发展研究院"（已建设为"江苏省高校人文社会科学校外研究基地"和"江苏省普通高等学校哲学社会科学重点研究基地"）。

第二，校地共建育人平台，联合国内顶尖的规划设计研究单位等共建"乡村规划建设研究与人才培养协同创新中心"，开展各种乡村规划教学活动。

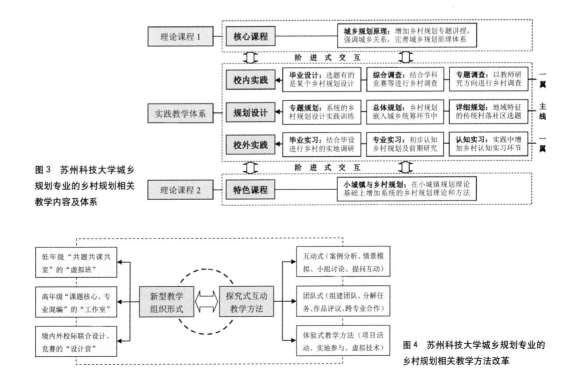

图3 苏州科技大学城乡规划专业的乡村规划相关教学内容及体系

图4 苏州科技大学城乡规划专业的乡村规划相关教学方法改革

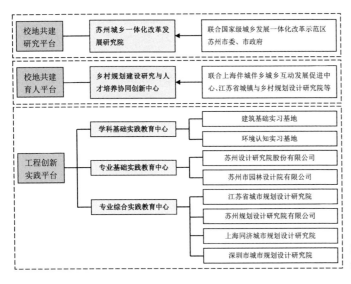

图 5 苏州科技大学城乡规划专业的乡村规划相关教学平台

第三，校地共建工程创新实践平台，与企业、研究所合作共建了一批实践基地、院士工作站、企业研究生工作站、校企联合实验室等，为学生乡村规划实践提供平台。

这些平台为专业教师的应用性研究提供丰富的乡村规划方向课题资源，也给学生的乡村规划课程设计、毕业设计带来了众多有价值的选题与学习机会。

4 结语

2016 年，苏州科技大学承办了第二届长三角地区高校乡村规划教学方案竞赛，借此时机，首次在城乡总体规划设计课程中开展了乡村规划设计，加快推进了本校城乡规划专业乡村规划教学的实施。近三年来，苏州科技大学城乡规划专业紧跟城乡规划的最新发展和国内对乡村规划人才的最新需求，以"提升专业内涵，改革培养模式"为专业建设理念，在乡村规划教学的课程体系、教学模式、教学内容、教学手段等方面取得了长足的发展。创新性地建构了"创用型人才"培养目标导向下乡村规划知识的人才培养体系，并在乡村规划教学改革上取得了一批较好的成果，其水平达到了国内规划院校的领先水平，实现了学生创新素质和应用能力的显著提高（表1）。

近三年苏州科技大学城乡规划专业乡村规划教学的部分成果　　　　　　　　　　　表1

获奖时间	成果名称	奖项名称	获奖等级	授奖部门
2016 年	旅·筑·归	2016 年第二届长三角地区高校乡村规划教学方案竞赛	二等奖	乡村规划与建设学术委员会 小城镇规划学术委员会
2016 年	乡·嵌田园	2016 年第二届长三角地区高校乡村规划教学方案竞赛	二等奖	乡村规划与建设学术委员会 小城镇规划学术委员会
2016 年	和美·树山	2016 年第二届长三角地区高校乡村规划教学方案竞赛	佳作奖	乡村规划与建设学术委员会 小城镇规划学术委员会
2017 年	鹤发童颜 阖乐田园	2017 年度全国高等院校城乡规划专业大学生乡村规划方案竞赛	二等奖	中国城市规划学会
2017 年	桃园结忆	2017 年度全国高等院校城乡规划专业大学生乡村规划方案竞赛	三等奖	中国城市规划学会
2018 年	介入·渐入	2018 年度全国高等院校城乡规划专业大学生乡村规划方案竞赛	初赛一等奖、最佳研究奖 决赛二等奖	乡村规划与建设学术委员会 中国城市规划学会
2018 年	融合共生 守形铸魂	2018 年度全国高等院校城乡规划专业大学生乡村规划方案竞赛	初赛二等奖 决赛优胜奖	乡村规划与建设学术委员会 中国城市规划学会
2018 年	伴乡伴城 半田半园	2018 年度全国高等院校城乡规划专业大学生乡村规划方案竞赛	初赛优胜奖 决赛二等奖	乡村规划与建设学术委员会 中国城市规划学会
2018 年	蛙声篱落下 田园胡不归	2018 年度全国高等院校城乡规划专业大学生乡村规划方案竞赛	初赛佳作奖	乡村规划与建设学术委员会
2018 年	归田旅养 老有所适	全国高等学校城乡规划学科 2018 年度城乡社会综合实践调研报告评优	二等奖	全国高等学校城乡规划学科专业指导委员会

乡村振兴背景下乡村规划已成为社会各方关注的焦点，但目前乡村规划还处在探索期，城乡规划专业的乡村规划教学更是面临着诸多复杂的问题与挑战，需要相应地进行教学体系的变革。一是缺乏乡村生活经验，从城市的角度去思考乡村的发展问题，对乡村的理解有偏差，很难在有限的教学时间内做出地域适宜性的乡村规划设计；二是从老师到学生长期以来所接受的知识体系都是对城市的应对，未经过系统的乡村规划训练，面对不同地域的乡村，缺乏成熟完善的规划技术和方法。苏州科技大学城乡规划专业进行乡村规划的相关课程体系建设和教学实践探索，仅仅还是属于框架性的尝试，新的完善的乡村规划教学体系的实现还需要长期的探索过程。

参考文献：

[1] 顾朝林等. 新时代乡村规划 [M]. 北京：科学出版社，2018.

[2] 陈前虎. 乡村规划与设计 [M]. 北京：中国建筑工业出版社，2018.

[3] 特约访谈：乡村规划与规划教育（一）[J]. 城市规划学刊，2013（3）：1-6.

[4] 黎智辉. 村庄规划教学实践探索 [J]. 高等建筑教育，2012（1）：130-134.

[5] 蔡忠原，黄梅，段德罡. 乡村规划教学的传承与实践 [J]. 中国建筑教育，2016（2）：67-72.

[6] 肖铁桥. 地方院校的乡村规划教学实践 [J]. 安徽农业科学，2018（21）：225-227.

[7] 李卫. 高职类院校村庄规划设计课程教学改革模式研究 [J]. 浙江建筑，2015（3）：61-65.

[8] 彭琳. 基于"专题研究"为导向的乡村规划教学实践 [J]. 华中建筑，2016（7）：179-182.

[9] 同济大学城市规划系乡村规划教学研究课题组. 乡村规划——规划设计方法与2013年度同济大学教学实践 [M]. 北京：中国建筑工业出版社，2014.

[10] 同济大学城市规划系乡村规划教学研究课题组. 乡村规划——乡村规划特征及其教学方法与2014年度同济大学教学实践 [M]. 北京：中国建筑工业出版社，2015.

图表来源：

本文图片均为作者自绘或整理

作者：潘斌，苏州科技大学建筑与城市规划学院讲师，博士，城乡规划系副主任；范凌云，苏州科技大学教授，博士，教务处副处长（主持工作）；彭锐，苏州科技大学建筑与城市规划学院讲师，苏州相城区住建局副局长（挂职）。

快速设计的渐进式教学法与表达训练

——以城乡规划快速设计为例

张赫　彭竞仪　曾鹏　王睿

The Progressive Teaching Method and Expression Training of Rapid Design: Taking Rapid Design of Urban and Rural Planning as an Example

■ 摘要：针对快速设计课程教学反馈及时性不佳、教学内容系统化不足的现实问题，总结出方案指导阶段化、内容训练层次化、教学体系衔接化的渐进式教学改革思路。并以城乡规划快速设计为例，基于渐进式教学方式，对教学体系、教学过程、教学内容进行详细设置，并展开教学实验。

■ 关键词：快速设计；渐进式教学法；表达训练；教学体系；教学内容；教学过程

Abstract：Aiming at the practical problems of unclear understanding of the design process and confusion of design content guidance in the rapid design course teaching, the progressive teaching reform ideas of staged program guidance, leveled content training, and connected teaching system are summarized. In addition, we take the rapid design of urban and rural planning as an example, set up the teaching system, teaching process, and teaching content based on a gradual teaching method, and carry out teaching experiments.

Keywords：Rapid design；Progressive teaching method；Expression training；Teaching system；Teaching content；Teaching process

1 引言

基金项目：天津大学研究生创新人才培养项目《城市空间详细设计教程》教材编写》（YCX202012）、天津大学研究生创新人才培养项目《建筑学院博士培养管理改革及城乡规划学科试点》（YCX19020）

　　快速设计是指在较短的时间内完成设计方案及其表现说明的一种设计形式。因其能够在一定程度上快速、综合地反映设计者的基础设计能力，常作为考研、求职的重要考核内容[1]。并作为专业设计主干课的组成部分，在建筑类专业教育中发挥着重要作用[2]。快速设计具有综合性、复杂性、应用性的教学特点，其训练不仅仅关乎图面效果的表达技巧，更涉及规划知识的运用能力、空间要素组织能力、空间结构布局能力、读题解题分析能力及空间设计思维能力[3]。但长期以来，由于快速设计教学缺乏系统性组织，加上专业设计课的课时限制，使得快速设计课程往往丧失了其教学训练性，而成为一门名副其实的"考试课"。因此，本文将从快速设计的教学必要性、目标及现实问题出发，探讨快速设计教学的思路，并以城市规划专业快速设计教学为例，展开教学安排与实验。

2 快速设计教学的必要性与目标

2.1 快速设计教学的必要性

快速设计始终在建筑类专业教育中扮演着重要的角色。在改革开放初期，由于技术的落后、建设项目的繁多、专业人才的短缺，快速设计是建筑类专业技术人才培养的必需技能[1]。如今，尽管空间设计从追求速度转向质量，计算机绘图技术也已广泛普及，快速设计仍然在建筑类专业教学中受到关注。究其原因，一方面在于快速设计仍然作为多数高校和设计机构人才选拔的重要方式，快速设计教学可以提高学生在考研、求职中的竞争力[4]；而更重要的是，快速设计相较于其他教学方式仍有其独特的优势，具有教学辅导的必要性[1]。快速设计教学的优势与必要性主要体现在：

1. 感官配合，便于空间思维训练

快速设计手眼心脑的相互配合优势及快速的基本要求限制有利于学生整体的空间认知建构，从而跳脱于设计细节，避免计算机制图"缩放"影响下出现的"微观准确而整体失控"或"过度细致而方向不清"等现象，便于学生提升空间格局把控能力与空间尺度感，更能从主次分明和系统叠加的角度，训练递进思考能力与整合衔接能力，培养整体性、系统性的空间思维。

2. 方式灵活，便于方案表达教学

快速设计往往体现出与计算机制图所不同的灵活性，并可通过快速灵活的调整方式、多样的空间表达形式，实现空间创造过程的不断尝试与更新调整。从而在设计意图与空间意向的快速呈现、空间思考的多维构建、空间体验的局部修正等方面，体现出独有的优势，有利于教学过程中多层次、多内容的设计表达训练。

2.2 基于快速设计的空间思维训练与方案表达的培养目标

设计课教学的基本目的在于兼顾现实问题的解决与现实条件的局限性的同时，在物质空间层面实现理性功能和感性美学的完美结合。这一基本目的的实现有赖于空间设计思维的理性化培养、专业理论知识的综合性运用及空间设计技巧的系统化表达。而快速设计整体性空间思维训练与灵活性方案表达教学的优势可以很好地辅助设计课教学，提升学生的思维能力、分析能力、理论能力、创新及表达能力。基于设计课教学的核心目的，结合快速设计教学的优势，可明确基于快速设计

的空间思维训练与方案表达的目标。

1. 培养学生的方案推敲与演化能力

设计方案的形成不是感性的，也不是一蹴而就的，而是一个从概念到具体、从整体到细节的理性化、系统性思考过程，一个优秀的设计师必须具有对方案的分析思考与递进优化的能力。而快速设计在空间思维训练方面的优势，可以帮助学生认识设计题目、梳理设计过程、明确各阶段的设计重点与设计方法，实现设计方案的分析、递进、推敲与优化，保障最终设计方案的合理性与完整性[5]。因此，基于快速设计的空间思维训练的基本目标是培养学生的设计思考能力和方案推敲演化能力，以提升学生的职业素养。

2. 锻炼学生的知识应用与表达能力

设计方案的训练不仅仅是图面效果的表达技巧，更涉及专业知识的运用。设计课其实是一门实践表达课，提升学生的知识应用能力和方案表达能力是设计课的基本要求。而快速设计的方案灵活表达的优势，恰恰可以全面、综合地锻炼学生的知识应用和表达能力。具体来说，一方面，快速设计能帮助学生对设计基本功进行全面理解，包括规范的掌握、空间尺度的准确、基础规划知识的反馈、设计要素的积累、空间结构的基本组织方法与绘图的基本技巧等；另一方面，快速设计还能培养学生的设计理念的落实表达能力、政策动态的及时反馈能力等较高层次的应用表达能力。因此，基于快速设计的方案表达训练的基本目标是锻炼学生的专业基础知识应用能力与设计理念的空间表达能力，以提升学生的理论运用技巧。

3 快速设计教学的现实问题与教学改革思路

3.1 快速设计教学的现实问题

尽管快速设计具有其独特的教学优势，但在实际教学中，快速设计的教学优势往往难以充分体现。快速设计的教学问题主要体现在以下两个方面：

1. 以果导因，教学反馈及时性不佳

通常情况下，为了达到应试的基本要求、满足学生求职考学的切实需要，同时考虑设计课程任务繁多、教学时长有限的现实情况，建筑类快速设计教学常采取"快题考试"的教学方式。即要求学生在课下一定时间段内独立完成从构思到表达的设计全过程，形成完整的快题方案。然而，这样的教学方式不利于师生沟通互动，设计教学通常更关注最终的表达成果，而对于方案设计的中间过程，只能采取以果导因的分析方式，进行模糊性的推导教学。导致教学反馈针对性、及时性不足，学生难以对设计过程和核心方法形成清晰的认识，不利于设计思维的训练和方案推敲演

化能力的培养。

2．以练代教，教学内容系统化不足

快速设计在专业课程设置上并没有教学大纲，也没有相应的讲评制度，却又涉及宽泛，几乎可以涵盖全部专业基础知识。在此情况下，快速设计教学往往引入快题考试的相关标准与讲评方法，以概念化的考核要点作为快速设计指导标准，并以快题练习的方式来代替具体的内容讲学，试图通过反复的练习讲评，让学生对专业知识和表达技能有一个综合的认知和掌握[6]。但这种以考为纲、以练代教的方式，缺乏教学内容的系统化组织，难以让学生把握空间表达的具体学习方向和关键知识，较难实际地提升学生的知识应用能力，形成逻辑性、系统性的设计表达认知。

3.2 基于渐进式教学法的快速设计教学思路

通过上述快速设计课程教学的目标与现实问题解析，可以发现快速设计教学涉及内容众多，培养目标综合。而在现实教学中，却均缺乏系统性组织，将多个维度的训练目标与训练内容混合在一起，期盼通过几次完整的快题训练，全面提升学生的设计能力。但这样简单化的教学思路，必然不适合解决快速设计这一复杂、综合的教学课题，导致快速设计课程往往沦为〝考试课〞而非〝训练课〞，快速设计的教学优势难以得到体现。为了解决这一问题，笔者认为有必要将复杂、综合的教学课题分解，采取渐进式的教学方法，阶段化、层次化、衔接化地对快速设计进行指导。基于渐进式教学改革的基本思路为：

1．方案指导阶段化

要真正建立学生对设计过程的认知，就应改变传统快速设计教学中〝结果导向〞及〝蓝图式〞的教学内容安排，以〝过程〞为导向进行设计教学。在具体教学设置中，应启发和训练学生基本的设计思维概念，将完整的快速设计进行阶段性划分，并对过程方案进行评述和讲解。从而既帮助学生进行设计思维培养，也有针对性地对设计方案进行评价指导。

2．内容训练层次化

空间表达涉及内容众多，如果不加区分地进行训练，必然产生诸多问题和困难。因此，如果要对学生的空间表达能力进行全面培养，就必须对设计内容进行分类分解，使每个类别的训练目标简单、方法清晰、条件可靠。继而在针对性的类别训练基础上，建立整体性的空间表达认知。

3．教学体系衔接化

由于课时限制，快速设计通常不会作为一门单独的教学内容，而常常作为专业设计课的组成部分。因此，为了达到设计过程导向、内容系统全面的教学改革目标，应将快速设计的过程教学与内容指导与专业设计课教学衔接起来。考虑到设计课教学过程与快速设计分析表达过程的一致性，快速设计在教学体系建构上，应将快速设计教学过程对接设计课教学过程，并明确各个过程需要重点关注的快速设计表达内容与考核要点，进行系统化的教学与评价。

4 城乡规划专业渐进式教学方式的设置与实践

4.1 渐进式快速设计教学体系

基于渐进式教学法，结合城市规划实际设计过程和空间表达相关内容，构建城乡规划专业快速设计教学体系。教学体系的构建关键在于建立阶段性设计教学过程与层次性空间表达教学内容的对应关系，以在训练学生〝从宏观到微观〞的城乡规划设计思维的同时，掌握各层次的方案表达要点。基于渐进式教学方式的城乡规划专业快速设计教学体系如图1所示：

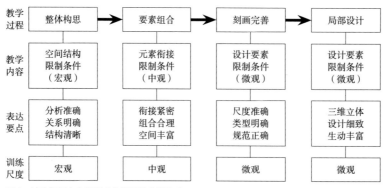

图1　城乡规划专业渐进式快速设计教学体系

4.2 阶段式快速设计教学过程

具体而言，渐进式教学体系的构建首先需要对教学过程进行阶段性划分，并明确各阶段教学目标。教学过程的划分需要符合空间设计生成思维，以锻炼学生的方案推敲演化能力。结合城市规划实际设计过程，可将教学过程划分为四个阶段，各阶段的训练尺度与教学目标各不相同，但存在着渐进式的联系关系。

1. 阶段一：整体构思

整体构思是城乡规划专业快速设计的宏观分析与解读阶段，在这个阶段学生需要根据设计要求对规划用地进行定位，对地块内各功能进行合理的安排，确定规划的主要结构。思考如何利用恰当形式的核心结构，将方案串联起来，使之清晰明了。简而言之，就是将审题或现状分析获得的全部信息转化成为规划目标，从结构层面考虑整个地块的功能分区、道路交通组织、公共空间体系等，并大致确定各区块的建筑选型，确定整体地块的主、次出入口位置和人群流线组织等。整体构思是极为重要的设计把控阶段，在合理的结构下进行方案深化，才能将方案意图、层次、重点表现出来，若缺乏这一阶段的训练只能使设计方案流于简单拼凑而不具备整体性。

2. 阶段二：要素组合

通过整体构思的完成，可以确定各个不同功能区的大小、规模和结构，在确定了核心结构之后，想要将方案深化下去，就必须在核心结构搭建的骨架下填充"血肉"，使"肌体"充实起来，因此合理排布组团，协调各组团间关系成为城市规划设计中的第二个重要门槛。在组团协调的基础上，还要进行建筑组团、单体以及开敞空间要素的组合与设计。要素组合阶段往往是快速设计工作量最大，需要时间最多的一环，要求在突出空间结构的基础上，完成设计要素的详细组合，即已基本完成了一个整体性的快速方案设计。

3. 阶段三：刻画完善

在要素组合完成后，还需要针对方案做一定的细节处理。一方面，需要对基本的快速设计方案进行优化修正，保障其规范上的合理性及细节上的协同性，例如建筑单体的刻画修正、环境设计的细化、地块的出入口设置、人流集散的处理、建筑风格风貌等。其内容工作量不大，但考虑的问题较为细节、零碎。

4. 阶段四：–局部设计

在整体方案设计完成后，仍有必要进行局部设计，来体现方案深度和设计细节。但局部设计并非是对整体方案全部区域的全面细化，而是对方案重点区域的进一步思考与优化。通常来说，其选择的区域为方案的轴线或节点，推敲的方式也不局限于平面，而采用鸟瞰、透视等多种推敲细化方式。由于绘制的尺度较小、关注的空间设计要素更偏向于三维，局部设计图通常作为整体方案图的补充，而不会对整体方案图产生较大影响。局部设计是传统城乡规划专业快速设计考核所没有要求的，但对学生空间感的掌握、多尺度设计能力的提升具有重要意义，有必要进行阶段性教学。

4.3 层次性空间表达教学内容

空间表达涉及的内容众多，渐进式的教学方式还需要明晰设计表达的空间教学内容与教学要点，并明确其所属的空间思维训练尺度，以便在各设计阶段进行分层次重点教学。根据城市规划专业领域对于快速设计的普遍性评价侧重，可将城市规划快速设计的教学内容划分为四个层次。各层次的具体教学内容与要点如下：

1. 层次一：设计要素

设计要素分为单体、组团与开敞空间，是微观层面的空间表达教学内容。设计要素的训练需要学生掌握建筑单体、排布等基本要素的类型及适用环境，对空间组织方法较为熟练，并熟悉各类限制要求的解决方法。具体来说，设计要素的空间表达训练内容包括：熟悉商业、办公、教育、文体、交通、工业及居住区建筑等建筑单体的尺度、平面形态、组合形式及基本规范，能够准确地对建筑要素进行表达；掌握行列式、周边式、点群式、放射式等组团类型的布置手法、特点、适宜功能类型及使用情境等，能够对组团类型进行选择；熟悉绿地、滨水景观、广场的基本要素类型、配置方式与表达技巧等，能够准确适宜地进行环境刻画等（图2）。

另外，针对单体、组团与开敞空间等设计要素的教学也有更高层次的内容要求，如建筑单体的立体形态组成、设计材质的选取、立面细节的刻画等，组合的空间氛围营造、基础流线组织等，

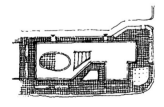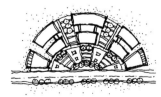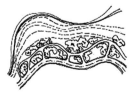

图2 设计要素教学内容示意

以及开敞空间的植物配置、景观布置等。这需要加强设计鉴赏能力的创新思维能力的培养，并鼓励学生将建筑构造、环境行为心理学等设计培养课程在实际设计中进行运用。

2. 层次二：元素衔接

设计要素不是简单的拼凑与结合，而需要进行紧密衔接，相互配合。元素衔接是中观层面的空间表达教学内容，设计要素的元素衔接方法需要进行仔细考虑。建筑作为城乡规划设计的核心元素，其衔接是最重要的教学内容，这包括建筑组合的衔接及建筑与外部环境的衔接。

对于建筑组合衔接，应关注在建筑风格、位置、体量等方面的协调关系。因此，在教学中应注重加强学生对统一、对比或者渐变等设计技巧的认知，并加强其在建筑风格、建筑体量表达教学中的应用，以突出设计主次，形成节奏韵律；另外，还需提升学生对建筑衔接关系指标的认知，了解贴现率、开敞度等指标概念和应用技巧，打破呆板的设计组合。

对于建筑与外部环境的衔接，应关注建筑布局对地形、道路、绿化、水系、广场等环境要素的顺应性，强化和凸显对场地有利的形态特征。因此在教学培养中，应让学生了解建筑与各种外部环境衔接的可能方式，对衔接方式的基本类型进行划分。并通过类型划分，对各类型的优劣势进行解析，以帮助学生了解基本的设计范式，并选择适宜的空间衔接表达方式（图3）。

3. 层次三：空间结构

设计要素的衔接将单个设计要素从局部到整体组织起来，但其衔接方式的选择需要基于大的空间结构指导，否则其衔接关系就是独立的、拼凑性的，而非整体的、逻辑性的。空间结构是整体设计的原则与骨架，是城市规划快速设计表达的重点训练内容。简单来说，空间结构设计重要的是梳理出功能、交通和景观等系统之间的关系，从而为单体建筑、组团和开敞空间等具体元素的细部处理衔接提供指导，真正实现从要素到部分到整体的组织。

对于空间结构的组织，一是需要帮助学生了解构建结构的基本方式与空间逻辑，培养″点—线—面″的整体思考组织逻辑，理解轴线、节点、组群的基本概念；二是需要帮助学生知晓常见的结构类型方式及适用情况，并尝试典型范式在实际设计过程中的综合化运用；三是需要指导学生理解结构组织的基本层次，要求结构组织无论是等级、规模还是衔接系统均做到主次分明，形式多变，使得整个方案特色鲜明（图4）。

4. 层次四：限制条件

前面三个层次是城乡规划快速设计中基本的积累、组合和过渡方法的教学。但如何使得方案能够因地制宜地面对不同的问题和限制，是在面对综合性快速设计时需要着重考虑的问题。因此，明确各类限制条件，选择合适解决方案是重要且困难的教学内容（图5）。

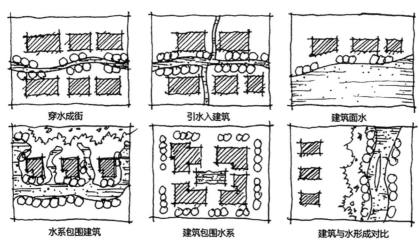

图3 元素衔接教学内容示意

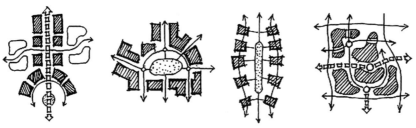

图4 空间结构教学内容示意

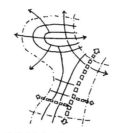 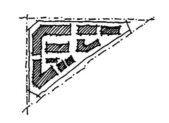 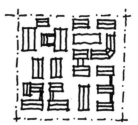

图 5 限制条件教学内容示意

在宏观的空间结构层面，最主要的限制条件为基地地形限制、阻隔型要素限制、既有功能与结构限制、重要节点限制及特殊现状限制。对于基地地形限制，应指导学生了解常见基地地形，掌握各类型下的核心结构确定方法；对于铁道、河流等阻隔型要素限制，需要学生能够对要素的阻隔程度和利用条件进行分析，选择最优的空间结构方式；对于既有功能结构限制，应引导学生分析既有功能与设计定位功能的关系，选择对接关系与结构延续方式；对于重要节点限制，应指导学生就节点重要性进行分析，排除干扰因素，建立与重要节点的空间联系关系；对于特殊现状限制，需指导学生了解相关理论规范，合理处理特殊现状与设计区域的关系。

在中观的元素衔接和组团布局层面，基地地形限制、指标规范限制是最主要的限制条件。对于基地地形限制，需要指导学生对道路网、核心轴线等围合产生的地形边界进行处理，并尤其关注组团地块边角处的建筑排布；对于指标规范的限制，需指导学生关注容积率、建筑密度、绿地率、建筑高度与日照间距等影响建筑布局的常见指标，熟练掌握不同指标下的基本布局关系。

在微观的建筑、环境设计修正层面，指标规范限制及特殊的地域风貌限制是最主要的限制条件。对于指标规范限制，需要学生着重注意常用规范，如出入口设置、道路宽度与长度、停车场设置规范等。对于地域风貌限制条件，应关注体量的协调关系和建筑屋顶视图风格的表达，掌握常见的肌理与建筑风格，如现代城市的肌理、古镇水乡肌理、村庄院落肌理等，以便于在地域要求严格的区域，实现合理的协调统一。

4.4 天津大学城乡规划专业快速设计的渐进式训练

基于渐进式快速教学体系，笔者在天津大学城市规划专业本科设计课教学中进行了实验。以三年级"城市公园开放空间设计"教学组织为例，课程教学要求学生依据设计课进程分阶段展开快速设计训练，形成从构思到完善的设计方案。教师通过对各过程方案进行点评教学，提出针对化的教学意见，以帮助学生全面提升知识应用与设计表达能力。具体的教学实验案例如图6所示。

阶段一：整体构思
考察内容：空间结构，限制条件（宏观）

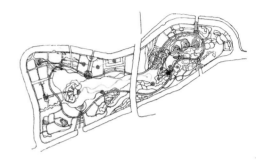

阶段二：要素组合
考察内容：元素衔接，限制条件（中观）

阶段三：刻画完善
考察内容：设计要素，限制条件（微观）

阶段四：局部设计
考察内容：设计要素，限制条件（微观）

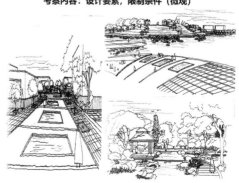

图 6 设计教学实验

5 结语

快速设计不是一个手绘表达的"考试型"课程，而是对思维能力、分析能力、理论能力、创新与表达能力等综合能力培养具有重要意义的"训练型"课程。本文提出的渐进式教学法，即是希望通过教学过程、教学内容、教学体系的梳理，发挥快速设计教学的独特优势，为建筑类相关专业该门课程的教学改革和相关课程体系的建立奠定基础。

但值得注意的是，渐进式教学法只是一种教学思维方式，在具体教学改革中，应结合具体情况做出调整。渐进式教学法推广时应注意以下几点：

首先，渐进式教学法虽然强调阶段化的教学过程安排和层次性的教学内容组织，但需要明确的是，教学过程与内容安排不是刻板划分的，而是一个循环衔接的整体，存在多轮次的反馈、修正与调整，阶段、层次的划分只是针对快速设计的基本思维表达规律，便于教学实操。

其次，考虑到学生的基础水平差异较大，统一的教学方式难以适应所有学生的需求。因此对于基础较弱的学生，可在阶段化的设计课方案讲学外，补充系统的设计表达内容讲学课程；而对于基础较好的学生，可以融入美学、人文、历史、社会、生态等更高层次的空间设计概念，并与过程教学与设计表达相联系。

参考文献：

[1] 宋晔皓，张悦，朱宁.对于快速设计教学的当前思考与实践[J].建筑学报，2008，(7)：78-80.

[2] 王亚莎，方勇锋，邢双军.基于 OBE 理念和 BOPPPS 模式的快速建筑设计集中教学改革探索[J].高等建筑教育，2019，28 (4)：120-125.

[3] 周志菲，李昊.博观约取，厚积薄发——城市规划快速设计的教学方法与实践[C].// 全国高等学校城市规划专业指导委员会.2011 全国高等学校城市规划专业指导委员会年会论文集，2011：308-314.

[4] 庞博，姜云，张洪波，等.针对应用型人才培养的规划快题设计教学研究[J].高等建筑教育，2014，23 (2)：83-86.

[5] 董芦笛，叶飞.6 分设计——着重建筑设计方法的系列快速设计训练[J].建筑与文化，2007 (06)：74-75.

[6] 冯晓宇，武小钢，王晋芳.基于风景园林师空间设计思维培养的设计初步课程教改思路[J].绿色科技，2019，000 (019)：266-269.

图片来源：

图 1~ 图 5：笔者绘制

图 6：张雪寒，史立娟绘

作者：张赫，男，博士，天津大学建筑学院院长助理、城乡规划系副主任，副教授；彭竞仪，女，天津大学建筑学院硕士研究生；曾鹏（通讯作者），男，博士，天津大学建筑学院副院长，城乡规划系系主任，副教授；王睿，女，博士，天津大学建筑学院助理研究员。

基于多维弹性的 5G 时代居住建筑概念设计

——以西安交通大学住区规划与住宅设计教学为例

张钰曌　李红艳　虞志淳　曹象明

Conceptual Design of Residential Building in 5G Era Based on Multi-dimension Flexibility —— Taking Residential Planning and Dwelling Design Course of Xi' an Jiaotong University as an Example

■ 摘要：凡人所居，无不在宅。居住建筑是大众生活中的主要活动空间，如何适应人们日益变更的生活需求进行住宅设计是建筑教育中的重点问题之一。随着 5G 时代的到来，技术革新必然会带来生活模式的改变。因此，西安交通大学住区规划与住宅设计教学组在本科四年级建筑设计教学实践中，首次关注 5G 技术的应用对居住建筑带来的影响，从多维视角探讨技术革新下的未来居住需求、设想未来居住模式的弹性发展、展开 5G 时代居住建筑的概念设计，启发学生的未来视野，培养学生的创新设计能力。

■ 关键词：5G 技术应用；未来居住需求；多维视角；弹性空间；建筑教育；建筑设计教学

Abstract：People live in dwellings，which is the main activity space in resident life. How to adapt to the changing needs of people's life is one of the key issues in architectural education. With the coming of 5G Era，technological innovation will inevitably bring about the change of life mode. Therefore，the residential planning and building design teaching team of Xi'an Jiaotong University paid attention to the influence of 5G technology application on residential buildings in the teaching practice of architectural design in the senior year firstly，discussed the future residential demand under the technological innovation from a multi-dimensional perspective，envisaged the flexible development of the future residential mode，launched the conceptual design of residential buildings in the 5G Era. In order to inspire the future vision of students，and trains their innovative design ability.

Keywords：5G Technology application；Residential needs in the future；Multi-dimensional perspective；Flexible space；Architectural education；Teaching in architecture design

基金项目：本研究得到国家自然科学基金（51678481）资助

2019 年被视为"5G 元年",随着我国工业和信息化部向 4 家运营商发放了 5G 牌照,我国开始正式进入"5G 时代"。作为新一代移动通信技术,5G 具有高速率、大容量和低时延等特点,"万物互联"也开启了向"万物智联"的发展,5G 技术的应用也成为全社会关注的焦点。智慧城市与智能家居的发展是科技进步的必然,也是当前社会的热点话题。居住区作为城市居民聚居的场所,为其提供生活居住空间和各类服务设施[1],必然是未来 5G 技术应用的最广泛区域之一。住区规划与住宅设计是建筑学本科专业主干课程,在培养学生的专业技能和职业训练中极为重要。因此,本教学组首次在该课程中加入对 5G 这一新兴技术在居住建筑中的应用探索,设置概念设计环节,激发学生创新意识,为新工科在建筑教育中的发展寻求实践方法。

1 课程选题契机

纵观人类历史,技术革新必定会引起人们生产生活方式的变革。5G 时代的到来,也会因为无人技术、虚拟技术、人工智能等而使人们的居住需求发生改变,从而促使居住革命的发生。"住区规划与住宅设计"作为建筑学本科四年级教学的经典教学内容,本教学组一直关注社会热点问题,重视学生对城市社会经济发展背景下的住区规划特点与居民居住需求的认知与探索。因此,我们在本次课程中引导学生探讨 5G 技术应用下的人类的居住需求与居住方式,启发学生的未来视野,拓展其思维方式,以期为新工科背景下的建筑教育的发展提供实践参考。

同时,陕西省土木建筑学会与榆林天则无人系统创新研究院(榆林市政府智库)组织开展了"5G 未来居住区创新性概念设计竞赛",该竞赛要求"利用 5G 网络、无人机、无人车、各式机器人服务于

社区、家庭和个人,强调与无人系统紧密结合的适老性居住社区规划及单体建筑的创新性概念设计"[2]。因此,结合教学内容参与设计竞赛,在本课程中设置 5G 时代居住建筑概念设计的教学环节,鼓励学生结合 5G 技术的应用活跃思维,进行创新设计。

2 教学模式探索

2.1 整体教学框架

本次"住区规划与住宅设计"为本科四年级第一学期的设计课程,共计 16 周 112 课时。本次课程在进行前期研究后,加入理想居住建筑的概念设计环节,拓展学生的思考范围,最后结合学生对当代技术与居住需求的理解,进行实际住区的规划与住宅的设计(图 1)。课程整体分为三大部分:

一是居住探讨,通过课程讲授、住区调研、案例解析等帮助学生建立住区与住宅的基本概念;

二是未来居住建筑的概念设计,通过 5G 技术应用方向、居住区养老设施设计、先锋住宅案例解析等帮助促进学生对先进技术与未来居住需求的探讨,完成 5G 时代居住建筑的概念设计;

三是学生在选择"雁翔路居住小区"进行新建小区规划设计,或者"西安交大社区"进行改造规划设计的基础上,结合目前可实现的 5G 新技术,穿插进行"住区规划"与"住宅设计",并对所处社区中心进行快题设计训练,最终完成住区规划与住宅设计图纸。

2.2 教学活动开展

本教学组在课程的组织中,不断探索教学模式的发展,采用导向式的教学方法、互动的教学方式,运用开放的教学组织,同时引入线上系统,力求使学生更好地掌握住区规划与住宅设计的技能与要点,在思考的基础上提出设计亮点。

1. 导向式教学方法,互动教学方式

在建筑设计课程中,学生不仅仅是知识的接受

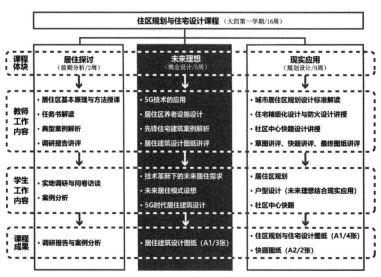

图 1 "住区规划与住宅设计"课程组织模式

图2　教学过程中学生汇报与师生讨论场景

者，更应该成为知识的探索者。因此，教学组采用导向式的教学方法与互动式的教学方式对"住区规划与住宅设计"进行授课（图2），结合新技术、新政策和新标准进行研究性教学：

首先，师生根据课程的关键词探讨规划设计中需要解决的各项问题，以思维导图的方式明确技术路线；

其次，学生通过的自主学习与合作探究对问题进行探索，提出解决的基本方案；

再次，教师通过授课及与师生讨论等方式，引导学生明确课程要点、解决规划设计中的难点；

最后，教师通过翻转课堂的方式检验学生的学习效果，如学生通过图纸或PPT等形式对所学、所做内容进行汇报及师生讨论，教师对学生的问题进行解答、对其规划设计方案进行讲评。

2. 开放教学组织，引入线上系统

在教学组织上，教学组对学生采用了开放的教学组织，其学习可以通过独立学习、小组合作、与研究生学长探讨、与教师探讨等方式进行。同时，在线下教学的基础上，引入BlackBoard教学平台展开线上教学活动（图3）。例如，教师在系统中发布任务书、教学大纲与考核方式等教学资料，便于学生明确教学内容与目标；上传参考文献与课程课件等课程资源便于学生随时下载、及时预习与复习；学生也在课程讨论论坛上上传问题，在课外进行学生间与师生间的研究探讨等。

任务书发布

课程资源上传

课程讨论论坛

图3　Blackboard教学平台的应用

3 概念设计教学过程的组织

在"住区规划与住宅设计"中，本教学组首次引入基于 5G 技术应用的未来居住建筑概念设计环节。这一教学环节历时 5 周，分为破题、解题、结题三大部分，在学生根据自己设计意向自由分组后，由教师引导学生从技术革新角度探讨未来的居住需求，从弹性发展的角度设想未来的居住模式，最终完成包括建筑设计与应用场景在内的 5G 时代的居住建筑概念设计（图4）。

3.1 破题：多维视角下的未来居住需求

受技术发展、年龄阶段、居住方式、兴趣爱好等多方面影响，人们生活水平在不断提高的同时，需求也越来越明显地呈现出多元化特征。因此，未来在 5G 技术的应用中，设计者更需要从多个维度思考人们的居住需求。

1.5G 技术

5G 除了拥有更高速的连接体验和更大容量的连接能力外，还将开启万物智联时代。其实际应用是和云计算、人工智能、VR/AR、控制技术、视觉技术、传感技术等基础技术结合之后产生或优化大量通用功能[3]，如无人系统、智能交通、智慧家居、智能绿化、远程医疗、VR 体验、AI 互动等等（图5、图6）。

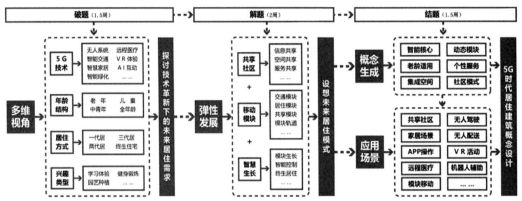

图4 "5G 时代居住建筑概念设计"教学组织模式

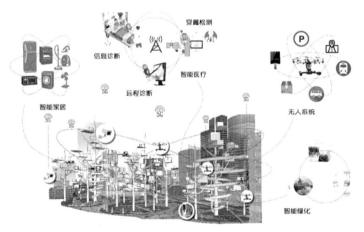

图5 智能公共空间设想

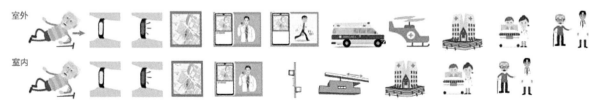

图6 远程医疗系统设想

2. 年龄结构

人在不同的年龄阶段对居住的需求也不尽相同。我国自 2000 年进入老龄化社会以来，至 2018 年末，65 周岁及以上人口已达到 16658 万人，占到总人口的 11.9%[4]。人口老龄化是我国社会发展的重要趋势，是今后较长一段时期我国的基本国情[5]。故本次课程要求学生着重考虑老年人口的居住需求，以及新技术对老年人的生活帮助，同时综合考虑儿童、中青年的居住需求。

3. 居住方式

根据家庭人口的构成，人们的居住方式包括一代居、两代居、三代居等。同时得益于人工智能、无人技术等的发展，建筑本身的可变性大大提高，故提出终生住宅的居住模式，探讨居住建筑的"生长"和对不同年龄段居住需求的适应性（图 12）。

4. 兴趣类型

兴趣是社交中重要的联系点，社区活力是社区幸福感的重要表现。为加强社区中的社会交往活力，塑造共享社区等未来社区模式，学生选择根据不同兴趣类型划分并设置公共空间（图 12）、利用 APP 进行信息交集等方式，加强活力体现。

3.2 解题：弹性发展的未来居住模式

5G 技术的发展与应用必然会使得居住建筑从软件到硬件都更加多样化、灵活化与智能化，大大提高其空间的弹性，令居住模式拥有更多可变性以适应人们不同的居住需求。共享社区、移动模块、智慧生长等均是 5G 技术实现后具有极大发展潜力的方面。

1. 共享社区

共享社区主要可体现在信息共享、空间共享、服务共享等方面。通过线上信息发布，社区中可实现信息共享；通过公共空间预约开放或模块智能移动，社区中可实现空间共享（图 7）；通过可穿戴设备与数字平台组织活动，可实现社区服务共享。

2. 移动模块

5G 技术应用下的无人系统与大数据支持，可令建筑实现交通、居住等多功能的结合或转化，因此模块化空间运用更加便捷，同时建筑结构构件能够形成轨道与框架，达成智能移动的目标（图 7、图 8）。

3. 智慧生长

通过智能中控控制建筑模块的增减与移动，根据居住者的需求，改变模块间的组织关系与模块内的格局，实现终生居住的功能，间接减少因更换房屋而产生的建筑垃圾（图 7、图 8）。

3.3 结题：5G 时代的居住建筑概念设计

根据对未来居住需求的探讨与居住模式的设想，5G 时代居住建筑的概念设计从概念生产与应用场景两方面展开。

1. 概念生成

根据 5G 技术的发展、年龄结构的调整、居住需求的改变，本次教学中对 5G 时代的居住建筑的

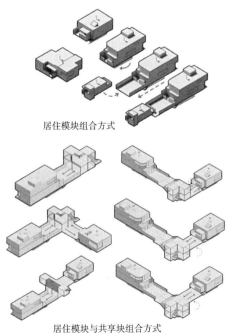

居住模块组合方式

居住模块与共享块组合方式

图 7 模块组合方式

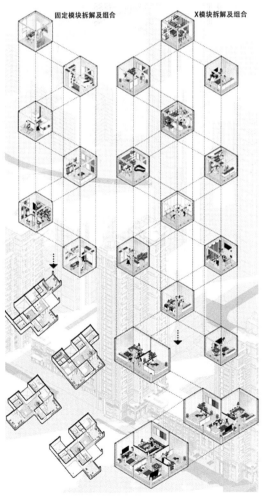

固定模块拆解及组合　　X 模块拆解及组合

图 8 模块应用场景及拆解组合模式

概念生成主要从智能化核心、老龄化适用、集成化空间、动态化模块、个性化服务等方面展开。住区的发展也会更趋向于垂直社区或组团化社区等集成模式（图11、图12）。

　　2．应用场景

　　应用场景是结合新技术应用与建筑设计概念而提出的，本次教学中主要集中在共享社区、家居场景、APP操作、远程医疗、模块移动、无人驾驶、无人配送、VR活动、机器人辅助等方面进行探讨（图9～图12）。

4　获奖方案

　　本次课程在居住建筑概念设计阶段以小组为单位完成，每组3~5人，共计8组。其中4组获得"5G未来居住区创新性概念设计竞赛"的奖项，包括二等奖1组、三等奖1组以及优秀奖2组[①]。

4.1　"浮游居"方案

　　"浮游居"方案获得了本次竞赛的二等奖。该方案关注城市化进程中高层建筑内部单调死板的居住环境与社区意识淡薄的问题，结合老龄化严重的现象，以解决人们的居住问题为核心导向，从人的社会需求和精神需求出发，畅想未来的5G技术，以兴趣划分居住组团，并在组团内提供公共服务功能。学生认为社区不应该只是居住的地方，它更是每个居民的游乐场，每个居民能够在此发现自己的兴趣和价值，在漂浮的高空中感受生命的意义（图11）。

4.2　"飞屋记"方案

　　"飞屋记"方案获得了本次竞赛的三等奖。该方案关注5G技术向大众生活的融入及其对人们生活模式的改变，结合未来城市和社区发展趋势，以普通收入人群为设计使用对象，将无人机飞行和无人车导航技术相结合，创造出"交通"与"功能"一体的社区"飞屋"。新的出行方式，提供了更加快速、安全的出行，居民还可以通过各自喜好为"飞屋"增加功能，实现不同年龄老年人需求个性化定制；另外，丰富的居住空间组合模式和公共空间交往模式，为社区营造了新的居住氛围，使邻里互动更加亲密，满足老年人心理需求（图12）。

图9　智能家居系统 APP

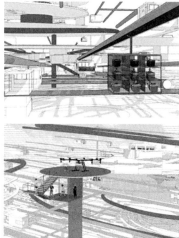

图10　应用场景

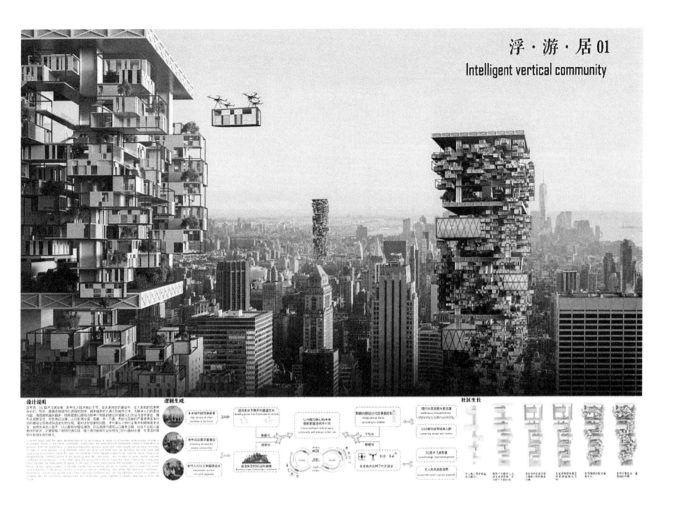

设计说明

浮游生成

社区生长

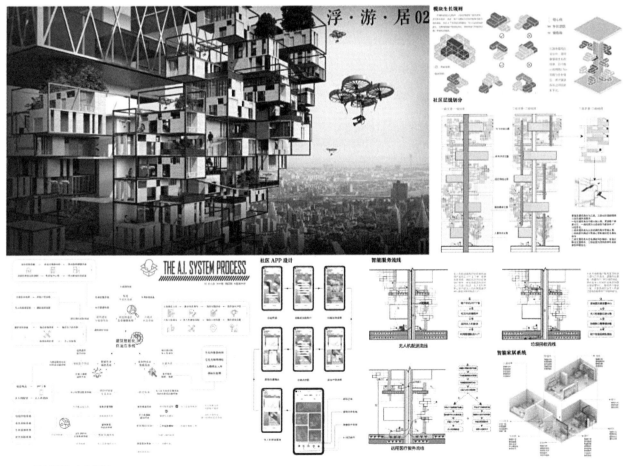

模块生长规则

社区层级划分

THE A.I. SYSTEM PROCESS

社区 APP 设计

智能服务流线

智能家居系统

图 11 "浮游居"方案图纸

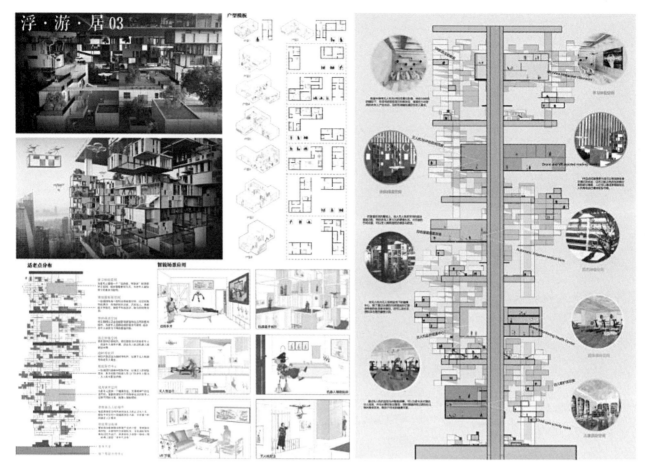

图11 "浮游居"方案图纸（续）

图12 "飞屋记"方案图纸

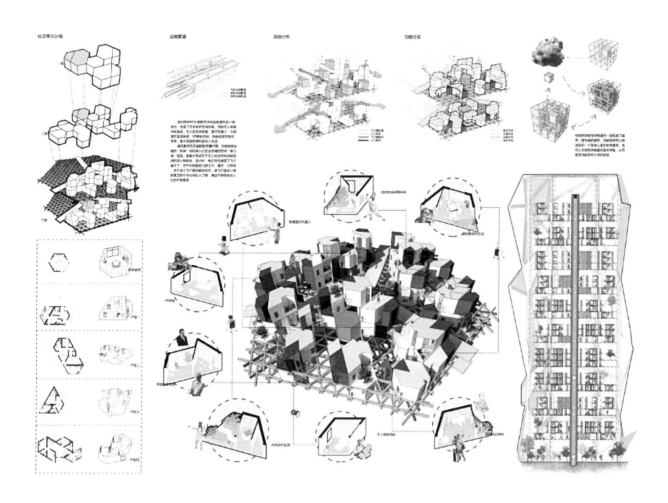

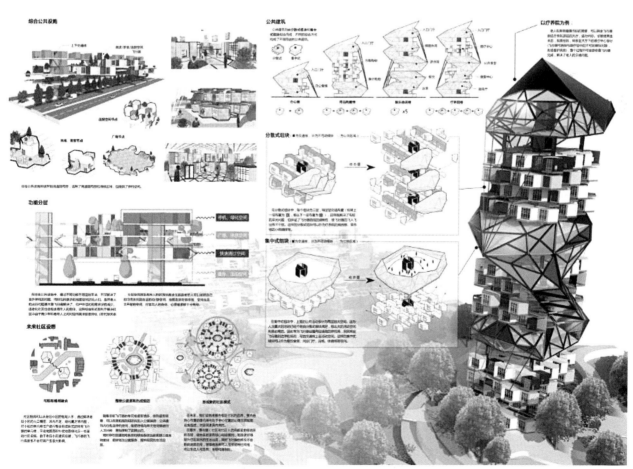

图 12 "飞屋记"方案图纸（续）

5 成果总结与思考

居住建筑是最为贴近人们生活的建筑类型，针对现状生活的住区规划与住宅设计的研究已较为成熟，这也是造成该课程创新难的根源。本教学组在关注社会热点问题的基础上，引导学生理解与回应多样的居住需求，首次基于探讨 5G 技术对生活方式的影响趋势，构想未来居住建筑的概念设计，为新工科背景下的建筑教育提供实践案例。本次课程以趣味性的主题发散学生思维，带动其学习的兴趣与积极性；通过导向式的教学方法、互动的教学方式、开放的教学组织、线上系统的引入等，培养了他们发现问题、分析问题、解决问题的逻辑思维与设计能力。本次教学在学生中获得了积极的反馈，最终取得了良好的教学效果与优秀的竞赛成绩。

社会的进步、城市的发展、技术的变革，无不要求建筑师紧跟时代步伐。因此，对于本科教育，我们应不断发掘能够发挥学生主观能动性的设计题材与教学方法，促进学生未来视野与创新能力的发展，回应时代的声音，培养面向未来、勇于创新的建筑师。

注释：

① 吕朝阳、牛少宇、郑潇莹、曹瑞萌、任毓琳同学设计作品《浮游居》，获"5G 未来居住区创新性概念设计竞赛"二等奖；张紫薇、朱颜怡、敖枫、岳黎平、张慧颖同学设计作品《飞屋记》，获"5G 未来居住区创新性概念设计竞赛"三等奖；蒋承欢、周心瑶、翟翌钰、卢泰儒、李莎同学设计作品《The senior harbour》和叶凯威、白晓丹、隋君伟同学设计作品《云中牧歌》获"5G 未来居住区创新性概念设计竞赛"优秀奖。

参考文献：

[1] 朱家瑾.居住区规划设计（第二版）[M].北京：中国建筑工业出版社.2011.
[2] 陕西省土木建筑网.关于举办 5G 未来居住区创新性概念设计竞赛的通知 [OL].http：//www.sxjz.org/article.asp?id=6043.
[3] 张涌.未来已来，构筑 5G 发展之路 [J].视听界，2019（05）：10-12.
[4] 国家统计局.人口年龄结构 [OL].http://data.stats.gov.cn/easyquery.htm?cn=C01.
[5] 中共中央、国务院印发《国家积极应对人口老龄化中长期规划》[OL].http：//www.gov.cn/xinwen/2019-11/21/content_5454347.htm.

图片来源：

图1~图3：作者自绘、自摄
图4：作者应用 Blackboard 教学平台截图
图5：刘思成、李文璇绘
图6~图7、图9~图10：蒋承欢、周心瑶、翟翌钰、卢泰儒、李莎绘
图8：叶凯威、白晓丹、隋君伟绘
图11：吕朝阳、牛少宇、郑潇莹、曹瑞萌、任毓琳绘
图12：张紫薇、朱颜怡、敖枫、岳黎平、张慧颖绘

作者：张钰曌，博士，西安交通大学 人居环境与建筑工程 学院建筑学系，讲师；李红艳，西安交通大学 人居环境与建筑工程学院 建筑学系，副教授；虞志淳（通讯作者），西安交通大学 人居环境与建筑工程学院 建筑学系，教授；曹象明，西安交通大学 人居环境与建筑工程学院 建筑学系，副教授。

地方院校特色型风景园林人才培养实践探索

——以山东建筑大学风景园林本科教育为例

任震　宋凤　王洁宁

Exploration on the Cultivation Practice of Characteristic the Landscape Architect in Local Universities——Taking the Landscape Architecture Undergraduate Education of Shandong Jianzhu University as an Example

■ 摘要：风景园林本科教育是我国风景园林人才培养的核心力量。在全国风景园林本科教育全面推进的背景下，作为人才培养主力军的地方院校，适时探讨适应区域经济建设需求的特色型风景园林人才培养方案尤为必要。基于我国风景园林教育发展特点、地方院校风景园林人才培养实践的制约性，结合山东建筑大学省属工科院校办学特点以及同源学科办学优势，通过近十年的人才培养实践对地方高校特色型风景园林专业人才培养体系进行积极的探索：确立了"依托优势，突出特色，服务地方"的人才培养目标；提出了"TECS"人才培养理念和"精细化'2+2+1'"人才培养模式；设置了"同源学科为基础，复合理论为支撑，规划设计为主导，多元实践为平台"的学科交融、特色突出的课程体系。

■ 关键词：风景园林；地方院校；特色型；人才培养实践

Abstract：The undergraduate education of landscape architecture is the core strength of the cultivation of landscape architect in China. Under the background of the comprehensive promotion of undergraduate education in landscape architecture in the country，it is necessary to timely explore the special landscape architect training program that meets the needs of local economic construction for a local college with certain restrictions on talent reserve，financial support and school conditions. Based on the characteristics of the development of landscape architecture education in China and the constraints of the cultivation practice of landscape architects in local colleges and universities，combined with the characteristics of Shandong Jianzhu University and the advantages of subjects with the same discipline，through the cultivation of landscape architect in the past ten years，the landscape architect professional training system of the local universities has been actively explored；establishing the talent cultivation goal of with relying on advantages，highlighting characteristics and serving the localities；Proposing the "TECS"

基金项目
国家自然科学基金青年基金项目 (51808320)
山东建筑大学2020年教学改革研究重点专项

talent training concept and "fine '2+2+1'" talents training mode；Setting up with a blend of disciplines with outstanding characteristics based on the same discipline as the foundation，composite theory as the support，planning and design as the leading，and pluralistic practice as the platform.

Keywords：Landscape Architecture；Local University；Special Features；Talents Training and Practice

1999 年 UIA 第 20 届世界建筑师大会上通过的《北京宪章》，引发了对吴良镛先生所提出的人居环境科学下"建筑学、地景学、城市规划学三位一体"相关论断的讨论热潮，促使学界对中国人居环境可持续发展需求下学科建设与专业教育的再认识和再思考[1, 2]。2011 年国家学科目录调整，新增风景园林成为一级学科；2013 年高等学校风景园林学科专业指导委员会在广泛调研基础上编制了《高等学校风景园林本科指导性专业规范》，经由住建部人事司、住建部高等学校土建学科教学指导委员会联合颁布，为社会转型期的我国高校风景园林本科教育相关教学改革提供了依据和指导[3]，随后学科建设与专业教育迎来了快速发展期。

1 风景园林学与本科教育解读

"风景园林学"是综合运用科学与艺术的手段，研究、规划、设计、管理自然和建成环境的应用型学科，以协调人与自然之间的关系为宗旨，保护和恢复自然环境，营造健康优美人居环境，与建筑学、城乡规划学共同组成人居环境科学体系，并与生态学关系密切[4]。

风景园林本科教育基本目标是培养具有社会责任和专业特长的风景园林师，在满足社会和个人环境需求的同时能够发展成为解决由不同需求而引起的潜在矛盾的专家[5, 6]。除引导掌握必备专业知识外，必须培养学生具备较强的分析、综合和实践能力。目前我国开展风景园林教育的各类院校鲜有能够做到覆盖全部教育内容，但在《高等学校风景园林本科指导性专业规范》要求风景园林本科人才培养规定动作和统一核心课程的前提下，针对自身优势培养多元化、特色型风景园林专门人才已然成为学界共识。

2 地方高校人才培养特点

地方本科院校在我国高等教育体系中占有重要地位，根据教育部最新发布的高校名单，截至 2017 年，全国高等学校共计 2914 所，其中本科院校 1243 所，地方高校有 1129 所，占比 90.8%[7]。地方高校是服务地方经济社会发展的主力军，而地方经济的快速发展又为高校发展提供了强大的动力和机遇。在人才需求变化的时代背景下，高校必然要对其人才培养模式、办学定位进行改革，搞好教育教学和科学研究，发挥自身办学特色优势，优化学科与专业设置，主动融入地方区域经济建设。因此李建华认为地方高校的发展应该凝练好特色，突出地方性，坚定应用型，力达高水平[8]。

《国家中长期教育改革和发展规划纲要（2010—2020 年）》指出，高等教育要重点扩大应用型、复合型、技能型人才培养的要求，但地方高校在师资配备、财政支持、办学条件等方面存在一定制约性，因此要通过积极开展"校企合作、校地合作、产教融合"等模式来打造优势专业带动的专业群，形成实践教学优势、师资队伍优势，实现资源共享，整体提高人才实践能力培养水平，进而形成自身办学特色和办学优势，提升办学成效。

3 山东建筑大学风景园林本科专业人才培养实践

山东建筑大学始建于 1956 年，已发展成为一所以工科为主，以土木建筑为特色，工、理、管、文、法、农、艺术等学科交叉渗透、协调发展的多科性大学，是山东省与住建部共建、立足地方人才培养的首批应用型人才培养特色名校。建筑学与城乡规划学作为学校龙头学科，专业办学最早可追溯至 20 世纪 50 年代，历经半个甲子的建设，凝聚了深厚的办学积淀，两个专业均很早以优秀等级通过专业评估，学校获批服务国家特殊需求的"绿色建筑技术及其理论"博士人才培养项目。2016 年建筑学成功入选山东省重点立项建设"一流学科"，城乡规划专业入选山东省"高水平应用性重点建设专业"。

依托这一传统优势学科基础和资源，面对山东省经济社会迈向新台阶的发展需求，山东建筑大学于 2006 在建筑城规学院设置景观学（五年制），2009 年开始正式招生，构建了"建筑学、城乡规划学和风景园林学"三位一体的人居环境科学教育体系，培养适应时代发展和地方建设需求的特色型风景园林专业人才。从专业开始招生至今十年的时间里，山东建筑大学风景园林本科教学团队积极探索，汲取兄弟院校先进经验，从开展教育教学研究入手，以时代转型期风景园林学和教育的发展、地方高校办学特点、地方经济建设人才需求等方面引领制定、践行、调整人才培养方案，梳理、凝练人才培养实践经验，共同探讨了地方院校特色型本科层次的风景园林专业人才培养体系。

3.1 人才培养目标：依托优势，寻求特色，服务地方

借助人居环境科学下建筑、规划两个同源学科办学优势，发挥省级绿色建筑协同创新中心、国家文物局乡土文化遗产保护重点科研基地、齐鲁文化研究中心等多个平台作用，以教育部风景园林一级学科人才培养相关规定为指导，风景园林专业教育对照山东省深入实施"两区一圈一带"区域发展战略，依托土建类学科齐全的办学优势，寻求培养特色，确立了以工程应用为基础，注重空间营建、综合工程实践和专业协调能力塑造的人才培养目标。也就是在 IFLA 教育宪章框架指导下，以培养具有综合实践应用能力、完备复合知识体系并能积极与建筑师、城市规划师进行融贯协作、职业发展可塑型强的风景园林师作为人才培养目标。

3.2 人才培养理念："TECS"理念

在城镇化进程进入转型期的今天，城市、人口与生态环境、文化传承的矛盾日益突出，中国风景园林事业发展面临着艰巨的任务，不仅担负着自然、人工环境的建设与发展，而且担负着提高人类生活质量、传承和弘扬中华民族优秀文化传统的重任。综合以上要求我们提出"TECS"人才培养理念："T"指工程技术（Technology），"E"是生态（Ecology），"C"为文化（Culture）、"S"为社会（Social），即"工程技术观"为核心，"生态观、文化观和社会观"为支撑的人才培养理念（图1）。

工程技术观（Technology Concept）：风景园林领域相关成果需经工程技术措施和手段转化为现实空间，具有综合实践性，引导学生从工程实践角度认识和理解风景园林，培养其具备综合实践能力和工程实施协作能力，是人才培养的核心任务。

生态观（Ecological Concept）：关注生态是当今环境建设重任之一，在人才培养过程中加强引导学生建立科学生态观念，掌握生态学基本知识。

文化观（Cultural Concept）：文化传承是风景园林不可推卸的责任。山东是齐鲁文化之邦，儒家文化发源地，人才培养在引导学生关注园林文化的同时注重地方传统文化的挖掘和传承。

社会观（Social Concept）：作为环境保护和建设者，面临的挑战与人类生存环境、日常生活息息相关，了解和掌握社会学基本知识，是风景园林专业人才培养的必备环节。

3.3 人才培养模式：精细化"2+2+1"模式

在贯彻实施人才培养理念基础上，专业教育充分认识学科发展方向、分析自身优势，组建了学缘结构合理、专任教师和企业教师互为补充的教学团队，并根据人才培养方案将其分为核心、辅助和补充三级教学梯队，以此提出分阶段推进的"精细化'2+2+1'"人才培养模式，该模式主要包含两部分含义（图2）：

其一，小班化教学模式。初期坚持每届学生一小班 20 ～ 25 人的招生规模，按照 8：1 左右的生师比例配备设计课教学团队。这样，不仅有利于强化师生交流，而且对教学过程中出现的问题能够及时解决，保证了办学初期的高质量教学成效。随着教学经验的积累，师资力量的扩充和办学条件的进一步完备，目前虽然小班招生人数扩展为 30 人左右，但依然保持着一个自然班的年招生规模。

其二，分段推进的"2+2+1"专业教育模式。通过"基础夯实、专业强化、实践综合"递进式教学步骤，将人才培养目标分解渗透于教学过程，各阶段相应配置最适教学团队。"2+2+1"专业教育模式具体指：2 学年建筑学辅助教学团队为主的资源共享式大建筑基础通识教育；2 学年风景园林专业核心教学团队为主的知行并举式专业教育；1 学年校企联合补充教学团队为主的多元化综合实践。在教学推进过程中尤其强调：设计课注重落实阶段目标，同步传授各类理论知识，循序渐进地完善学生知识结构，实现创新能力和职业素质的共同培养，从而达到精细化培养效果。

此外，发挥互联网时代的学习特点，利用学生管理的"海右传媒""园林悠幽赏"等微信公共

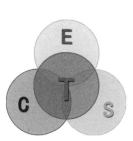

图1 "TECS"人才培养理念

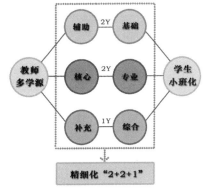

图2 精细化"2+2+1"人才培养模式

图3 "学科交融，特色突出"的课程体系

号拓展学习形式，发布专业知识、认知校园植物等。打造了每年岁末的"景园之约"风景园林专业品牌交流活动，秉承"新生专业介绍、获奖经验分享、校企交流互动"的活动宗旨，邀请社会知名设计院企的专家和优秀毕业生来校与师生交流互动，开展了竞赛作品分享、职业发展规划等交流，增强了学生的专业凝聚力，打下了走向将来工作岗位的基础。

3.4 人才培养课程体系：学科交融，突出特色

基于上述目标和定位，在精细化人才培养模式下，课程体系设置以"同源学科为基础，复合理论为支撑，规划设计为主导，多元实践为平台"，强调学科交融、突出特色，重在培养学生多尺度风景园林营建的综合实践能力以及与同源学科间的主动协作意识（图3）。

3.4.1 同源学科为基础

人居环境科学主导下的建筑学、城乡规划学、风景园林学有着共同的目标——创造宜人的聚居环境。三个同源一级学科互为外延，互相补充，在综合实践项目中，三者之间的协同合作至关重要。因此，在人才培养过程中三个同源学科交叉互补共同组成专业群，同塑基础教学共享平台，有意识培养风景园林专业学生自专业素质培养起步阶段便建立起宏观人居环境科学的理念，具备同源学科知识融会贯通的专业素养，并能从城乡规划、建筑设计和社会需求视角拓展专业视域，具备学科综合素质能力，为工作中多学科协作奠定基础。

3.4.2 复合理论为支撑

风景园林学是由人文科学、社会科学和自然科学所组成的跨学科领域，需要多学科知识体系奠定基础。借助学校土建类学科齐全的资源优势，专业教育紧紧围绕人才培养"TECS"理念，除与建筑、规划互选课程以外，还跨学科引入外学院相关理论课程，构建起多模块复合理论知识体系：综合理论、工程技术、历史、文化、艺术、生态、社会、经济法规八大模块融贯交叉（表1）。

综合理论和工程技术模块核心课程设置以"工程技术观"实施为重心，强调各类风景园林项目的规划设计方法与相关支撑理论以及工程实施技术的学习和掌握。历史、文化、艺术三大模块课程设置主要围绕"文化观"的贯彻实施，除开设传统史学、美学等文化课程外，以传承齐鲁地域文化为己任，特在文化模块中开设历史遗产保护、齐鲁地域建筑与文化概论、山东传统聚落与民居等特色课程。生态模块课程设置以"生态观"的建立为目标，除开设传统植物学等课程外，加入景观生态学、景观资源学等课程。社会和经济法规两大模块紧扣"社会观"设置了社会学、环境行为学、建设项目策划与管理、风景园林管理与法规等课程。

教学组织注重梳理各模块内在关联，强调知行合一，引导学生逐步掌握复合理论知识体系，并将其综合运用到相关规划设计实践课程中，以多学科复合理论体系支撑规划设计的理性分析与感性创新。

八大模块覆盖主要课程信息 表1

序号	模块类别	主要课程
1	综合理论	公共建筑设计原理、景观规划设计原理、城市规划原理、城市设计、居住区规划原理、GIS原理与应用、城市绿地系统规划、区域规划与分析、城市道路与交通
2	工程技术	测量学、建筑力学与结构、建筑构造、园林工程设计与施工、计算机辅助设计
3	历史	西方园林史、东方园林史、中国建筑史、外国建筑史、中国古典园林分析
4	文化	历史遗产保护与更新策略、齐鲁地域建筑与文化概论、山东传统聚落与民居
5	艺术	美术、景观表现技法、硬质景观设计、建筑摄影、建筑构成
6	生态	园林植物学、植物景观设计、景观生态学、景观资源学、景观绿色生态技术
7	社会	环境行为学、景观社会学、游憩学、影像城市
8	经济法规	风景园林管理与法规、建设项目策划与管理、园林施工概预算

3.4.3 规划设计为主导

凭借在空间设计和城乡规划方面的传统优势，课程体系突出"规划设计为主导"的核心观念，五学年按空间认知规律，同步理论课程递进设置不同尺度和不同类型的设计主干课程。从对风景园林的感知、感悟至分析、研究，逐步走向业务实践，循序渐进地培养了学生空间、场地和环境的认知与塑造能力，以及大尺度综合实践项目分析研究、规划设计和协调能力（表2）。

一、二年级的专业基础教育共享建筑城规学院专业基础设计课平台——建筑设计基础和建筑设计，课程作业的完成以单人组为基本单元，重点培养学生空间、场地认知能力和形体创新塑造能力，引导其关注规划设计在场地、环境与人日常生活间担任的角色与职责（表2）。

三、四年级的专业教育，以校内 studio 为平台，开设了风景园林专业核心规划设计课——景观规划设计 A1–A4。课程涉及的专题内容，就尺度而言由微观走向宏观；就类型而言由简单到复杂，由单一到复合，较全面地涵盖了人居环境中各类外部空间和绿地。重在训练学生掌握规划设计基本语汇和图示语言，初步熟悉各尺度、各类别工程项目规划设计程序和方法，深化相关理论的理解。在教学过程中根据专题内容有侧重地训练学生对园林要素的理解以及设计表达能力。如景观规划设计 A1 注重空间塑造和植物要素设计表达，景观规划设计 A2 则重点训练学生山水地形塑造与流线组织能力。同时为了加强学生对于中国传统园林的理解和进一步地创新传承，在景观规划设计 A2 中特开设中国传统游园设计专题。在景观规划设计 A3、A4 的大尺度项目训练中采用了双人和多人分组合作工作的方法，注重培养学生团队合作意识。

五年级的多元化综合实践，重在综合培养学生的实践、协调和社会适应能力。五上开设的风景园林师业务实践，引导学生参与到企业相关项目的规划设计与施工服务过程，通过融入企业团队初步培养学生社会意识。五下的毕业设计课程，通过校企联合，指导学生小组熟悉规范完成具备实施价值的典型性综合实践项目的毕业设计，进一步培养学生对专业知识的综合理解和运用能力以及独立工作能力（表 2）。

设计主干课程教学实施与目标　　　　　　　　　　表 2

学年	学期	主干课程	教学内容	教学目标
一	1	建筑设计基础 1	小制作、平面与立体构成、建筑测绘	建立空间概念、熏陶基本素养。
	2	建筑设计基础 2	宿舍及建筑外空间设计、建筑范例分析	建筑设计的入门，后续学习的铺垫。
二	3	建筑设计 1	设计师工作室、小型展馆、幼儿园设计	掌握建筑设计基本方法，建立空间形态概念。
	4	建筑设计 2	自然环境中别墅、城市环境中餐馆设计	掌握具体环境中建筑设计的基本程序和方法。
三	5	景观规划设计 A1	庭院景观设计、街旁绿地设计	初步掌握微观尺度工程项目设计基本过程和方法，完成建筑设计向景观设计的衔接过程。
	6	景观规划设计 A2	中国传统游园设计、城市广场设计	通过微—中观尺度项目训练，进一步熟悉规划设计原理和过程，引导学生初识相关设计规范，理解中国传统园林传承意义及现代表达方法。
四	7	景观规划设计 A3	城市公园规划设计、居住区景观规划	中观尺度项目训练注重培养学生对城市规划内容的掌握和设计规范的深入理解和应用。
	8	景观规划设计 A4	老城区城市设计、风景区规划	大尺度项目训练，引导学生转向分析人地关系矛盾问题，熟悉综合规划程序和方法。
五	9	业务实践	参与企业团队规划设计与施工过程	综合培养学生的实践、协调和社会适应能力。
	10	毕业设计	具备实施价值的典型性综合实践项目	

3.4.4　多元实践为平台

采取多种手段创造"知行并举"的多元实践平台。

（1）以实际项目为设计选题。各阶段设计选题均由本地实际项目优化而成。这一方式在激发学生专业兴趣的同时，便于训练学生掌握实地调研分析能力，建立科学设计程序与思路和沟通技巧。相关理论课程亦采用理论讲授与现场教学相结合，增强学生感性认知，融会贯通领悟基本原理。

（2）以设计院企为工作室外延。学院通过教师开放教学工作室（LA Studio），为社会提供技术服务锻炼师资队伍，开展同源学科综合类项目实践与研究，为专业教学提供校内实践平台。同时以校外企业为平台延伸，立足山东，与上海、北京、杭州等省内外知名设计企业建立校企合作关系，共建实习基地，拓宽了学生视野，强化了学生综合实践能力，补充培养了学生社会责任和职业道德。同时通过学生和用人单位的信息反馈对人才培养方案不断调整优化，形成开放式风景园林专业教学体系。

（3）以专业竞赛为教学促进。设计竞赛可以刺激学生创新思维和竞争意识，调动学生学习热情，提升学生专业自信心。结合专业教学，常态化参与"中国风景园林学会大学生设计竞赛""山东省大学生风景园林规划设计大赛""园冶杯""艾景奖"等专业赛事，对学生创新能力的培养起到了积极促进作用。

3.5　人才培养实效

通过对多年来参加全国性专业竞赛成果的分析和毕业生的持续跟踪观察，以及与用人单位和继续培养单位的访谈交流反馈，人才培养已见成效，主要表现在两个方面：

（1）专业设计竞赛得奖频率高，在全国兄弟院校中产生了良好反响。以风景园林学科国内最具权威性和影响力的"中国风景园林学会大学生设计竞赛"为例：自 2013 年，首次参与该竞赛所提交的作品"逃离视线监狱——用极端手法解决普适性问题的模式化理念"即荣获本科组唯一一等奖，并持续多年均有奖项斩获（表 3）。从获奖作品的选题来看，均体现了鲜明的地域性和学科交叉特色。

风景园林本科生参加中国风景园林学会大学生设计竞赛获奖一览表　　　　表3

年度	年会主题	获奖等级	获奖作品名称
2013	凝聚风景园林，共筑中国美梦	一等奖	逃离视线监狱——用极端手法解决普适性问题的模式化理念
2014	城镇化与风景园林	佳作奖	不辞长作岭南人——低技策略下海南黎族白沙乡村建设方案
2015	全球化背景下的本土风景园林	三等奖	SMART LAND，NAUGHTY RAIN
		佳作奖	通堑·融城——城市撕裂体的变性再造
		佳作奖	今貌不舍旧时情——"活态传承"理念下山东博山古窑保护策略
2016	城市·生态·园林·人民	三等奖	五感集市——基于"景观双修"的济南老城功能外溢区活力再造
		佳作奖	净源·息壤——济南化肥厂向湿地森林公园转变策略探讨
2018	新时代的中国风景园林	三等奖	疏水·息壤，润木·安民——低技术理念下的山地型村落水环境智慧营造策略

（2）毕业生融入生产实践快，后续学习能力强。自2014年送出第一届毕业生至2019年已经有六届共125位毕业生，平均毕业率为96.0%。其中毕业生读研率为41.6%，国内读研率为32.0%，国外读研率为9.6%。国内读研高校相对集中，以北京林业大学、南京林业大学和本校为主；国外读研高校集中在欧美国家，如英国谢菲尔德大学、意大利米兰理工大学、加拿大多伦多大学、美国密歇根大学等。接受读研学生的高校对学生给予高度认可，认为专业基础扎实，后续学习能力强，并具备出色的团队合作意识。其中10级毕业生李梅康以全A成绩完成多伦多大学研究生学业，毕业设计获得ASLA分析规划类荣誉奖和多伦多大学学术荣誉奖，其求职简历中有关本科院校的设计作业成果得到了美国著名景观事务所Reed Hilderbrand面试官的赞赏。11级毕业生李爽在北京林业大学读研期间获得IFLA国际大学生竞赛一等奖、中国风景园林学会大学生竞赛研究生组一等奖，并荣获国家奖学金，在其专业能力得到肯定的同时社会实践活动组织能力也得到了认可。

毕业生就业对口率达92.5%。省内就业集中在济南和青岛两地，省外以北京、上海、杭州、深圳等地为主。2017年12月对63家毕业生用人单位进行了本科毕业生质量满意度和综合评价抽样调查，发出的调查问卷全部有效收回。统计结果显示：非常满意为85.0%，满意12.5%，基本满意为2.5%，不满意为0。综合评价分析结果显示：专业课程体系、教学组织、社会实践等安排较为合理全面，学生专业基本技能扎实，具有大局观和团队意识，但在数字分析方法和工程实践综合能力培养方面仍需加强。这也为我们2018版人才培养方案的进一步修订提供了有力参考（表4）。

风景园林专业本科毕业生毕业、就业基本信息统计　　　　表4

项目 / 年度	毕业生毕业基本信息			毕业生就业基本信息							
	应届总人数	获得学位证书人数	毕业率(%)	国内读研		国外读研		国内就业			
				人数	%	人数	%	事业单位就业人数	企业就业人数	灵活就业人数	就业对口率(%)
2014	19	15	78.9	4	21.1	2	10.5	4	8	1	76.9
2015	23	23	100.0	9	39.1	5	21.7	1	8	1	100.0
2016	22	22	100.0	5	22.7	4	18.2	1	10	2	85.6
2017	20	19	95.0	5	25.0	0	0	1	13	1	92.3
2018	24	24	100.0	10	41.6	1	4.1	2	9	2	100.0
2019	17	17	100.0	7	41.2	0	0	1	8	1	100.0
合计	125	120	96.0	40	32.0	12	9.6	10	56	7	92.5

4 结语

今天，风景园林学科成为构建美丽中国和乡村振兴的重要支点，担当起传承传统文化，提升城市品质，维护城市可持续健康发展的重任。而当代中国风景园林学的"现代性"和"中国性"[9]特征，使得风景园林实践呈现出多学科知识交叉、多部门操作协调的态势[10]，风景园林专业人才的素质、知识和能力的应时代、应需求培养对中国风景园林的发展起着关键作用[11]，在如此背景下，风景园林教育面临复杂的任务，具有极大的挑战性。在全国200多所开设风景园林专业的不同类型高校中[12]，山东建筑大学风景园林教育团队是一支年轻而有朝气的队伍，在师生共同努力下，特色型专业人才培养实践初见成效，未来仍需要不断探索人才培养新理念和新模式，应对中国风景园林实践和风景园林教育的当代发展，以培养适合社会需求的复合型人才。

参考文献：

[1] 吴良镛. 北京宪章 [EB/OL]. http：//www.chinabaike.com/article/baike/0983/2008/200804201420166_5.html.

[2] 吴良镛. 关于建筑学、城市规划、风景园林同列为一级学科的思考 [J]. 中国园林，2011（05）：11-12.

[3] 高等学校风景园林学科专业指导委员会编制. 高等学校风景园林本科展业指导性专业规范（2013 年版）[M].北京：中国建筑工业出版社，2013：01.

[4] 刘滨宜翻译. 国际风景园林师协会 - 联合国教科文组织风景园林教育宪章 [J]. 中国园林，2005.

[6] 李祎伟. 中国风景园林学科发展问题相关思考 [J]. 中国园林，2012（10）：50-52.

[7] 高心湛. 地方高校内涵式发展：基本内涵与发展路径 [J]. 洛阳师范学院学报，2018 年 6 月 Vol.37 No.6，P74-78.

[8] 李建华. 谈地方大学的内涵发展 [J]. 中国高等教育，2012（11）：60-64.

[9] 杨锐. 论风景园林学的现代性与中国性 [J]. 中国园林，2018（01）：63-64.

[10] 刘滨谊. 学科质性分析与发展体系建构——新时期风景园林学科建设与教育发展思考 [J]. 中国园林，2017（01）：7-12.

[11] 刘滨谊. "三商九行" ——未来风景园林师培养成长的基本内容与 [J]. 中国园林，2018（01）：46-50.

[12] 张启翔. 关于风景园林一级学科建设的思考 [J].. 中国园林 2011（05）16-17.

图片来源：

作者自绘

作者：任震，山东建筑大学建筑城规学院副院长、副教授；宋凤（通讯作者），山东建筑大学建筑城规学院副教授、风景园林教研室主任；王洁宁，山东建筑大学建筑城规学院副教授、风景园林教研室副主任。

基于城市设计视野的风景园林研究生规划与设计教学探究

李敏稚　尉文婕

Experiment and Reflection on the Critical Thinking Training in the Course of Foreign Architecture History

基金项目：
国家自然科学基金面上项目《基于多元博弈和共同创新的城市设计形态导控研究》(51978267)；广东省高等教育教学研究和改革项目《"新工科"理念下城市设计创新人才培养模式探索》(x2jz/C9203090)；广东省研究生教育创新计划学位与研究生教育改革研究项目资助《基于城市设计视野的风景园林规划与设计课程体系建设研究》(2018JGXM06)；华南理工大学研究生教育改革研究专业学位实践课程建设项目资助《风景园林规划与设计(二)》(zysk2018001)；华南理工大学校级教研教改重点项目资助《基于创新"设计能力"培养的城市设计教学方法研究》(x2jz/Y1180411)。

■ 摘要：风景园林成为一级学科以来，教育目标、学科内涵和教学内容等出现许多新变化。各地高校在强调发展传统特色的同时，也不断尝试在教学中融入更多交叉学科的理念和方法。华南风景园林教育处在粤港澳大湾区建设的风口浪尖，又秉承悠久的华南建筑学传统，对教学改革创新和设计实践训练尤为关注。而依托建筑学的城市设计专门化教学在本科三个专业中均已是非常重要的板块和方向之一，但在研究生阶段对城市设计教育仍重视不足。本文梳理了风景园林研究生教育的现实困境，提出基于城市设计视野的教学方法，以华南风景园林研究生规划与设计课程体系为例，结合广州琶洲地区城市设计项目，剖析"深入场域、持续研究、构建系统、协同实践"的教学理念、方法和过程，以期为风景园林研究生教学改革与创新提供借鉴。

■ 关键词：风景园林教育；城市设计视野；研究生课程；规划与设计教学

Abstract：Since landscape architecture became a first-level discipline, there have been many new changes in education goals, discipline content and teaching content. Each university emphasizes regional characteristics relying on their own traditions while also continuously tries to provide more interdisciplinary ideas and methods to enrich the development of disciplines. The south China landscape architecture education is at the forefront of the construction of the Guangdong-Hong Kong-Macao Greater Bay Area. It also inherits the long tradition of south China architecture and pays special attention to teaching reform innovation and design practice training. The specialization of urban design relying on architecture is one of the most important sections and directions in the three major undergraduate teachings, but it still lacks enough attention in the postgraduate stage. This paper cards the real predicament of graduate education in landscape architecture, then proposes a teaching method based on urban design vision. It takes the south China landscape architecture graduate planning and design curriculum system as an example which combines with urban design projects in the Pazhou area of Guangzhou. Analysing teaching philosophy, methods and processes of "in-depth field, continuous research, system construction, collaborative practice " With a view to providing reference for the reform and innovation of landscape architecture graduate teaching.

1 困境——风景园林研究生教育现状剖析

1.1 当前缺乏统筹思维和学科协同的专业教育导向，难以适应国土空间规划的整合需求。

2019 年 5 月，中共中央、国务院发表了《关于建立国土空间规划体系并监督实施的若干意见》，国土空间规划成了空间治理的主要手段，呈现出规划整合的趋势。提出"多规合一，一张蓝图绘到底"的规划策略，将国土空间本底条件划分为"城镇""农业""生态"三类空间。

一直以来对风景园林学科普遍存有认知局限，这严重制约其成为转移发展重心和转变发展方式的重要支撑学科。2019 年国务院印发的《粤港澳大湾区发展规划纲要》，在提出要优化区域功能和空间布局，构建极点带动、轴带支撑的网络化空间格局的同时，也强调要把生态保护放在优先位置，实行最严格的生态环境保护制度。风景园林作为关注人与自然的关系及其过程的学科，通过风景治理来推进生态文明建设，形成绿色发展方式和生活方式，这也是国家空间治理的基本价值导向[1]。

1.2 目前专业分野僵化的规划与设计教育，使学科发展始终滞后于时代，并成为人居环境大学科发展掣肘

西方早在 19 世纪末 20 世纪初就开始风景园林教育的探索，已形成较为清晰的脉络，中国的风景园林教育起步较晚。虽在 2011 年 3 月《学位授予和人才培养学科目录（2011 年）》中，将"风景园林学"调整为一级学科，研究生可被授予风景园林学（工学、农学学位）和风景园林硕士专业学位[2]。但由于长期处在二级学科，其涵盖的学科体系和专业范畴始终处在各种纷杂和争议之中，学科发展方向和培养目标往往因学校自身特色和资源而异，难以整体形成学科在人居环境建设中的核心竞争力。如农林背景院校更重视植物学习，多采用统一的教学模式，而建筑背景的工科院校，则通过小班设计课和讨论的方式，注重对空间和思维的训练[3]。

1.3 现实问题和理想目标的叠加，呼吁更加理性、多元、创新而前瞻的风景园林专业教育方式

以上一系列变革与发展背景，均对当代风景园林教育提出了更高更新的要求。风景园林专业人才培养需要关注更大尺度、更广层面的国土空间规划治理和生态文明建设等问题，主动建立一种更为系统、多元、动态、多专业协同和统筹的规划与设计思维。我们身处其中城市作为一种复杂巨系统，不断呈现出多元化、综合化、复杂化的问题。而培养学生（尤其是研究生）对于城市问题准确认知、理解、操作和管理的视野及能力，乃至系统分析、学习和组织处理能力，正是传统教学方式所忽视的。针对此，本研究提出在风景园林研究生专业教育中，建构引入城市设计视野的规划与设计教学体系，并结合连续实施多年的课程教学案例、国际联合工作坊和学生设计竞赛等进行剖析，以期为风景园林研究生教学改革与创新提供借鉴。

2 探寻——在风景园林研究生教育中引入城市设计的视野和方法

2.1 为什么是城市设计

（1）人居环境大学科的融合与协同需要城市设计作为"媒介"。城市设计是将城市规划、建筑学、风景园林学、房地产、法学、社会学等专业知识的某些方面融为一体的专业领域，具有跨学科特质，注重培养综合素质。其概念及工作范畴演进表现为从关注空间艺术到关注城市功能，从关注城市本身的设计到关注广阔地区的总体设计，从关注物质空间的建设到更加关注满足公众利益的综合实践。

（2）城市设计作为一种"公共政策"在今天越来越受到重视。2017 年 6 月 1 日住建部颁布的《城市设计管理办法》正式实施，标志着城市设计已经正式成为直接管控城市空间环境质量与生态承载力的理念、制度、方法和工具。提出城市设计是"以保护自然山水格局、传承历史文脉、彰显城市文化、塑造风貌特色、提升环境品质为目的，对城市形态和环境景观所做的整体构思和安排"。

（3）转型期对城镇发展质量和生态文明建设的要求是城市设计与风景园林的共同诉求。根源于中国本土文化的风景园林与城市设计一直有融通之妙。古代城市选址极其重视山水格局，择形胜之地而居之，北京城"水绕郊畿襟带合，山环宫阙虎龙蹲"，南京城"据龙盘虎踞之雄，依负山带江之胜"，古代山水画及舆图中都可见城市、城市群与区域山水相得益彰的布局。一直强调城市设计与风景园林结合，并将其作为一个中国化居住环境理想。在西方，1846 年英国伯肯海德公园建成，作为世界上第一个真正意义的"公园"。

城市公园作为城市设计核心要素开始被重视，引导了城市设计变革，也代表了英国风景园林专业转型。美国，公认为现代风景园林学之父的奥姆斯托德有很多实践都与城市设计相关。致力于通过公园和公园系统改造城市环境，提供公共空间，从而改善社会环境。他影响了美国城市设计进程，旧金山、芝加哥等众多城市的城市设计都将公园系统建设作为重要一环，并融入他倡导的健康、民主的城市精神。

2.2 城市设计与风景园林如何有效协同

（1）理解城市设计和风景园林有着共同的学科内涵和诉求：即构建更佳的人（城市）与自然关系。当今城市营建越来越关注城市与自然的结合，以及健康人居环境的构建。城市设计不能仅仅停留在"好看美观"层面，要更加重视生态环境、居民健康与生活质量。而风景园林作为一门规划、设计、保护、管理自然和人工环境的学科，通过户外空间的营造，来协调人与自然的关系，在城市设计中发挥着不可小觑的作用。

（2）建构互为"图底关系"的新视角有利于更好地发挥两个学科的核心竞争力。从学科作用上看风景园林与城市设计构成"图底关系"。对风景园林来讲，也需要引入城市设计中的宏观规划思维，从整体空间布局考虑，协调各元素关系。这有助于学生建立城市发展观和公共价值观，培养形态设计和控制能力，掌握城市建设实施管理技术等。

（3）探求城市设计视野和方法如何有效介入风景园林研究生规划与设计课程。通过城市设计课程训练过程建立联系宏观—中观—微观城市要素的（形态）控制和引导机制，以专业教学传递优秀的公共价值观念和高品质环境理念，帮助学生掌握各种尺度下的风景园林规划与设计方法及实操技术，对于提升风景园林学科的核心价值意义重大。

2.3 国内外风景园林研究生教育中引入城市设计教学的相关经验

目前，国内外风景园林教育已经和城市设计教育建立联系。

（1）借鉴：借鉴国外著名高校的先进经验。在西方大多数国家，城市设计教育课程通常在（硕士）研究生阶段设置，一般接收有建筑学或景观建筑学背景的本科毕业生。美国哈佛大学设有城市设计与风景园林学位，两者在第一学期共享城市设计要素核心设计课，城市设计研讨课等；宾夕法尼亚大学虽未设立专门的城市设计学位，但是将其知识融入不同专业。其中一门设计课强调从大尺度上来理解和构建景观，考虑城市的社会、历史、文化、经济、生态等情况，进而进行城市设计，同时在微观上把握景观与居住、商业和游憩等活动的关系[4]。英国谢菲尔德大学的研究生风景园林教育包括四个课程单元，其中一个就是城市设计[5]。

（2）反思：反思我国各高校的多元化探索。目前国内除同济大学外，尚未有院校在本科开设城市设计专业。但在风景园林研究生教育中，传统的建筑院校会根据自身优势开设相关课程[6]，设置有城市设计理论、课题训练、国际工作坊等相关课程环节，显示城市设计学科的重要性和必要性已形成共识。有如清华大学建筑学院开设的城市设计跨学科选修课，同济大学设置的城市设计与实践等。作为建筑"老八校"之一的华南理工大学依托国际合作的资源优势，国际一流的科研教育平台和联合教师团队，已在城市设计教学领域取得了显著成就，获2018年国家级教学成果二等奖。这为城市设计引入风景园林教育提供了有力保障。风景园林研究生教学中引入城市设计不仅丰富了其学科内涵，也是形成学校教学特色、适应新时代发展的必然趋势（图1）。

3 突破——华南理工大学风景园林研究生规划与设计课程教学探究

3.1 多维城市视角的风景园林教学体系构建

能顺应时代发展的设计能力和素养是学生将来执业应具备的核心竞争力。风景园林的发展愈来愈关注人与自然的关系，人居环境的质量，这要求我们从整体出发，协调各要素及系

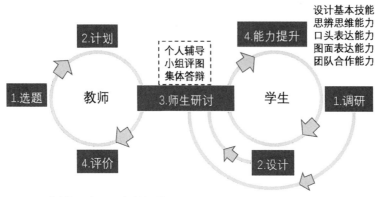

图1 《风景园林规划与设计》课程人才培养模式

统之间的关系。因此课程目标是整体建构"基于多维尺度下城市空间环境问题综合解决能力培养"的体系，分为上下学期两个阶段。上学期的《风景园林规划与设计（一）》[以下简称课程（一）]是设计思维的范式训练，主要针对提高和夯实基础设计能力。通过设计研究，学习了解场地背景、发现场地难题、定义设计问题和提出设计概念，研究景观基础设施规划与设计的方法尤其是协调和嵌套场地上自然与文化的多尺度规划设计策略，探索融合各种媒介的设计表达方式，实验当代风景园林规划与设计的理念、技术与表现[7]。下学期的《风景园林规划与设计（二）》[以下简称课程（二）]与（一）相互承接，则注重理论深化学习和实践强化训练。结合工程项目设计，帮助学生进一步掌握风景园林规划与设计的理论和概念，同时特色性地融入了城市设计基本理念和方法，使学生可以熟悉城市环境中不同规模和尺度下的风景园林要素及其系统的调研、规划和设计方法，了解国际上风景园林规划与设计相关领域理论和实践发展的新趋势。要求学生能够运用生态学、社会学、经济学、心理学等相关学科的理念和方法，来应对新型城镇化过程中城市景观所面临的复杂性问题。学生需要参照风景园林工程设计项目的成果形式，提交设计展板和设计文本，并在各阶段以PPT公开汇报的方式展示设计方案并进行答辩（图2、图3、图4）。结合上下两学期的设计课程，综合建构从小尺度到大尺度，从基础设计教学到高阶设计应用的循序渐进式的教学体系。

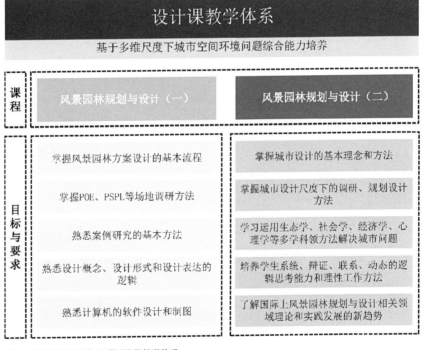

图2 《风景园林规划与设计》课程教学体系

图3 设计课题组织模式

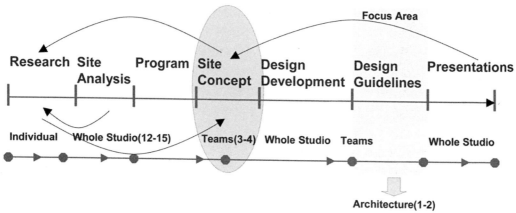

图4 设计课题教学全过程模式

从课程（一）的选题上来看，学生大多选择了公共空间做研究型设计。在课后反馈中，他们普遍反映场地问题的处理，不仅仅是风景园林的问题，其复杂性应涉及多学科、多领域。因此，下学期城市设计课程通过系统性的理论学习、针对性的专题研究和类型化的设计训练，填补了学生处理城市问题的知识空缺。学生逐渐建立起系统、辩证、联系、动态的逻辑思考能力和理性工作方法，掌握城市和自然系统中不同规模、尺度下的风景园林要素及其系统的调查、认知、提炼、组织（规划）、设计和评估等一系列实践操作能力。

3.2 设计教学具体实践

在风景园林课程整体架构下分别开展主题清晰、类型明确的城市认知和设计训练，课程时长总计12周，采取开放性、多样化的专题教学形式。风景园林专业研究生根据不同主题分成三个设计小组（每组9~10人）。由每一位导师负责一个设计专题。以2019年的选题为例，包括：①广州琶洲中东区城市设计；②广州玉带濠景观规划与设计；③超级市场／超级都市主义等。2020年的选题则融入了当前社会发展热点，分为两个方向：①基于公共健康的城市设计——以广州国际生物岛为例；②广州"六脉渠"再生城市设计。课程前期调研、文献阅读等以小组为依托，并进行充分讨论，深入开展专题研究工作。突出风景园林专业特色，如韧性城市、生态基础设施、自然环境影响等，结合研究区域问题与目标建构理想城市模型，进而提出总体设计方案比选，在优选基础上合作完成一套包括专题研究报告、总体城市设计、重点地段或重要节点城市设计（小组内2～3人选择 30～50公顷）、个人地块详细城市设计（2～5公顷）等在内的一系列城市设计成果（包括导则）。教学方式采取小组专题辅导、大组集中讨论的方式进行，在教学计划书规定的主要时间节点组织课内、课外导师集中评图（每个小组内可以再分组，提出针对不同问题或方向的设计方案；分小组进行汇报和答辩），集思广益，拓展专业视野，了解基于城市设计的风景园林规划与设计过程（图5，图6）。

华南理工大学风景园林研究生教学一直非常注重设计"教与学"的互动。从早年间的设计专题教学、设计理论研究和阶段式设计训练，不断发展、改革与优化，近年来在培养计划调整中开始设置连续一年、结合国际联合教学和工程项目实践的Design Studio课程。

国际联合教学方面，华南理工大学风景园林硕士培养依托建筑学院的资源优势，构筑高水平的国际合作与交流平台，长期开展从国际教学、联合科研到在地实践的广泛、深入合作，引入系统的城市设计理论、丰富的城市设计经验和先进的城市设计实践。例如近几年来分别与加州伯克利大学、哈佛大学、都灵理工大学、东京工业大学等国际著名高校联合开展的工作坊中，就包括了以广州琶洲地区城市设计为题的几次教学实践（目前仍在持续进行中）。国际联合教学环节不仅丰富了教学模式，还极大提升了学生的学习和研究兴趣，培养了其国际化视野和创新设计能力（图7，图8）。

图5 《风景园林规划与设计》课程教学组织模式

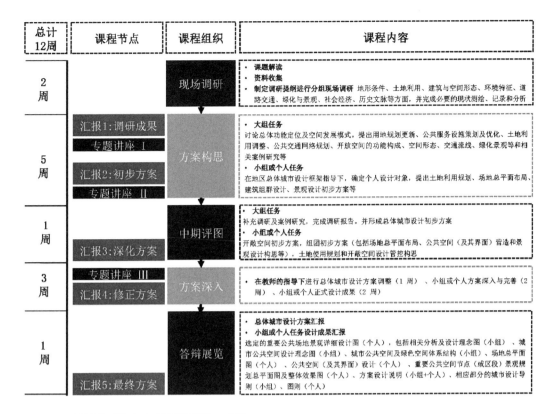

总计 12周	课程节点	课程组织	课程内容
2周		现场调研	• 课题解读 • 资料收集 • 制定调研提纲进行分组现场调研 地形条件、土地利用、建筑与空间形态、环境特征、道路交通、绿化与景观、社会经济、历史文脉等方面，并完成必要的现状测绘、记录和分析
5周	汇报1:调研成果 专题讲座 Ⅰ 汇报2:初步方案 专题讲座 Ⅱ	方案构思	• 大组任务 讨论总体功能定位及空间发展模式。提出用地规划更新、公共服务设施策划及优化、土地利用调整、公共交通网络规划、开放空间的功能构成、空间形态、交通流线、绿化景观等和相关案例研究等 • 小组或个人任务 在地区总体城市设计框架指导下，确定个人设计对象，提出土地利用规划、场地总平面布局、建筑组群设计、景观设计初步方案等
1周	汇报3:深化方案	中期评图	• 大组任务 补充调研及案例研究，完成调研报告。并形成总体城市设计初步方案 • 小组或个人任务 开放空间初步方案，组团初步方案（包括场地总平面布局、公共空间（及其界面）营造和景观设计构思等），土地使用规划和开敞空间设计管控构思
3周	专题讲座 Ⅲ 汇报4:修正方案	方案深入	• 在教师的指导下进行总体城市设计方案调整（1周）、小组或个人方案深入与完善（2周）、小组或个人正式设计成果（2周）
1周	汇报5:最终方案	答辩展览	• 总体城市设计方案汇报 • 小组或个人任务设计成果汇报 选定的重要公共场地景观详细设计图（个人），包括相关分析及设计理念图（小组）、城市公共空间设计理念图（小组）、城市公共空间及绿色空间体系结构（小组）、场地总平面图（个人）、公共空间（及其界面）设计（个人）、重要公共空间节点（或区段）景观规划总平面图及整体效果图（个人）、方案设计说明（小组+个人）、相应部分的城市设计导则（小组）、图则（个人）

图6　风景园林规划与设计（二）课程组织计划——图解

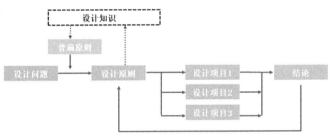

图7　设计研究路线图

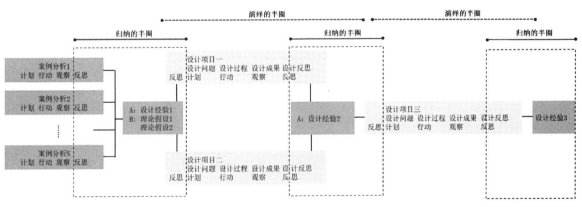

图8　"设计创新能力"构建框架图

国际联合教学还被拓展至工程项目实践领域。通过设计课程让学生充分接触到实际重大城市设计项目的操作过程，对其职业认同感和专业素养的培养至关重要。广州琶洲地区城市设计（正在实施中）是近年来在中心区城市设计精明决策和精确管控实施方面具有示范意义的典型案例，也是国内首创"地区城市设计总师制度"的实践项目，已连续获得国内外多项重要的城市设计奖项。最近，如火如荼的琶洲西区互联网集聚区建设已近完成，琶洲中东区规划与建设又被提上市政府的核心议程。华南理工与美国 Calthorpe Associates、Gensler、AI 等顶尖设计事务所在半年内已连续举办了四次城市设计联合工作坊，重点针对韧性城市、湾区安全格局、区域协同发展等议题开展研究。前两年设计课程选题正是基于这样一个推进实际项目和搭建联合研究平台的契机，不仅为学生提供了绝佳的学习机会，也通过与国外执业设计师的交流获得了宝贵的实践经验，更重要的是弥补了以往设计课依赖"假想式"学习的缺憾（图9）。

Calthorpe Associates 总平面

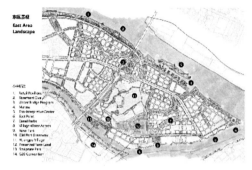

Ai 总平面

Gensler 总平面

图9 "琶洲中东区"城市设计联合工作坊概念方案

3.3 教学影响与评价

截至目前,课程(一)已连续实施6年,课程(二)实施3年,课程体系架构已基本建设完成,教学内容和手段正逐步完善,教学实施效果和评价反馈良好。

(1)学生专业视野和设计实践能力显著拓展。经过研究生一年级完整的风景园林规划与设计训练,学生的专业基础能力得到很大加强,部分解决了由于不同院校专业教育背景造成学生设计能力差异大的问题。相较于上学期设计题目主要局限于公共空间和景观设计,下学期设计教学帮助学生从系统和未来的角度思考场地问题,关注城市发展各层面的设计要素并进行统筹规划,补强上位规划和政策解读、产业体系策划、交通系统规划、土地利用规划、建筑设计等知识(图10)。通过设计训练探讨学科交叉的复杂性问题,了解完整的规划项目实践步骤和过程,培养了团队协同与合作能力,也初步掌握了运用不同设计媒介表达的方法。

(2)依托课程的学生设计作业成果近三年来在多项设计竞赛中获奖(表1)。设计课不仅强化了学生的设计能力,还极大提升了其对城市问题的关注和思考深度。大多数学生会在设计课之外,组队参加多项学生设计竞赛或优秀作业评选,自主完成从课内到课外的能力拓展,也扩大了教学的社会影响力。

(3)课程体系建设坚持"长短结合,教研互促"。教学团队及时总结教学成果发表多篇教研论文,并成功申报到多个省部级教研教改和课程建设示范性项目,教学成果获得华南理工大学第八届校级教学成果二等奖,教研项目详见表2。

近三年学生设计竞赛获奖 表1

作品名称	奖项类别	获奖人员	时间
广州中心北部门户区(天河客运站)建筑及城市更新	中国人居环境设计铜奖	张嘉珊、黄悦、单诗涵、齐放、薛美琪	2019
编织社区农园	"百思德"杯新锐设计竞赛银奖	韦晗雨、邓可、翁旋荧	2019
里外田园	"百思德"杯新锐设计竞赛金奖	怀露、刘艾、周宇超	2019
新城更新——面向未来的新型城市开放空间系统设计	新型城市绿色空间系统竞赛一等奖	怀露、赵晓莺、雷可心、韦晗雨	2019
韧性湾区活力岛——广州琶洲城市设计	中国人居环境设计入围奖	王艺锦、季缘、于江珊	2018
览山·揽水·榄智城——中山市小榄智创特色小镇核心示范区概念设计	首届"棕榈杯"特色小镇设计创意邀请赛一等奖和最佳乡土建筑奖	吴文杰、李丽晨、熊雨、简萍	2017

教研项目概况 表2

项目名称	项目性质	时间
《基于城市设计视野的风景园林规划与设计课程体系建设研究》	广东省学位与研究生教育改革研究项目重点项目	2018—2020
《风景园林规划与设计》	广东省研究生教育创新计划项目研究示范课程建设项目	2017—2020
《"新工科"理念下城市设计创新人才培养模式探索》	广东省高等教育教学研究和改革项目	2020—2021
《风景园林规划与设计(二)》	华南理工大学专业学位实践课程建设项目	2018—2020
《基于创新"设计能力"培养的城市设计教学方法研究》	华南理工大学本科教研教改项目青年教改专项重点项目	2018—2020
《城市设计理论和方法》(基于项目(设计、案例)的课程)	华南理工大学本科特色课程	2019—2020

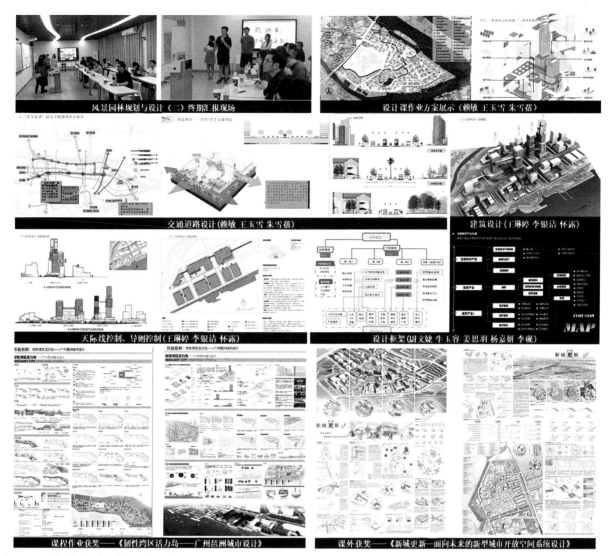

图 10　设计课作业、获奖成果及终期汇报现场

　　（4）与同行及企业紧密互动，打造华南理工风景园林研究生教育品牌。通过与兄弟高校和设计企业频繁互动与密切合作，教学过程中邀请同行专家、政府管理者、行业有影响力的设计师等参加评图、授课和讨论（沙龙）活动，也不断扩大着华南理工风景园林教育的社会影响力。城市设计是国土空间规划高质量发展的管控工具，结合城市设计的风景园林规划与设计教学既是华南理工对教育先行的努力探索，又是对当前行业发展转型的有力回应（图 11）。

图 11　国际联合城市设计工作坊

4 教学反思与展望

华南理工风景园林研究生规划与设计课程改革五年多以来,阻力和动力并存,实际遇到的问题总比预想要多,但敢于创新和承担的态度始终不变。设计课要传达的价值观如何紧跟时代和专业发展的诉求?风景园林规划与设计需要坚守的核心竞争力到底由那些因素共同构成?如何通过教学相长的方式帮助学生掌握这些基本的设计能力(高标准)以适应未来自我学习的需求?华南理工风景园林学科的地域特色如何进一步凸显?这一系列问题均值得反思。从实施效果来看,设计课教学理念和阶段性目标基本实现,学生专业视野和设计能力得到较大层面的提升。但也存在一些问题,首先,华南理工风景园林专业研究生的(本科阶段的)学科构成涵盖农、林、工、艺术、环境等背景,设计基础差异很大。尽管有了课程(一)的学习,对风景园林规划与设计基本方法已经有所了解,但城乡规划、建筑设计等相关专业的知识和方法仍相当匮乏,专业视野相对局限对后续学习会有不利影响。个别学生会觉得设计课程跨度较大,建议可以提前补充相关知识。利用寒假时间,为同学们列出城市设计相关书单;或者通过一些网络课程方式进行知识衔接与补充。在较短时间内帮助学生从以往偏向中小尺度的景观设计思维向解决多维尺度下城市空间综合问题的方向转变,以适应将来不断变化的行业发展需求。其次,个别同学反映课程任务量较大,尤其是后期时间紧张导致集中赶图的现象比较严重。在今后的教学中要加强对每个环节的进度考核,把握好时间节点有序推进。同时从新一轮研究生培养计划修订的源头上进行课程体系筹安排,始终抓紧"创新设计能力"培养这个核心,以及全面建构特色化和前瞻性的专业知识体系。此外,更紧密地依托在地实践项目和国际交流合作的办学特色,也是建立华南理工风景园林教育品牌影响力的关键。

5 结语

当今风景园林研究生教育遇上了最好的时代,但也面临着许多不确定性。要真正发展必须坚持"传承+嬗变"的思路,改革传统风景园林设计教学模式,以整合协同、开放包容的视角,从构建城市生态系统、公共空间和基础设施体系入手,引入城市设计的宏观系统思维,同时创新发挥风景园林规划与设计的传统思想和技术精髓。华南理工风景园林学科立足地域、领先时代、联动国际、创新求变,赋予风景园林人才培养"整体观+协同观+生态观"的复合化内涵,不懈探索当今风景园林研究生规划与设计课程教学的新理念、新方法和新路径。

参考文献:

[1] 张兵,林永新,刘宛,孙建欣.城镇开发边界与国家空间治理——划定城镇开发边界的思想基础[J].城市规划学刊.2018 (04):16-23.
[2] 李敏稚.基于景观都市主义视野的城市设计教学研究——以城市景观设计课程教学为例[J].中国建筑教育.2016 (04):46-53.
[3] 杜春兰,雷晓亮,刘骏.当代风景园林教育的发展挑战与思考[J].中国园林,2017,33 (01):25-29.
[4] 金云峰,简圣贤.美国宾夕法尼亚大学风景园林系课程体系[J].中国园林.2011,27 (02):6-11.4.
[5] 安娜·约根森,赵纪军,高枫.英国谢菲尔德大学景观系风景园林硕士设计课程简述[J].风景园林.2006 (05):20-29.
[6] 杨锐,袁琳,郑晓笛.风景园林学与城市设计的渊源和联系[J].中国园林.2016,32 (03):37-42.
[7] 林广思,萧蕾.从场地到场所:风景园林基础设计研究生课程教学实践[J].南方建筑.2016 (04):64-69.

图片来源:

图1:作者自绘
图2:参考论文《从场地到场所:风景园林基础设计研究生课程教学实践》绘制
图3:作者自绘
图4:作者自绘
图5:作者根据任务书绘制
图6:作者根据任务书绘制
图7:作者根据任务书绘制
图8:作者根据任务书绘制
图9:工作坊设计小组提供
图10:怀露拍摄,设计课小组提供
图11:怀露拍摄

作者:李敏稚,华南理工大学建筑学院风景园林系副教授,硕士生导师;尉文婕,华南理工大学建筑学院风景园林专业硕士研究生

问题导向下的建筑设计课程教学初探

——浙江大学建筑学本科核心设计课程体系解析

陈翔　蒋新乐　李效军

Preliminary Study of Problem-Oriented Teaching of Architectural Design——Analysis of Core Design Course System of Architecture Undergraduate Course in ZJU

■ 摘要：浙江大学建筑学专业，基于"3+1+1"教学框架，在本科前三年引入以问题为导向的建筑设计教学体系，从培养目标、培养方式、培养措施几方面探索创新，培养学生在专业技能、知识结构、全面素质等方面的全光谱综合提高。本文重点介绍了"以问题为导向的递进式教学体系""以问题为导向的全面技能及素质培养体系"两方面内容，为国内建筑学教学的改革探索提供有益的思考。

■ 关键词：问题导向；目标；方式；措施

Abstract：Based on the teaching framework of "3+1+1", in first three years in undergraduate study, architecture major of Zhejiang University aims to introduce the brand-new problem-oriented architectural-design teaching system, as well as have a series of explorations and innovations from the respects, such as cultivating goal, cultivating style and cultivating measure for the purpose of fostering future improvements upon comprehensive capacities within the framework of full spectrum, inclusive of professional competence, knowledge structure and comprehensive quality. This paper pays more attention on a batch of introductions around "Problem-oriented Progressive Teaching System" and "System Round Developing Problem-oriented Comprehensive Competence and Quality" for further exploring and providing a series of useful thoughts to the current and future architecture teaching reforms at domestic.

Keywords：Problem-Oriented；Goal；Style；Measure

　　浙江大学建筑学专业于 2014 年获批国家级"本科教学工程"专业综合改革试点项目后，在对原有教学体系进行梳理的基础上，通过大胆实践探索，提出"知识传授与素质培养并重、技能训练与思维培育兼顾、宽平台、厚基础，具备卓越专业技能与良好学术素养的综合性人才培养目标"。结合这一目标，提出以问题为导向的建筑设计课程教学体系。

浙大建筑采用"3+1+1"（图1）的设计教学基本结构。前三年设置无差别的核心基础课程，从一年级的基于构成和细胞空间的初步训练，到二年级的基于建筑基本问题的切片式训练，到三年级的基于复杂建筑问题的综合式训练；第四年是强调个性化设计教学的专题化设计训练；五年级是基于独立综合设计能力培养的、强调与实战对接的毕业设计。

其中，前三年是建筑学学生培育设计理念、建构设计思维、塑造设计人格的关键阶段，也是本文讨论的重点。

1 什么是问题导向

所谓的问题导向（图2），包含了多个层级的问题：首先是培养目标的问题，其次是培养方式的问题，最后是具体措施的问题。

培养目标问题：传统的建筑学专业的培养目标，是培养具有高度专业技能的专业设计人才，较注重专业知识的教育，较少涉及学科外延的内容。学生在获取专业技能的同时，对学科背景、专业角色、社会影响因子以及应对未来转型方面准备不足。针对这一现象，我们提出"全面养成"的培养目标，培养学生成为具备高度专业技能、

复合知识结构、健康学术人格、良好合作精神和领导力的创新复合型设计人才。这样的人才，既能应对复杂的专业挑战，又具备跨学科的知识储备，对未知和未来保持一种开放性。

培养方式问题：针对传统培养方式过于注重学科内部原理，视野狭窄，知识储备不足的问题，浙大建筑教育立足浙江大学门类最全的综合性大学的优势，以设计学科为核心，兼顾工程、人文、艺术的同时，强化数理基础，特别是数学、计算机等课程的设置。比如数学，选择较高难度的微积分和线性代数模块作为必修通识课程；计算机选择计算机语言（Python/C/Java）作为必修通识课程。这些均为日后参数化设计、数据信息处理打下基础。同时，立足浙大的国际化优势，大力推动本科生半年以上赴海外"浸润式"访学。目前已签约50多所国际优秀学校，每届访学人数占比高达60%；同时结合短期国际工作营，形成了学生100%全覆盖的国际化培养模式，对涵养学生的专业潜质和开拓国际视野打下良好基础。

具体措施问题：首先，改变平行式的、以建筑类型为推进线索的教学模式，取代以递进式的、以建筑问题为导向的教学体系；其次，针对学生普遍缺乏专业素质拓展训练的现状，推行注重实战的全体系技能及素质培养教学体系。本文重点对这两点内容作详细的阐述。

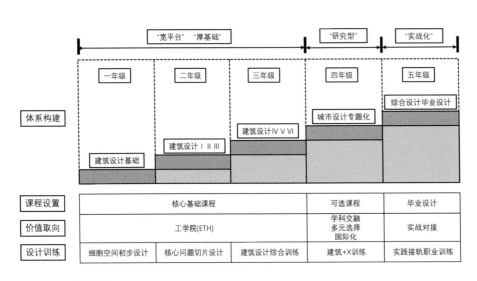

图1 "3+1+1"教学体系

	培养目标问题	培养具备高度专业技能、复合知识结构、健康学术人格、良好合作精神和领导力的创新复合型设计人才。
	培养方式问题	以设计学科为核心，兼顾工程、人文、艺术等学科，强化数理基础。依托浙大的国际化优势，推动本科生半年以上赴海外"浸润式"访学。
	具体措施问题	递进式的、以建筑问题为导向的教学体系取代平行式的、以建筑类型为推进线索的教学模式；推行注重实战的全体系技能及素质培养教学体系。

图2 问题导向的三个层次

2 以问题为导向的递进式教学体系

所谓以问题为导向的递进式教学体系,对应的是传统的以类型为导向的建筑设计教学体系。传统的建筑设计教学,采用由简及繁,由易到难的各种建筑类型的设计训练,强化学生对功能、空间、形态、技术、环境等问题的理解,引导学生逐渐掌握建筑设计的相关知识点。这种方式的不足之处是,过度关注建筑的类型,使学生对建筑的认识产生局限:认为完整的建筑世界,就是各种类型化的建筑的简单的拼图。这种局限使学生无法对更复杂、更鲜活的新的建筑问题保持敏感。比如新的技术手段的运用,可持续建筑的理念,在以类型为主导的建筑设计过程中很难找到合适的嵌入点。类型化教学的核心是功能设定上的差异,这种以功能为核心的建筑设计标准,面对建筑全生命周期下的功能变化的现实,很难作出有效的价值观上的回应。

针对本科前三年所要达成的阶段目标,我们以设计能力培养这个核心问题为导向,将设计训练切分为基础、进阶、高级三个阶段,通过细胞空间初步训练、核心问题切片训练、复杂问题综合训练这几个递进式教学模块的设置,由抽象到具象、由部分到整体、由简单到复杂,逐步提升,实现对建筑设计问题的综合理解和掌握。

一年级阶段,针对学生的启蒙设计学习,采用传统欧洲工学院的强调理性的训练体系,通过基于构成和细胞空间的初步训练,培养学生初步的设计概念和设计理性。训练的阶段目标,是让学生具备在有限要素下类建筑设计问题操作的能力。

二年级通过对基本建筑问题的切片式训练,强化学生对建筑基本要素的理解,包括基本功能(走廊 + 使用空间)、基本结构(混凝土框架结构)、基本材料(混凝土、砖、木、玻璃)、基本构造(交接关系)、基本环境(加入单纯环境影响因子)等。具体通过一系列具有针对性的设计——住宅、宿舍(专注功能的设计)、过街楼(专注结构的设计)、1:1木亭(专注构造与材料的设计)、运河民宿(专注环境的设计)等相关设计,将基本问题嵌入设计课题,既突出问题,又有效地训练设计。

三年级通过对复杂建筑问题的综合性训练,强化学生对复杂建筑问题的理解。我们加入了复杂功能(非经验功能)、复杂结构(建筑改造、钢结构)、复杂材料和构造(围护系统)、复杂环境(都市)、复杂人群(社会阶层)等因素,在一系列包含思辨、统筹因素的题目下训练学生的综合设计能力。为说明问题,本文以三年级为例重点予以介绍。

三年级建筑设计题目按照三个板块设置。第一个板块时长 8 周,强调复杂功能(图 3)的综合训练,有动物收容所、季节公寓两个题目供选择。这两个课题的共同特征,就是功能的非常规性。比如动物收容所,学生缺乏对这一类建筑的直观认识,这就要求学生在一开始需要通过调研、查找资料等方式重新认识功能,理解功能在设计中的真实需求和含义,进一步理解与功能相匹配的空间、形式的来源。

季节公寓以访学外教的阶段性居住需求作为出发点,既不同于酒店,又不同于住宅,是一种针对特殊人群的新的建筑形式,引发同学和老师对课题的疑问和探讨,从而激发学生对包括功能在内的建筑问题的思考。第二个板块时长 10 周,以"再建筑"为主题,通过对既有建筑的改造,强调结构及空间限定下的功能及形式语言的操作,探寻建筑功能空间重新定义下建筑有机更新的动态演进过程。"再建筑"课题选择了浙大玉泉校区的结构实验室、学生第二食堂、教工活动中心、图书馆等四个建筑作为设计对象。将功能结构、空间结构、形式结构之间的递进和关联关系作为教学的主要线索。每个对象针对所处位置及背景的不同,设定不同的设计任务。比如结构实验室、学生第二食堂,强调大跨建筑的设计改造与利用;教工活动中心由于处在校外,强调在都市环境影响下的多层建筑空间的再利用;玉泉图书馆的改造,通过一体化书库的引入,强调在图书馆功能更新的背景下,对其进行改造和加建的策略。在课题设计过程中,学生较频繁地触碰功能与既有空间的矛盾、原有结构的利用、新增结构的衔接、立面保留及更新、材料交接关系等较复杂的功能、空间、结构、材料、构造等建筑问题,在对问题的反复接触及解决过程中实现对建筑的学习。第三个板块时长 14 周,以"城中村改造"为主题,通过对复杂都市环境、复杂人群的研究,提出城中村与城市共同进化的策略。课题关注都市、社会等复杂因子影响下的复杂建筑问题的训练。具体以"Plug-in"为策略,通过对城中村缺失功能的植入,实现城中村的有机更新。近三年,我们选择了骆家庄、杨家牌楼、益乐新村(图 4)三个不同性质的城中村进行改造设计,保持了教学思路和课题内容的延续性,同时又使各届的运作方式没有重复性。既避免学生先入为主,简单抄袭,又使老师保持对课题的热度和新鲜感。

3 以问题为导向的全面技能及素质培养体系

传统的建筑教育,较注重专业知识的传授,较少关注建筑设计之外的问题:比如建筑策划、任务书生成、团队合作、角色定位、实战能力、建筑反馈等。导致学生对建筑的源头问题缺乏了解,对设计的运作过程缺乏认识,对建筑的生

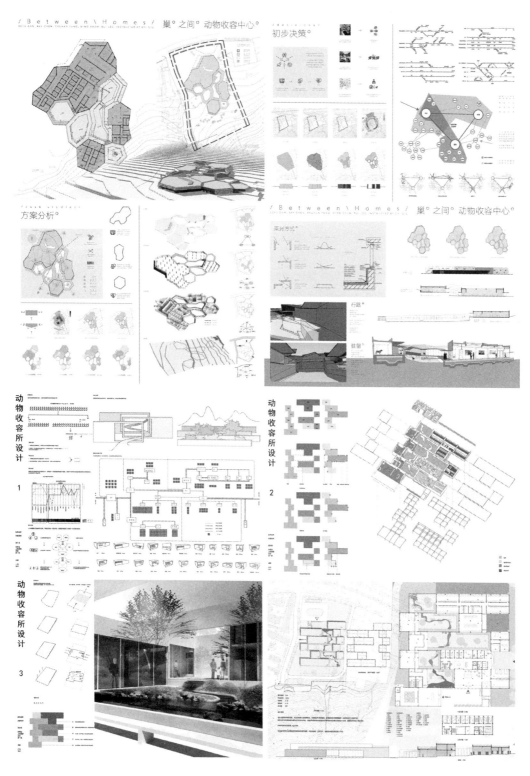

图3 "动物收容所"——
三年级复杂功能综合训练
示例

图4 2016—2018年"城中
村"课程选题基地

成结果缺乏关注。如何让学生接受全光谱的建筑教育，全体系技能及素质培养，从而形成对专业的完整的认识和理解，同时对未知和未来保持一种开放性，是我们另一个重点关注的"问题"。

以 2016 年冬学期三年级"再建筑"为例。课题通过对既有建筑进行改造设计，在教学环节中加入建筑策划、团队合作、实战对接的内容。课题对象为浙大玉泉校区的教工活动中心，该建筑建于 20 世纪 80 年代，处于校外，毗邻城市道路及教工生活区。建筑策划部分（1.5 周），让学生分成七个小组，分别以政府、社区、校方、企业、开发商、个人、NGO 的角色进行功能策划（图 5）。角色的多元性，使学生跳出既有的小我的局限，看到建筑背后复杂的社会属性。各个小组在调研的基础上完成功能策划、草拟任务书，并形成横向的角色交流。第二个阶段，每个学生选择其中的一个策划案编制个人设计任务书，进入个人核心设计阶段（5 周）。这个阶段结束的时候会有一次中期评图，来自校外设计院的、由实践建筑师组成的实践导师团在评图环节开始介入后期教学。大家在评图的基础上选择 1/3 的方案进入后续的深化设计阶段（3.5 周）。深化设计以团队合作的方式进行。每个团队包括三名同学，由入选方案的同学担任组长。三人小组在任课教师及实践导师的指导下对核心设计阶段的设计成果进行优化及深化设计，最后完成包含较深入设计内容的最终成果参加展示及答辩。

三年级的最后一个设计课题"城中村改造"，也包含了前期研究（2 周）、核心设计（8 周）、深化设计（4 周）三个阶段。第一阶段在认知的基础上增加研究的环节，分成"认知拼图"和"专题研究"两个阶段，重点强调研究的特质。通过与"建筑认知"课的打通，组织全体学生，通过观察、记录、思考、归纳，形成体系化全光谱的研究成果，通过答辩的方式实现成果的分享（图 6、图 7）。根据每一届选题的不同，前期研究的策略也各不相同。比如 2017 年春夏学期的杨家牌楼，我们根据杨家牌楼亦城亦乡的历史和地理状态，设置了"被城市""新市民""活社区""再产业""商无界""半山水"六个研究专题；2018 年春夏学期的益乐新村，针对社区与城市共同进化的"村中城"的视角，针对非规划式规划、非建筑式建筑的特质，设置对象题解、案头认知、社区社会、规划解析、服务体系、建筑分析、环境节点等六个研究专题。基于认知和研究，同学们分小组提出策划案，并以海报的形式向大家推销自己的策划案，作为下一步核心设计的选择（图 8）一、二年级的基础建筑设计训练中，学生均处于个人学习与自主解决问题的学习状态。进入综合性训练的阶段，学生需要应对大容量的课程内容和更深层的知识，完全的个人学习不易在完成学习任务的前提下触碰更深层的知识探索。团队合作学习的方式可有效地弥补个人学习的缺点。由于学生习惯于个人化的探索行为，决定了初次的团队合作将伴随团队与个体之间的激烈碰撞，从学习的角度来说这样的碰撞是难以避免而又颇有益处的。三年级共安排了两次团队合作的课程。经过第一次的磨合，学生面对第二次合作时已有了部分心得，并了解到团队合作的形式是最接近真实工作状态的设计过程。共享、合作、妥协是工作中必须经历的环节。面对冲突与矛盾，学生在对话中的博弈有益于理解设计过程与成果的真实关系，有利于找准自身的定位和推进高质量成果的产生。课程结束后的组内互评环节，学生间互评分数波动相对第一次合作趋于平缓（图 9），表现在学生对合作伙伴的理解力和同理心增强。除了体验团队集体推进设计的工作模式，不同能力的学生均能在团队合作中受益：基础较好的同学更有余力探索结构与形式的

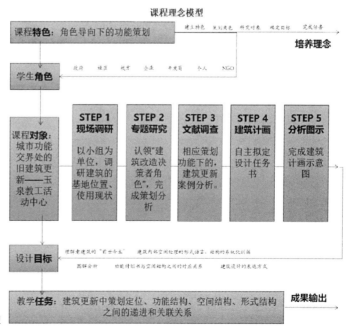

图 5 "再建筑"课程理念模型

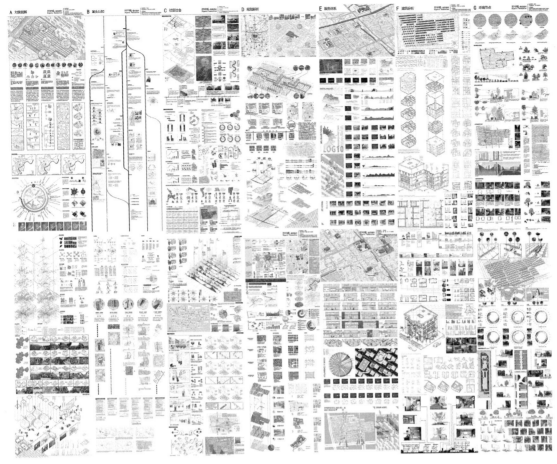

图6 认知拼图＋专题研究

图7 "建筑认知"答辩

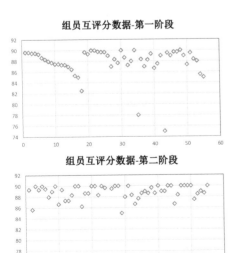

图9 团队工作模式下互评数据的变化

图8 策划案海报

关系，作品完善度更高，有效降低了对深层知识的浅尝辄止的可能性；基础还需提高的同学可在过程中训练知识和技能的运用，弥补自身存在的短板；基础较差的同学通过合作可以完成全阶段的设计内容，强化对基础知识的理解与把握。通过几年的探索，我们认为在设计课程中加入同学之间的合作设计是非常有必要的。这个环节很好地训练了建筑设计基于团队配合的角色定位，让同学在合作的过程中了解建筑设计所包含的各个层次的内容、自己的领导力及被领导力，同时将建筑设计的表达推进到一个全新的深度。合作完成的大尺幅图纸、大比例详图、大尺度模型（图 10、图 11、图 12），既是设计深度的有效展示，同时也是学习深度的外在表达。与实战对接，培养学生了解建筑设计的现实生态及运作方式，是我们在课程设计环节中嵌入的另一项内容。

首先，在设计的后半程阶段，安排职业建筑师以实践导师身份介入设计过程，参与核心教学环节，对学生在建筑、结构、设备、规范及专业表达等方面的深化与完善进行全方位指导，对于拓宽学生的专业知识面、培养基于实战的建筑设计能力，具有显著的效果。在每个课题中，我们加入由实践导师授课的专题环节，由每位实践导师基于自身的理解，针对民用建筑设计通则、防火规范、总图、停车、结构、设备、幕墙以及 BIM 技术的运用等专题，开设每专题 20 分钟的简短讲座，具有很强的实用性和针对性。

其次，在评图环节，邀请资深建筑师、外校教师等评委，以丰富的理论与实践经验为学生的评图答辩进行点评与反馈，使学生与专业领域的校内外专家在碰撞与探讨中获得全面的学习建议（图 13）。

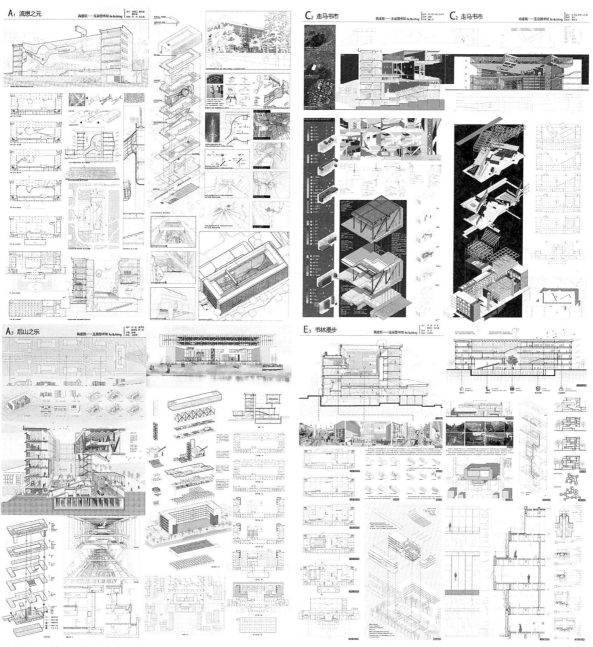

图 10　2015 级"再建筑"作业图纸

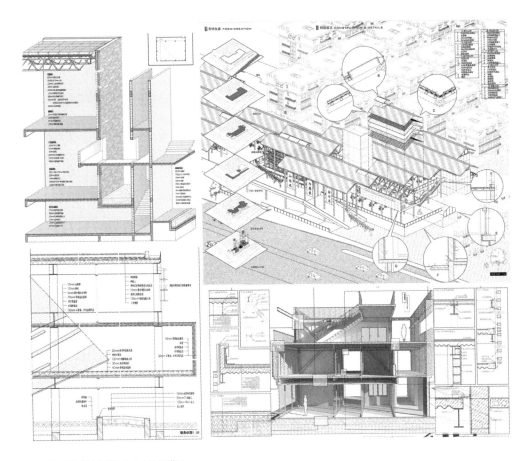

图 11　2015 级"村中城"作业大比例详图

图 12　大尺度模型

图 13 评图海报与照片

4　结语

　　当下，建筑学科面临空前的变革压力。面对全球化和城市化的挑战——知识的更新与互联、技术的渗透与交叉、高速变化的外部环境，使建筑学逐渐丧失传统语境下的领导力和话语权。

　　建筑学如何重构更宽广的兼容性，借助自身的综合性、平台性优势，重新成为新的学科汇聚平台和人居环境学科的引领者？同时，建筑教育如何适应时代的进步，走出象牙塔式的传统教育模式，培养出具有基本设计素养、宽阔学科视野、良好合作精神和领导力的创新复合型设计人才，以应对更综合更复杂的当代环境的挑战？

　　这些问题没有现成的答案，需要我们去尝试，去突破。这是我们推进"问题导向下的建筑设计课程教学体系"探索的初衷，也是从事建筑教育工作的同仁们急需研究、回答的紧迫的话题。

参考文献：

[1] 吴越，吴璟，陈帆，陈翔.浙江大学建筑学系本科设计教育的基本架构 [J].城市建筑，2015 (16)：90-92.

[2] 顾大庆，柏庭卫.建筑设计入门 [M].北京：中国建筑工业出版社，2009：16.

[3] Jerome S. Bruner. The Process of Education[M]. Cambridge，Mass：Harvard University Press，1977.

[4] 顾大庆，黄一如，仲德崑，丁沃沃，徐雷，龙灏，范文兵，吴越，郭华瑜，韩冬青，陈薇，鲍莉，朱雷，张彤，周凌，孙世界."建筑教育的特色"主题沙龙 [J].城市建筑，2015 (16)：6-14.

[5] 吴佳维，顾大庆.结构化设计教学之路:赫伯特·克莱默的"基础设计"教学——一个教学模型的诞生 [J].建筑师，2018 (03)：33-40.

[6] 林涛，钱海平，陈翔.试析建成环境评价课的意义 [J].高等建筑教育，2009，18 (05)：101-105.

[7] 林涛.本科大四"专题化设计"课程教学探索与实践 [J].建筑与文化，2018 (09)：193-194.

图片来源：

图 1、2、5 图表为作者自绘，其余图片均来自近年的课程设计成果

作者：陈翔，浙江大学建筑工程学院，建筑系副系主任；蒋新乐，浙江大学建筑工程学院，硕士研究生；李效军，浙江大学建筑工程学院，高级工程师

以设计研究为核心的专业硕士培养模式与教育特色研究

吴志宏　余穆谛

Cultivation Mode and Training Program for Master of Architecture Focused on Research-Based Design

■ 摘要：具有较强的设计研究和专业实践能力是专业硕士培养的核心目标，本文通过对近10年昆明理工大学建筑与城市规划学院专硕培养的回顾，针对专业硕士培养所面临的普遍问题，结合西部院校的条件和实际情况，从"适应生源的培养方案和教学体系"，"以设计思想及方法为导向的课程设置""'教学组—导师团队—导师'相结合的教学组织体系"三个方面，来探讨兼顾基本质量和特色教育的专硕培养模式和教学体系。

■ 关键词：建筑专业硕士；设计研究；培养模式；教学体系

Abstract：It is the main target that master of architecture education should focus on research-based design and professional ability training. Through review about the recent ten years M-arch education of Faculty of Architecture and City Planning of KMUST，this dissertation tries to probe into issues commonly existed in M-arch cultivation. Taking into account the situations and educating conditions of school in South-West region of China，By discussing following three aspects of education of M-arch，which are：1) Programming and training system according students characteristics；2) Curriculum arrangement focus on ideology and methodology training of architecture design；3) Instructional organization relied on teaching groups，supervisors teams，and independent supervisors...this dissertation explores the cultivation mode and education system which unified both the fundamental ability as well as distinctive quality of students.

Keywords：Master of Architecture；Design Research；Cultivation Mode；Teaching system

1　西部院校专业硕士培养面临的挑战

昆明理工大学 2010 年开始招收建筑学专业硕士，虽然学院通过 30 多年的探索实践，为地方乃至全国培养了大批专业设计骨干和学术人才，在专业办学水平、学术声誉、学生培养质量方面均属于西部和地方优秀院校。然而，在整体水平与老八校和内地一些优秀的院校仍存在着较大差距。

一方面，在初期对专业硕士的培养，是架构在原先学术型硕士培养模式的基础上的，因此对于各个建筑院校都会面临类似的挑战：如何在培养方案、教学组织、毕业（论文）设计等环节，形成符合专硕特点和需求的培养模式？另一方面，对于许多中西部院校，还要面对办学资源有限、生源质量不佳、师资人才缺乏、学校相关制度和政策环境与专业特点不匹配等众多困难。

因此，如何依据各地不同的办学条件和实际情况，制定出一种合理的、具有特色的专业硕士培养模式与教学体系，是一个非常有意义并值得研究的问题。

2 专硕教学体系的基本要求和当前存在的问题

专业硕士教学体系首先应满足"培养具有良好职业素养的高层次应用型专门人才"的需求，也就是满足培养高水平的执业建筑师的目的。然而由于各个学校的地域条件、生源状况、学校情况，以及面向的就业市场特点的不同，又会形成各学校的差异。因而，专硕教学体系必然是普遍性的基本教学与差异化的特色教学两个方面的结合。

《专业学位发展方案》明确指出："学位研究生教育在培养目标课程设置教学理念和培养模式质量标准和师资队伍建设等方面与学术型研究生完全不同"，天津大学宋昆教授将其概括为五个方面[①]：

①在办学模式方面：突出实践教学，保证不少于半年的实践教学，加大实践教学学分比重。改革创新实践教学模式，坚持一线实践，建立多种形式的实践基地；

②在课程体系方面：课程设置要以实际应用为导向，以满足职业需求为目标，以综合素养和应用知识与能力的提高为核心，将行业组织培养单位和个人执业发展要求有机结合起来；

③在教学方法方面：重视运用团队学习案例分析现场研究模拟训练等方法，注重培养学生研究实践问题的意识和解决实际问题的能力；

④在论文标准方面：论文选题必须来源于社会实践或工作实际中的现实问题，鼓励采用调研报告规划、设计产品开发案例分析、项目管理、文学艺术作品等多种形式；

⑤在师资队伍方面：来自实践领域有丰富经验的高层次专业人员承担专业课程教学的比例应不低于三分之一，并积极参与实践过程、项目

研究和论文考评等工作，加快形成双师型的师资结构。

然而，由于各校的专业硕士培养大多是在原先工学硕士基础上发展起来的，其培养方案、导师结构、学生课程和毕业评价体系均是建立在学术型硕士培养的基础之上。因此各校在专硕培养上或多或少存在如下问题：

在办学模式和课程体系方面：大多继承了原先学术型硕士的培养方式，设计课总学时不足，或者系统性、体系性的设计教学不足；没有很好地形成适应专业硕士特点的以设计为中心的教学体系和教学组织；学生主要跟随导师进行研究实践，教学和研究选题因当时项目而定，具有较大的随机性，较少从专硕教学体系整体层面和基本需求进行有效的规划和安排；由于导师自身学术领域和实践能力的局限性，很难保证学生在建筑实践以及相关研究能力能形成系统的提高，需要依赖于导师和学生个人的水平而定。而对于一部分本科时设计能力较弱或跨专业学生而言，则更难在现有培养体系中成为一名真正合格的执业建筑师。

在教学方法和设计研究方面：虽然各个学校虽然都强调研究与设计的结合，但在培养方案、选课内容、甚至硕士论文均与学术型硕士无较大差别，在设计课教学或者学位论文中也较少形成体系化的教学和评价模式。虽然一些学校要求论文选题与工程项目实际问题相结合，侧重"运用性""设计方法论"的研究。但由于学生选题多依据导师的研究和实践而定，因而局限在某些领域和类型。有的导师虽长于理论研究，但对设计理论却不太了解，或者长期脱离建筑实践，只能选一些自己和学生并未真正参与的"真题"来"假做"，也使学生缺乏对设计中真实问题的体验。有的导师虽然有实际实践项目，但这些项目并非都具有研究价值，设计研究更多局限于具体技术问题和解决方法。这造成专硕毕业论文或设计在选题时就存在问题，学生很难体会并发现设计中那些有意义的、真切的问题，毕业论文和研究设计也很难获得设计方法论或建筑理论层面的研究成果。

以上存在问题的根源在于：专业硕士培养模式还没有脱离传统工学硕士的体系和与其相应的导师结构，它们并不完全适应于专硕培养的目标和基本需求。尤其是导师结构的改善存在巨大的挑战，原来专注理论研究的导师要成为兼具较高设计实践和较强研究能力的转型存在困难。从社会资源的整合来看，也很难形成有效的"学校－设计院"培养模式结合"双导师制"的教学模式，这种模式在一流院校相对能较好地开展，因为这需要学校有效整合较多社会资源、争取学校相关

政策和经费的支持、对一流设计院及建筑师具有较大吸引力。而其他学校虽然能够与设计院建立密切联系，外聘优秀执业建筑师作为校外导师，但是并未有效参与教学和专硕培养，目前只能依赖于校外导师与学院的私交或出于校外导师个人的意愿与责任心，所以在国家和学校对专硕培养实施"双导师制"的制度和政策之前，这也是需要进一步摸索的方面。

3 从的"末端导控"逐步转变为"过程导控"

我院为了保证最终专业硕士的培养质量，一方面，发挥学术委员会在专硕教学中的总体规划和监督评价的独立性，一定程度上减少了非学术因素对专硕培养和毕业时的干扰。在起初几年，由于短期内很难对原先的培养模式进行系统调整，于是采取一种"末端导控"的策略，即：制定符合专业硕士特点的"论文（设计）"的毕业考核和评价体系，从末端反向引导导师和学生，推动符合专硕要求培养模式的逐渐转变。

与传统学位论文不同，"论文（设计）"实质上是以"研究性设计"为核心，将传统的学位论文与设计融合在一起。选题既不是纯粹的学术研究，也不是对特定设计的研究报告，而是偏向建筑实践中有意义的问题和设计方法论研究，揭示实际设计中的某些规律或者具有某种普遍意义的问题和方法，并将研究有效运用到毕业设计之中。研究设计可以借用建筑学和跨学科的各种理论和思想，但是透过这些理论和思想，能够促使现实创作产生实实在在的设计范式和方法。而研究论文当中的核心问题和所形成的基本策略和研究成果，要能够有效运用到学生毕业设计当中，形成所谓"运用性或方法论的创新"，对工程实践和设计创作有所启发和借鉴（表1）。这种末端控制的培养模式在一定程度上弥补了原先工学硕士培养模式的不足，引导导师和学生更加关注设计与研究的结合，在专硕培养模式和教学体系成熟之前，形成部分延续传统培养模式、部分创新的过渡性方案。

代表性的建筑专硕论文设计

表1

学生姓名	论文设计研究选题	设计项目
吕明明	纪念性展陈设计的空间叙事研究	赤水烈士陵园及展陈馆
张三多	适应性表皮体系参数化设计模式研究	呈贡雨花社区幼儿园
杜泉锋	基于新型抗震土坯墙技术的生土民居建筑设计	元阳哈尼族"蘑菇房"
王振	云南省温和中区生态地域性建筑设计策略研究	个旧市环保局环境监测站
严芬	大型幼儿园建筑设计问题及发展趋势研究	玉溪市澄江县幼儿园
何航	基于蒙特梭利教育理念下的幼儿园设计方法研究	云南映象幼儿园
尹钰	新兴步行商业街区步行体系建构	昆明太河商业街区
李艳翠	中学校园的山地环境适应性研究	澜沧县一中规划
胡悦	创意产业园区建筑的创意空间设计研究	昆明广告创意产业园先导区建筑
刘丽琼	老年人行为习惯及心理需求与养老公寓设计研究	石林福乐颐养中心
张剑文	传统村镇保护中的"前台—后台"模式研究	兴蒙乡河西村规划设计
樊欣欣	基于可持续发展的文化遗产保护与再利用研究	叶枝镇土司衙署恢复重建工程
张享福	面向现代办公建筑的旧工业建筑改造策略研究	昆明市发电厂建筑改造

这在实际实践中取得了很大的效果，出现了许多选题、研究深度和设计质量较好的论文设计。基于设计实践问题和方法论研究的硕士论文撰写，也有利于学生建立起更加系统和逻辑的设计思维方式，从而能在实际设计实践中形成"问题意识""思维逻辑"为基础的设计创意建构。但也存在许多问题，由于现实条件的制约和导师自身在研究和实践的局限，造成一些论文设计选题和研究成果的局限，再加上缺乏适合研究的设计项目及对其真实情景的体验，学生的研究论文往往是给常规平庸的设计戴一顶庸俗化的学术帽子；一些研究没有真正的问题，只有二手材料的堆砌和拼凑；设计没有真实的创新，只有标语化的肤浅学术理论包装和基于形式主义创新的陈词滥调。

此种方式仅仅是一种过渡性的教学方案，孰优孰劣更多因导师的素养与学生的能力而异。除了有设计研究能力的导师和有扎实本科专业基础的学生之外，不能保证所有学生通过专业硕士的培养具备较强的设计研究能力，在毕业后能成为一名专业素质过硬的执业建筑师。

因此，在采取这种过渡性方案积累的经验的基础上，强化对"设计研究"培养过程的导控，逐渐对培养方案、课程设置以及教学组织进行了较为系统的优化，结合我校所处的地域特点、办学条件，进一步形成了兼顾基本质量和特色的专硕培养模式。

4 兼顾基本质量和特色教育的专硕培养模式

专硕的培养目标可以表述为：通过研究设计能力的系统训练，培养"在复杂人文社会环境和物质环境中，善于运用适宜的建筑思想，发现并把握设计问题的本质，协调不同层面的设计需求，整合设计实践中各专业关系，合理使用各种专业技能和管理方法，形成良好的人居环境"的建筑专业设计人才和管理人才。这就要求针对专硕培养的基本规律、学校特点和社会对专业人才需求，形成兼顾基本质量和特色教育的专硕培养模式。

4.1 适应生源特点的培养方案和教学体系

为了保证专硕的培养质量，需要从招生、学制、培养计划、课程设置、过程控制等方面做出相应的调整。

学生选拔在某种层面上可算是专硕培养的"第一个环节"，选拔出具备扎实的专业素质和设计能力的学生，是培养高层次专业人才的基础。然而，对于许多中西部建筑院校来说，受制于区域劣势和学校资源条件，研究生生源质量总体上并不理想（图1）。

首先，必须在招生阶段需要严格控制招收学生的数量和质量，保证教学和毕业的整体质量。于是，如何通过考试选拔出相对优秀的学生变得十分重要。在初试环节我们试题比较注重对场地设计、空间构成、建造逻辑的考查；在复试环节，尽量以考查学生专业素质和综合素质为基本，不单纯以考分高低作为评判标准，采取针对学生作品集来制定个性化的、针对设计基础问题的深入挖掘，以便于选拔出能力和素质相对较好的学生。

其次，对于跨专业和专业能力达不到要求的同学，要求基本学制在2或2.5年的基础上延长一年和半年，即基本学制变为3年或3.5年，这应该在制定个人培养计划时就给予明确。这部分同学需要强化专业能力和设计实践为基础的素质教育，延长期限作为本科阶段核心设计课程和重要专业课程的补修时间。研究生必须按照本科教学计划参与学习全过程，最终评价也须按照本科课程考核相关要求严格执行，确立相应本科研究生补修教学组，以及配套的教学监督和绩效分配制度，杜绝补修研究生和本科任课教师马虎应对的现象。之外，还必须依照导师的要求阅读相关的专业书籍文献和进行相关的训练，在延长的时间内，还应限制第一年的专业课选课的总数，也不能参加第一年的公共设计课，以保证其在补修期间的专业学习时间和学习质量。

对于在本科阶段已经具备较扎实专业能力的同学，研究生阶段则是针对专业理论素养和设计研究方法的提高教育。把传统以导师主导的培养模式、学位论文为最终评价的理论型工学硕士培养模式，转变为以建筑设计研究及实践能力为核心，研究生"教授团队－课题组－导师"为教学主体，以系统的课程设计和毕业设计为核心的过程评价的建筑学硕士培养模式。

最后，根据社会需求和学生就业的特点，针对专业硕士培养目标设置特定的培养计划，优化原先基于工学硕士或学术型硕士所形成的专业课程体系：①需要增大设计实践课程在专业硕士整个课程体系中的比重，改变以往以导师个人研究和实践偏向为主导设计教学；②以培养学生研究设计能力为核心来设定设计课和专业理论课；③在专业课和理论课程中平衡基本课程和特色课程比例和关系，改变原先以往乡土、民居研究实践过大的局面；④强化对基本建筑专业理论、思想以及设计方法论的教学和实践；⑤适应社会对建筑专业人才的多元需求，拓宽学生就业渠道，尤其是针对设计管理、项目管理设置相关专业课程，尤其是与实际工程设计关系密切的技术类课程。

4.2 以设计思想及方法论为导向的课程设置

按照专硕的培养目标重新调整课程结构和内容，取消与培养目标不一致或相关性较小的课程；适当缩

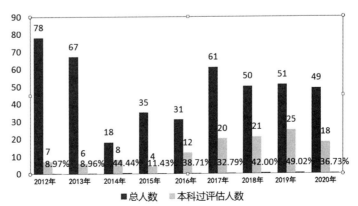

图1 昆明理工大学建筑学硕士招收情况

短教学时长，优化教学内容深度和质量；增添与专业实践关系密切的短期课程，作为基本课程的必要补充；拓展专业知识结构，拓宽培养口径。

专业硕士的课程设计与本科课程设计最大的区别在于"研究型设计"，即基于设计和空间的逻辑思维和创造力的培养，正如张永和教授所言：（研究型设计）是将设计条件或制约转化为对某些建筑问题的思考，或将对某些建筑问题的思考带入设计，强调建筑设计的思维方法。因此，建筑设计课设置不仅应适应执业的基本需求，而且更要培养学生自主的发现、分析和创造性解决设计问题的能力。

因此，我院围绕培养专业硕士"设计研究"能力，逐渐建构以核心课程、专业延展课程和特色课程构成的课程体系（表2）。

注重设计研究与方法的专业硕士课程体系设置（非设计课）　　　　表2

教学类型	课程属性	专业核心课程与专业延展课程拼盘课授课内容	总课时及学分
建筑技术思想与方法	核心课程	①建筑技术科学前沿；②绿色建筑设计理论、物理环境设计及模拟方法	36 学时；2 学分
	延展课程	①建筑场地设计；②建筑构造与建筑细部设计；③结构选型与建筑设计；④工程管理造价控制与工地营造体验；⑤景观工程与建筑设计；⑥天然建材现代营造（特色课程）	18 学时；1 学分
城市建筑设计思想方法	核心课程	①现代建筑理论及设计方法	36 学时；2 学分
		②城市设计理论及方法	36 学时；2 学分
		③地区建筑设计理论及方法（特色课程）	18 学时；1 分
		④建筑理论及设计前沿	36 学时；2 学分
	延展课程	①现代建筑历史及批评；②中国传统人居环境思想及空间设计方法；③城市社会学思想及方法；④社区规划思想及方法；⑤房地产开发与设计管理；⑥古建设计方法；⑦乡村规划及建筑营造方法（特色课程）；⑧旅游规划及度假建筑设计（特色课程）；⑨景观建筑设计思想及方法；⑩建筑人类学思想与田野调查方法（特色课程）	18 学时；1 学分
设计研究分析理论及表达方法	核心课程	①建筑设计方法论；②数字建筑理论与方法	36 学时；2 学分
	延展课程	①研究型设计思想及方法；②建筑策划与使用后评估；③文献检索、综述及科学论文写作规范；④城市建筑设计调研方法；⑤建筑图解及方法；⑥ BIM 协同设计方法及软件学习；⑦建筑施工图表达	18 学时；1 学分

专业设计课的设置是"将问题的思考带入设计"的重要实践环节，在第一个学年设置面向所有学生的公共设计教学，分别设置"深度型设计研究""广度型设计研究"；第三学期则根据校内或校外导师专业研究的特点，形成"复合型设计研究"或"特色型设计研究"。"深度型设计研究"是选择一个中等规模的建筑，可结合绿色设计思想和相关分析模拟手段，形成环境、空间、结构、材料、构造的各层面综合设计，需要用技术体系研究、软件模拟、材料掌控、模型验证、构造设计等方面的深度研究和设计。"广度型设计研究"是以城市设计为载体，借由空间形态来切入对经济、社会、景观的分析，形成对特定城市建筑空间逻辑的理解，结合对城市相关理论和空间分析方法的学习，采用适当的体型、环境设计来回应这些综合性、复杂性问题。"复合型设计研究"由不同导师团队选择现实设计中比较有代表性的真题，通常可能是复杂公建或贯穿项目策划和具体设计全过程的复合型项目，形成建筑专业为核心的跨学科研究和设计；"特色型设计研究"是导师根据自己的研究或设计专长，培养学生独特的研究和设计视角和方法。也可结合双导师制，在有条件和合适设计项目的情况下，通过参与真实项目来培养学生对特定设计的研究和设计能力。

4.3 "导师团队－教学组－导师"相结合的教学组织体系

一个合理的专硕教学体系有赖于一套完善的教学组织、管理和评价体系的建立，目前，从传统工学硕士向专业硕士培养模式的根本转变，有赖于导师结构及相应教学组织结构的改变。

传统研究生培养是以导师为基本责任主体，导师的类型、专业研究偏向、研究和设计实践能力、为学生设计研究提供的条件，对研究生最终培养质量具有决定性作用。由于我院的学术传统，导师在总体上偏重理论研究的比例相对较大，而且研究多偏重于历史建筑、乡土村落保护及更新、地区建筑等类别，建筑设计研究实践也多集中于该领域。虽然这也是我院的学术优势和特点，但对于现代建筑理论和实践的研究，无论从数量上还是深度上都尚显不足。其次，虽然一些导师也有许多建筑实践经验，但真正能够同时具备较强专业实践能力和相应学术研究能力的导师数量还比较有限。尽管学院也一直推行校内导师与校外专业导师相结合的"双导师制"，但由于学校体制和资源的限制，短期内也很难形成真正合理有效的培养模式……这些因素都使高水平专业硕士培养和合理课程体系的建立受到局限，并在学生课程设计、论文选题和毕业设计研究各个环节都暴露出一些问题。

由于短期内很难对导师结构进行系统调整，于是就需要针对这一现实条件设置更合理的教学组织模式，并能够循序渐进地对导师结构进行优化调整。首先，要克服导师研究实践单一性对专硕培养的局限，强化对专业硕士研究实践基本能力的培养。由学术委员会和研究生教学委员会制定统一的、基本的培养计划，第一学年在导师团队的基础上，成立专门的研究生公共设计教学组，为设计一和设计二制定教学方案，负责统一的设计课命题和教学。

在第三学期，由导师团队负责制定教学方案，并对设计三进行命题和评价，而由导师全权负责自己研究生的教学，学院统一安排中期检查和最终作业答辩评审。在研二上学期由导师团队和导师负责学生的选题和开题评审。之后，研究生跟随导师在协作设计院进行设计实践，着手毕业设计研究所需的调研、相关专业理论学习和开展毕业设计。在研二下学期毕业研究设计期间，注重过程设计质量监控，在中期检查前由导师团队和导师负责，在最终毕业设计答辩前两个月由学院组织预答辩，采取校内外专家公开评图和匿名打分的评价方式，工作量和深度达不到相关要求的同学自动延期半年毕业，达标的同学经过最终毕业设计答辩之后获得学位。

为了完善导师结构和教学体系，首先要建立导师团队。导师团队结合教授团队构成，以一个或数个有丰富经验和较强能力的导师为核心，在导师团队和研究生专业延展课程教师中，可加入有经验、能力较强或有特殊专业才能的教师，形成"核心导师－副导师－助理导师"的教学梯队，副导师在正导师的指导下可以带研究生，助理导师不能带研究生，但在研究生培养中承担一部分教学和设计指导工作。在综合能力达标后，助理导师可晋升为副导师，副导师可晋升为导师。随着任课老师教学研究水平的提高，专业延展课中的每一个子课程可以逐渐独立，形成学院的专业选修课乃至主干必修课……这样在现有条件下，既充分发挥学院师资的综合研究和教学能力，还有利于未来导师培养和研究生专任讲师的成长，形成潜在导师储备以及专业课程储备。

注释：

① 宋昆,赵建波.关于建筑学硕士专业学位研究生培养方案的教学研究:以天津大学建筑学院为例.中国建筑教育.2014(1):5-11.

参考文献：

[1] 宋昆,赵建波.关于建筑学硕士专业学位研究生培养方案的教学研究:以天津大学建筑学院为例.中国建筑教育,2014(1):5-11.

[2] 丁沃沃.规范化目标下的特色教学体系:南京大学建筑设计与理论研究生教育.建筑学专业硕士研究生教学与培养国际学术研讨会论文集[M].东南大学出版社，2008：4-8.

[3] 张伶伶,赵伟峰.关注过程 学会思考.建筑学专业硕士研究生教学与培养国际学术研讨会论文集[M].东南大学出版社，2008：34-37.

[4] 韩冬青.问题先导，凸显设计:关于建筑设计及其理论专业硕士学位论文教学的思考.建筑学专业硕士研究生教学与培养国际学术研讨会论文集[M].东南大学出版社，2008：48-51.

[5] 刘克成.西部选择:西安建筑科技大建筑学院的研究生教育.建筑学专业硕士研究生教学与培养国际学术研讨会论文集[M].东南大学出版社，2008：99-102.

[6] 教职委核心课程编写组.建筑学一级学科（专业学位类别）研究生核心课程指南.2018.

图表来源：

图1、表1、表2均为自绘。

作者：吴志宏(通讯作者),昆明理工大学建筑与城市规划学院院长助理,研究生导师；余穆谛,昆明理工大学建筑与城市规划学院研究生办主任

基于自然环境场地的空间营造：东湖绿道驿站设计

——将基础形式训练融入二年级建筑设计课程的教学法探讨

周钰　沈伊瓦　袁怡欣　耿旭初

Spatial Design Based on Natural Environment: Design of Courier Station on Greenway of East Lake —— The Pedagogy of Integrating Basic form Training into Second Grade Architectural Design Course

■摘要：如何处理建筑与自然环境的关系是建筑设计课程中的重要议题。本课题发展的教学法依据自然环境场地中的"形式线索"，以基本形式要素介入场地进行空间设计，以此实现建筑与场地的联系。在实现课题既定训练目标的同时也使一年级的基础形式训练顺利融入真正的建筑设计之中，更好地打通了一二年级设计主干课的联系。

■关键词：空间设计；基础形式训练；自然环境；绿道驿站

Abstract：How to deal with the relationship between building and natural environment is a very important issue in architectural design course. The pedagogy developed the spatial design method of intervening the site with basic form elements，by using "form clue" abstracting from the natural environment，in order to establish the connection between building and site. It helped achieving the training objective of the course while the basic form training in grade one also integrated into practical architectural design in grade two smoothly，which also helped strengthen the connection of major design course between the two grades.

Keywords：spatial design；basic form training；natural environment；courier station on greenway

1　引言

　　近年来，社会及学界在建筑形式问题上呈现出冰火两重天的境况。一方面，经过后现代主义思潮的形式解放，在建筑实践领域，各种怪异大胆的形式上演着纷繁芜杂的戏码。而另一方面，建筑教育界普遍呈现出抵抗姿态，在设计中强调社会责任感和人文关怀，对形式问题讳莫如深，害怕被贴上"玩形式"的标签。

建筑学具有多样的侧面，但不可否认建筑学是一门和形式有关的科学。建筑设计作为解决问题过程的终结是以提出一个形式为标志的[1]。形式与空间作为有无相生的对立统一体而存在，空间设计最终还需落实到一定的形式上。作为初学者的建筑学二年级学生在设计中的一个普遍瓶颈即在于"想法落不到形上"。因而，在复杂多变的社会背景下，更需要对学生在建筑形式层面的思维观念及设计方法作出更为有效的引导。

回顾建筑教育的历史，巴黎美院的"布扎"建筑教育体系中围绕构图（composition）为核心的设计方法即是基于形式处理，协调建筑各方面关系，将局部整合为一体，并赋予其秩序。[2] 而从20世纪50年代由"德州骑警"发展的，使现代建筑变得可教的教学方法也是基于现代建筑空间形式的研究发展而来。[3][4] 虽然近几十年来，随着时代的发展，建筑教育的目标逐渐泛化，但形式与空间仍处在建筑学的核心与本质层面。

国内传统院校在一年级建筑设计课程中一般都会设置"形式空间构成"一类的训练课题，而在二年级开始进行具体的建筑设计。二者如何更好地衔接是设计主干课体系建构中需要考虑的重要问题。作为承上启下的二年级设计教学肩负着将一年级的形式训练融入真正的建筑设计中去的任务。本文所探讨的教学法即尝试对这一问题进行回应。

2 课题设置

华科大建筑学二年级的设计课题架构多年来一直具有较好的延续性，共分为四个专题：空间使用；环境与场地；材料与建造；综合。总体目标是使学生经过二年级的设计训练后，能够对建筑设计中三个主要层面的问题，即人与建筑空间的关系、建筑与环境的关系以及建筑自身的建造形成基本认识，掌握相应的设计方法，并逐步形成一定的综合设计能力。

在近几年推进的教改中，年级组进一步强调

明确的教学目标，严谨的教案设置，紧凑合理的环节控制，以及公开答辩的评图机制，并倡导依据一定的教学法组织教学。而这也和香港中文大学顾大庆教授与建筑学专指委主持的全国建筑设计教学研习班所倡导的，在低年级基础教学中"依据教案组织教学"，"设计过程练习化"等教学思想相契合①。

在2017年的"环境与场地"专题中，所选基地位于风景秀美的武汉东湖绿道旁（图1，图2）。具体的设计任务是"东湖绿道驿站设计"，为过往行人及游客提供休憩服务场所。教学目标主要是：

1) 了解自然环境场地条件的特点及其对建筑设计的制约与影响；

2) 初步建立建筑、场地与人三者之间辩证关系的概念；

3) 初步掌握基于自然环境场地条件的空间设计方法。

功能指标要求：问询（10-20m²）；小卖（30-60m²）；快餐（30-60m²）；厕所（30-50m²）；室内交通及其他室内外休息场所面积自定，总建筑面积控制在200m²±10%。另外需在室外场地布置不少于50个自行车停车位。

在任务书设定中，为突出训练目标，使学生重点关注建筑与自然环境关系的处理，有意简化了建筑功能，且要求在设计中，需要有充分理由方可改变地形，以及砍伐移栽树木。

那么，基于以上明确的教学目标和设计任务，该以怎样的教学法来组织教学呢？在教案拟定时，教学组认为提供给学生参照的设计方法首先要与设计任务相契合，且能够有效地推进设计过程，最终达到训练目标。其次，方法本身应该具有一定的开放性，且易于理解和掌握。根据以往的教学经验，在基于自然环境展开设计时，部分同学会以较为抽象的自然要素作为设计的切入点，比如水、雨、风、光等。由于二年级基础较为薄弱难以把握，往往导致设计难以落地。因而以自然环境本身可直接感知到的地形与树木等有形要素

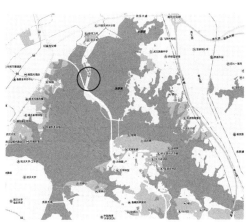

图1 基地在武汉东湖所处区位

图2 基地平面图

作为设计切入点是较为可行的方向。

在参照兄弟院校的类似教案时，发现南京大学二年级坡地茶室教案颇有启发性[②]。该教案重点关注自然环境中坡地的特点，并以"场地的形式化"作为设计展开前的训练环节，使后续的建筑设计顺其自然地延续基于场地发展出来的形式语言，因而空间设计与场地环境融于一体。

本次设计发展了类似的教学方法，引导学生在场地调研中去发现场地中的"形式线索"，并结合基础形式训练内容，以基本形式要素介入场地进行空间设计，从而形成建筑与场地的关联。这一方法以形式处理为手段，来实现建筑与自然环境场地的联系，在实现课题既定训练目标的同时也使一年级的基础形式训练顺利融入真正的建筑设计之中，更好地打通了一二年级设计主干课的联系。

3 教学环节

课题周期为八周，前三周为设计准备阶段，后五周进行具体设计。教学环节大致如下：开题讲－场地调研－设计研究（中期讲座）－形式生成－设计深化－成果制作。其中"场地调研""设计研究"及"形式生成"是最值得进行教学探讨的环节。

3.1 场地调研

课题重点关注自然环境的场地问题，因而实地调研尤为重要。在这一环节要求学生以调研小组为单位，在对用地环境拥有切身感受与体验的基础上，分宏观、中观、微观三个层面描述场地环境状况，并进行场地评价。最后提交调研报告，并共同完成1：100场地模型。

在宏观层面，要求分析基地与东湖总体环境在交通流线、功能分布、活动人群、景观格局等方面的关系。在教学中给学生提出一系列提示问题以启发思维：如地块位于东湖哪个区域？周边车行人行交通情况如何？周边有哪些建筑？这些建筑的功能是什么？周边及地块内有哪些活动人群？他们是如何到达地块内的？周边及地块内的景观如何？

在中观层面，要求对用地环境要素展开分析，如边界形态、植被分布、坡度高差、行为活动、路径流线、景观视线、日照采光、季节变化等。同时也提出一系列提示问题，如用地的边界是如何呈现的（如围墙、土坡、路径、沟渠、水岸）？用地内的植被种类有哪些？各有何特点？对地块有何影响？用地内有无坡度高差？其对视线及活动流线有何影响？用地内的行为活动有哪些？用地周边及内部的路径有哪些？

在微观层面，要求对基地环境要素的微观变化进行分析，如植被微观尺度、土壤质地、昼夜变化、天气变化、环境小气候等。提示问题为：用地内各种植被的尺度是怎样的？对人的停留产生怎样的影响？用地地面质地如何？土壤状况如何？天气变化（阴晴风霜雨雪）对于场地环境有何影响？昼夜变化对于场地环境有何影响？

在场地调研环节强调学生对场地的切身观察和体验，并要求在调研报告的结论部分概括出基于实地调研的设计线索，形成一定的设计意图，并与老师进行讨论。

3.2 设计研究

在场地调研结束之后，课程安排了题为"基于自然环境场地条件的空间设计方法"的中期讲座，对设计研究及形式生成阶段的内容进行了细致讲解，并讲授了具体的设计方法供学生参考。在设计研究阶段的具体环节包括：案例分析、空间限定要素分析，以及一个空间构成小练习。

案例分析是学习建筑设计的经典手段，通过对典型案例的分析学习，学生可以更好地理解自然环境中场所营造的设计目标和要求，并学习其中的设计方法。在中期讲座中推荐了10个在处理建筑与自然环境关系方面有独到之处的典型案例，主要包括阿尔瓦罗·西扎的波诺瓦餐厅、海边游泳池；彼得·卒姆托的瓦尔斯温泉浴场；林璎的越战纪念碑；刘家琨的鹿野苑；张珂的雅鲁藏布江小码头、雪山冥想台；华黎的林建筑等作品。

在案例分析环节之后，安排了"空间限定要素分析"环节。这一环节是本次教学中重点加入并在中期讲座中结合案例分析详细讲授的部分，内容上与一年级的形式构成练习形成呼应，更导向于形式要素在具体建筑设计中的应用，形成后续形式处理的基础素养。内容主要是学习掌握运用不同形式（直线正交、直线斜交、曲线）的空间限定要素（墙体、屋面、台阶）限定不同类型空间（开敞、半围合、围合、封闭）的方法，并理解其空间特点及意义。比如直线要素在视觉上表现出方向、运动和生长的特点；斜线具有动态性和不平衡的特点；曲线具有方向偏离、旋转运动感，并且对内聚合，对外排斥。讲解后提供参考书供学生进行课后延展学习[5]。

为检验"空间限定要素分析"中相关内容的学习效果，课程特意用一堂课时间加入了一个空间构成练习，作为正式设计开始前的前奏性训练。练习要求用三张A4复印纸或卡纸进行裁、切、剪、粘、弯折等操作，以基本形式要素分别在平面（平地）、斜面（斜坡）、曲面（山包）三种场地类型中构筑开敞、半围合、围合、封闭等不同类型的空间。同时每个练习需要确定一个主题，讲述一段空间故事。从实际效果及设计完成后的学生反馈来看，这个小练习对后续设计起到了非常积极的促进作用（图3）。

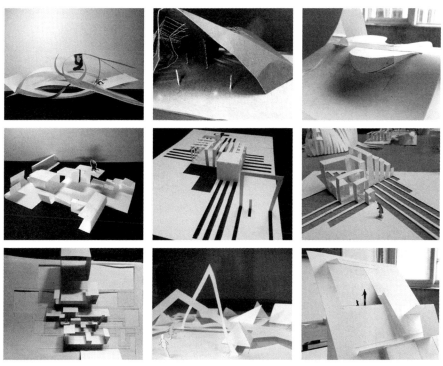

图3 空间构成练习

3.3 形式生成

经过场地调研、案例分析、空间限定方法的学习之后，学生对于如何展开具体的设计已有大致的把握。后续设计中最为关键的环节在于"形式生成"。教学中提供的方法即是通过提取场地中的"形式线索"，以基本形式要素介入场地进行空间设计，从而形成建筑与场地的关联。

首先进行场地的形式要素分析，要求通过分析基地各项场地要素（如大地、围墙、沟渠、水岸、树木、草丛、石头、路径、阳光、树影、微风、落叶、鸟语、花香、蝉鸣、田野的味道）的特点，提取对于场地的空间营造起到主要、次要作用的场地环境线索，并分析其形式特征。

其次引导学生进行空间限定要素的场地介入。这一环节要求学生在深入的场地分析基础上，进一步明确设计意图。运用特定的空间限定要素结合场地环境主导要素介入场地，营造具有特定空间特点和氛围的驿站空间，满足相关人群的活动需求。同时要求学生关注在建筑介入前后，场地的空间形态、场所氛围、路径流线、景观视线等发生了哪些变化。

4 学生成果

经过以上教学环节的引导，大部分同学都较为顺利地完成了设计，呈现出丰富的设计成果（图4）。交图后的公开答辩促进了师生间的交流和讨论，也确保了设计评价的公平性。以下学生作业都较好地实现了训练目标，也反映了教学法良好的实践效果。

4.1 無·驿站——关注人与自然关系的设计　完成学生：丁千寻（图5）

该设计认为东湖秀美的自然景色不应过多的受到人为干预，因而提出消融驿站的想法。设计以山坡一侧的地形曲线为形式线索，将建筑体量融于场地景观之中，同时在体量两侧掀起两片"衣角"引导人们的视线。该建筑试图为人们提供一个与自然亲近但又不失距离的场所，以达到建筑与人类活动的融合。同时它利用屋面到地坪的轻柔过渡来创造"暧昧"的室内外界限，达到空间与实体的消融。因而，这个在环境中完全消融的驿站可以概括为"無·驿站"。

4.2 曲径·曲境——关注地形与路径特点的设计　完成学生：陈亚楠（图6）

在前期调研中，该学生敏锐地发现场地中隐含着一条联系基地两侧道路的斜向路径，这一路径可引导人们从基地内秀丽的小景走向北侧壮阔的大景。以此为出发点，设计以与基地一侧道路相平的坡地等高线为形式线索，以呼应场地的曲线联系各个功能空间，形成流畅的

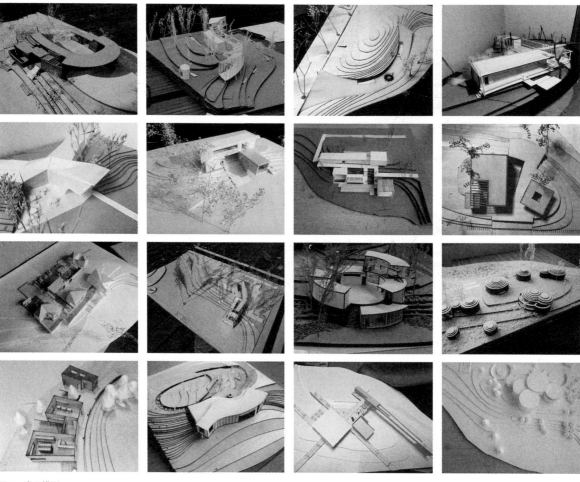

图 4 成果模型

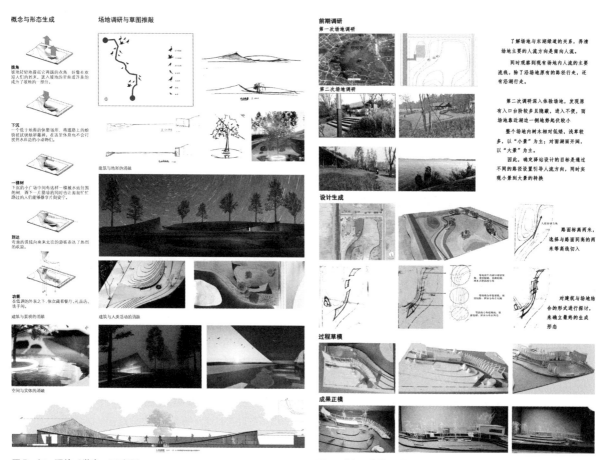

图 5 無·驿站（学生：丁千寻）

图 6 曲径·曲境（学生：陈亚楠）

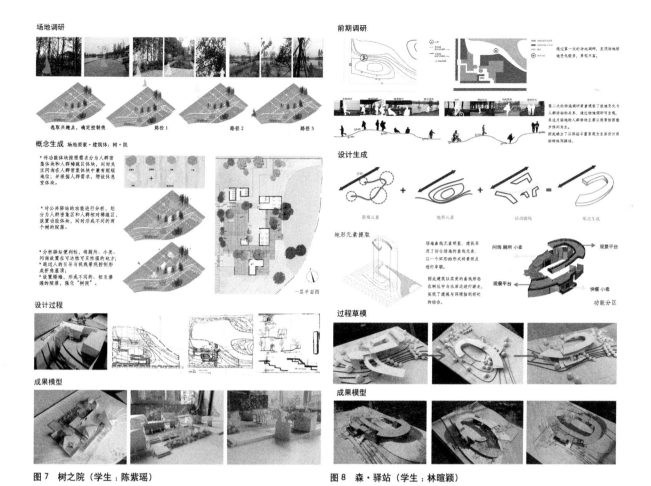

场地调研

选取兴趣点，确定控制线　　路径1　　路径2　　路径3

概念生成　场地要素+建筑；树+院

* 将功能体块按照需求分为人群密集体块和人群稀藏体块，同时关注同询在人群密集体块中兼顾框组地位；并根据人群需求，增设信息室体块。

* 对公共驿站的功能进行分析，划分为人群集聚区和人群相对稀疏区，放置功能体块，同时形成不同的两个树的院落。

* 分析驿站便利性，将厕所、小卖，问询放置在可达性可见性佳的地方。
* 通过人的引导与视线景观控制形成的折角屋顶。
* 设置缝隙，形成不同的、相互渗透的院落，强化"树院"。

一层平面图

设计过程

成果模型

图7　树之院（学生：陈紫瑶）

前期调研

通过第一次的场地调研，发现场地地形变化较多，景观不丰富。

第二次的场地调研着重调研了场地变化与人群流动的关系。通过对场地的人群流动主要以摩旁拍照散步休闲为主。因此确立了可以供给方置景观次主要设计目标的物体闲游站。

设计生成

景观元素　　地形元素　　活动流线　　形式生成

地形元素提取

场地曲线元素明显，建筑采用了切合场地的曲线元素，以一个环形的形式将景观点进行串联。

因园建筑以柔美的曲线形态在树丛中与水库进行消长，实现建筑与环境相协调状态的结合。

问询厕所小卖
观景平台
观景平台
快餐小卖
功能分区

过程草模

成果模型

图8　森·驿站（学生：林暄颖）

线性体量，将人行廊道融于其中。在建筑体量西侧开辟自行车通道，东侧设置沿湖室外路径。人行廊道采用木格栅结构，串联起虚实相间的序列空间，可使人们在行走过程中获得不同的观景体验。

4.3　树之院——关注场地树木的设计　完成学生：陈紫瑶（图7）

该学生在前期调研中对场地现有三个不同路径的周边环境进行观察和分析，发现树木在环境中扮演了重要角色，因而诞生了"树之院"的概念，试图围绕树木营造出可供游人轻松游憩的院落空间。设计力图保留场地原有的树木和景观，以场地周边的道路为形式线索，以直线正交的形式要素结合树木设置控制线，划分出院落空间。建筑屋面的折角形态对人们的视线和路径进行引导，高低不一的片墙既分割又联系不同院落，形成相互渗透的树院空间。

4.4　森·驿站——关注场地景观的设计　完成学生：林暄颖（图8）

该设计在前期调研中发现场地由于坡度变化而形成丰富多样的景观，因而希望建筑以一种谨慎的态度介入场地，力求不破坏原有意境的同时，通过建筑实现人与自然环境最亲切的接触。设计以环绕山坡的等高线为形式线索，以切合场地的曲线要素环形串联各个功能空间，在中央形成聚合的室外广场。同时利用屋顶形成与树木相呼应的高低错落的观景平台，实现建筑与环境的巧妙融合。建筑在场地中既可看景，又是被看的景。

5　结语

总体而言，这是一次较为成功的教学尝试，充分体现了教学目标与教学法之间相辅相成的关系。紧扣形式训练的教学法服务于处理建筑与自然环境关系的教学目标，同时又成为本科建筑设计主干课中承上启下的重要环节，大大夯实了二年级学生的设计基本功。方法本身作为手段保持了充分的开放性，帮助实现多样化的设计意图，进而促进学生设计出丰富多样的成果。同时，二年级现有四个专题中并没有单独就形式问题进行训练，本次教学法也是将形式训练融入专题设计中的尝试。

（本课程设计的教学计划是年级组老师共同探讨的结果，在此一并感谢！）

注释：
① 笔者有幸参与了顾大庆老师主持的教学研习班的学习。
② 见于合肥工业大学承办的 2016 年建筑学专指委年会评优教案展览。

参考文献：
[1] 顾大庆. 建筑形式生成的方法学 [J]. 东南大学学报，1990（9）.
[2] 顾大庆. 我们今天有机会成为杨廷宝吗？一个关于当今中国建筑教育的质疑 [J]. 时代建筑，2017（3）.
[3] 曾引. 现代建筑的形式法则——柯林·罗的遗产（二）[J]. 建筑师，2015（5）.
[4] 曾引. 立体主义、手法主义与现代建筑——柯林·罗的遗产（三）[J]. 建筑师，2016（1）.
[5] 程大锦. 建筑：形式、空间和秩序 [M]. 刘丛红译. 天津：天津大学出版社. 2005.

图片来源：
图 1、图 2 为作者自绘；图 3、图 4 为作者自摄。

作者：周钰，华中科技大学建筑与城市规划学院，副教授；沈伊瓦，华中科技大学建筑与城市规划学院，副教授；袁怡欣，华中科技大学建筑与城市规划学院，硕士研究生；耿旭初，华中科技大学建筑与城市规划学院，硕士研究生

VR 在建筑设计教学中的影响机制与思考

胡映东　康杰　姚佩凡

Ideas and Thinking on the Influence Mechanism of Virtual Reality Technology on Architectural Design Thinking and Teaching

■ **摘要**：本文从研究的目标、理论和现状、思路、难点四个方面，讨论了 VR 对建筑设计思维与教学影响机制的研究思路，得出 VR 对建筑设计思维的影响机制、对学习者个体的差异性影响、对传统教学媒介的差异价值分析三个方面结论，并思考 VR 在建筑设计思维与教学中的应用前景。

■ **关键词**：虚拟现实技术　建筑设计思维与教学　影响机制　思路　思考

Abstract：This paper discusses the research ideas of VR on architectural design thinking and teaching mechanism from four aspects of research objectives, theories, state, route and difficulties. It draws a conclusion from three aspects：the influence mechanism of VR on architectural design thinking, the difference influence on individual learners, and the difference values analysis of traditional teaching media, and considers the application prospect of VR in architectural design thinking and teaching Prospects.

Keywords：Virtual Reality Technology; Architectural Design Thinking and Teaching; Influence Mechanism; Ideas; Thinking

基金项目
教育部人文社科研究规划基金项目"虚拟现实技术对建筑设计思维与教学的影响机制与应用研究"（19YJAZH032）

　　建筑行业正逐步实现数字化，这是一种不可逆的趋势（徐卫国，袁烽，Neil Leach，等，2013），人的思维也向数字化思维转变，教育也顺应着这一变革（王运武，2007）。但现有教学理念、工具和评价方法却不足以支持。纵观建筑设计发展史，能影响设计本质的是方法与工具的变革（袁烽，2017）。在理论方面，源于格式塔学派的认知主义学习理论阻碍思维模式的转变，莫里斯认为认知主义无法回答"高级思维技能如何获得"（张振新等，2005）。在工具方面，蔡士杰等（2002）、唐星焕（2008）认为现有教学媒介有局限性；游丽（2010）、梁智杰（2011）认为缺乏情境构建工具是设计类教学讨论的最大障碍。在方法方面，由于缺乏可靠的评判标准和试验方法，无法有效评估建筑设计思维和教学效果。

虚拟现实（Virtual Reality，简称 VR）是新兴的数字技术，具有可视化、沉浸性、交互性、构想性的技术特点（Fukuda, et al., 2009），能一定程度弥补传统教学工具缺陷，并逐渐为 UC Berkeley、UCL 等国内外一流建筑院系用于教学实践（Kobayashi S, 2008）。但是，VR 在多大程度上能解决传统教学在思维训练和教学工具方面的短板，现有研究并没能给出清晰的答案。缺乏对其影响机制的准确把握，因而也难以展开针对性的教学应用实践。

研究围绕 VR 对设计思维和教学过程的影响，通过统计学的量化分析方法进行定性（有无作用、积极或消极）、定量（作用程度大小并排序）的科学分析。

1 研究目标

建筑设计作为一种创新性活动，思维能力至关重要。现有研究多宏观印证 VR 的作用，但未深入探讨作用的种类、属性、程度等要素和影响机制，缺乏理论和数据支持 VR 教学实践。本研究以建构主义和情境学习理论为指导，以经验之塔模型建立新的评判方法，通过实验对教学效果进行数据采集和科学分析，建构 VR 介入设计的影响机制模型，并提出适合 VR 的建筑设计教学策略，以摆脱 VR 技术仅停留在"工具层面"认识的局限，促进教学理念与方法发展（黄涛, 2008；袁晓梅等, 2005）。

目前，国内建筑学未能形成统一明确的数字技术教学方法，新技术相对较被动、滞后接受（荆其敏等, 2001）。研究希望为不同建筑院系有针对性地应用 VR/AR 等各类数字媒介和工具开展教学活动，提供分析思路和数据支持。

2 理论与现状

研究以建构主义为理论基础，情境教学为工具方法，依据经验之塔制定评价体系。（1）建构主义学习理论为理论背景，解释学习过程的认知规律与要素，强调"学习情境"对思维训练的重要性，对创意设计教学尤为重要；（2）情景教学理论的抛锚式教学模式，提供了情境媒介和工具（John Bransford, 1990）；（3）经验之塔模型帮助构建针对情境教学的评价体系，为定量分析提供标尺。本研究将教学媒介对建筑思维影响路径为横轴，分析知识的获取途径；根据 SECI 理论建立影响路径纵轴，分析知识的获取阶段；（4）情境学习理论结合建筑学教学特点，从"情境"要素出发分析传统与 VR 教学的差异和效果，尝试探索 VR 对建筑设计教学的影响路径（图 1）。

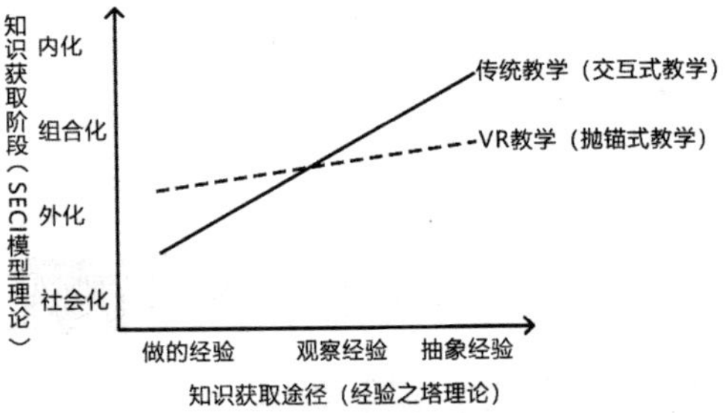

2.1 理论依据——VR 与建构主义教学理论

以认知主义学习理论为基础的建构主义教学

图 1 教学媒介对建筑思维影响路径框架

理论，注重培养学习者思维能力，被认为是数字时代重要的建筑教学理论之一，于 1966 年由瑞士心理学家 J. Piajet 提出。其核心是以主体已有的知识和经验为基础，思维与知识获取相结合的主动建构（教育学名词审定委员会, 2013）。当前国内建筑设计教学多采用该模式，教师是以引导和纠正的角色参与学生设计活动中，达到学生自身知识建构的目的。李欣（2008）认为 VR 的"3I"（Immersion 沉浸性, Interaction 交互性, Imagination 构想性）与建构主义的四大学习要素"情境、协作、交流、意义建构"特性可相互对应，从理论角度证明了 VR 与建筑设计教学的结合是可行的（陈军奎, 2001）。

新建构主义理论认为学习就是建构，而建构蕴含创新，学习的最终目标就是创新[3]。网络时代的知识特征下，创新源自基于知识获取（加工、处理、集成、重构）之上的顿悟[4]（王竹立, 2012）。新建构主义理论的知识获取三级结构，与"经验之塔理论"知识由低级、基础的直观具体向高级的多维抽象演变的思想相一致。

2.2 教学媒介——VR 成为情境构建工具

作为建构主义的理论分支，情境学习理论以"情境"要素作为教学媒介，强调个体在真实或虚拟情境中与他人和环境相互作用，形成参与实践活动的能力、提高社会化水平的一种教学方式（第二届心理学名词审定委员会, 2014），由伯克利 Jean Lave 教授和 Etienne Wenger 于 1990 年提出。建筑设计作为一种抛锚式教学方法，锚定教学目标以创建语义丰富的学习环境，符合建筑设计创作的思维特点和能力提升（侯飞, 2013）。

学习行为不仅是知识的输入，还包括知识的转化与吸收。根据能否被清晰地记录和有效转移，可分为显性与隐性知识。SECI 模型则描述了两种知识的转化机制，由日本学者野中郁次郎（Ikujiro Nonaka）与竹内弘高（Hirotaka Takeuchi）于 1995 年在其著作《The Knowledge—Creating Company》中提出。

VR 作为情境构建的可视化、交互性、低成本的数字技术，打破了传统手段的束缚，为教学活动打开了新的领域（张利, 2009），推动空间心理学基础研究、辅助设计决策和认知学习（刘峰等，2011；李翔，2011；孙澄宇，汤众等，2017），并使得创作思维向非总体、混沌的复合思维转变（李艳菊，2012）；仿真场景可提供动态交互功能，帮助学习者经过"社会化"阶段摄入，经过"外化""组合化"阶段进行加工整理，通过"内化"阶段完成摄入知识与已有知识的联系、建构与创新。更重要的是这种教学方式可以激发学习者的创造力，且沉浸感越强则效果越显著。

2.3 评价标准——经验之塔理论

美国现代教育媒体之父 E.Dale 于 1946 年提出"经验之塔"为核心的视听教学理论体系。按照抽象程度，将不同方式获得的经验从低到高分为三类：活动性（直接经验）、形象性（图像经验）和符号性（高度抽象经验）（教育学名词审定委员会，2013）。1954 年《视听教学法》第二版增加了"教育电视"，以突出当时新媒体——电视的影响。Dale 认为新媒体比语言、文字更容易帮助学生获得直接的经验，且不受时空的限制，促使直接经验形成更好的抽象经验。建构主义学者 Confery（1995）认为学习者个体经验并向语言符号的高级水平发展是"自下而上的知识"，这符合建筑设计思维的创新过程。作为教学媒体的经典理论，经验之塔理论揭示了人类对知识基于教学媒介的认知、迁移规律，本研究据此建立评分标准并分析教学媒介的作用途径。

VR 介入的设计思维过程既包含"做"和"观察"的经验，也有影响"抽象"的经验，两者分别对应逻辑和非逻辑思维。

3 研究思路

3.1 研究内容和路线

由两部分基础研究和三部分核心研究组成（图 2、图 3）。

（1）基础研究 1：基于一线教师的教学困境与需求模型研究。对从事数字设计与教学的教师进行访谈，了解现行教学体系下的教学难点和困境，建立教学执行者视角的需求模型和策略。

（2）基础研究 2：基于数字转型的设计思维教学理论与方法研究。文献调研分析 VR 对传统设计教育的影响。以建构主义、情境学习等教学理论为切入点，对当前建筑设计教学过程中思维训练不足的问题原因和挑战进行分析。

（3）核心研究 1：依据经验之塔理论，建立 VR 设计教学的评价体系，开展教学试验、数据采集和统计分析。筛选影响要素，进行相关性、影响属性（积极消极）、影响程度分析排序，从定性、定量两个角度评估 VR 介入的教学效果。

（4）核心研究 2：建立 VR 对建筑设计思维与教学的影响机制模型。以理论研究和统计成果为基础，建构 VR 介入对建筑设计思维与教学的影响机制模型。

（5）核心研究 3：提出 VR 介入的设计教学策略与推广建议。

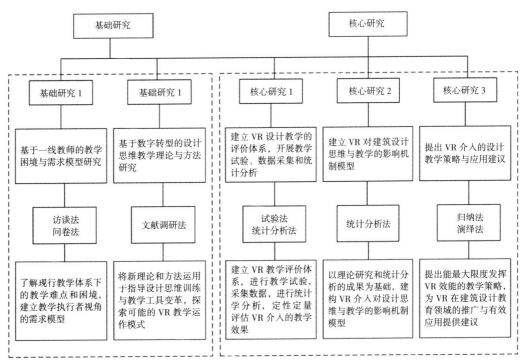

图 2 研究内容构架

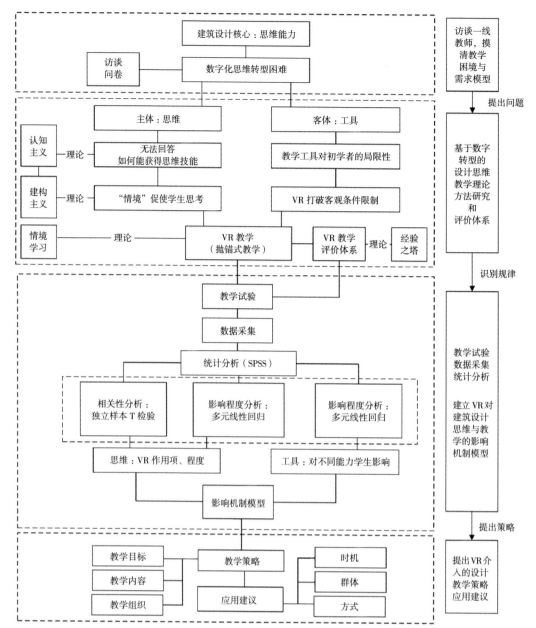

图3 研究技术路线图

3.2 研究难点

在理论方面，建筑设计具有创造性的思维特点，难以照搬现有教学理论和评价标准；在技术方面，需选取兼容性强、使用门槛低的 VR 教学平台，以应对技术更迭；在研究方法方面，对传统教学理念、方法、工具革新时，VR 教学机制与策略的相关研究较少，缺乏有力的评判方法和充足实验数据，无法构建 VR 介入教学产生的影响机制模型，也难以提出针对性的教学策略。

4 研究结论

4.1 VR 对建筑设计思维的影响机制

建筑学是具有技术与艺术双重属性的复杂学科，培养学生兼具严谨的逻辑思维能力和丰富的想象力。现有建筑教学媒介却有诸多局限性，如草图、实体模型、计算机等传统教学方式存在教学资源分配不公，难以因材施教；疫情等特殊时期课堂学习环境受限，难以将知识归纳转向知识应用等。

问卷显示，教师与学生对 VR 在各阶段的重要性认知排序一致，为完善表达、设计评价、构思创造和前期调研，区别在于教师认可度更高。女生对 VR 在完善表达阶段作用的信心不足，前期调研与汇报展示环节则反超男生。不同能力学生对 VR 在各设计阶段的重要性排序与性别分类排序一致，从强到弱仍依次为完善表达、设计评价、构思创造与前期调研。

教学实验数据也显示 VR 影响路径为：虚拟现实作用阶段重要性从大到小排列依次为完善表达阶段、设计评价阶段、构思创造阶段与前期调研阶段（表1）；VR 对三种经验的获取由多到少依次为做的经验、观察经验与抽象经验（表2）。

VR 教学效果量化表 表1

VR	做的经验										观察经验							抽象经验					
	流线组织	内外联系	风格	形态	空间	色彩光影肌理细部	场所感	场地特质	空间人性化	微环境	功能满足	结构系统	新材料新技术	城市角色	地段环境	生活需求切入点	建筑热工	主题与文脉	符号语义	空间公共性	解决社会问题	经济性	市场价值
权重分	1	2	4	4	5	1	2	3	4	0	0	1	4	3	0	4	2	0	0	3	0	3	4
前期调研	0.08	0.15	0.31	0.31	0.38	0.08	0.15	0.23	0.31	0	0	0.07	-0.3	-0.2	0	-0.3	-0.1	0	0	0.6	0	-0.6	-0.8
构思创造	0.19	0.38	0.77	0.77	0.96	0.19	0.38	0.58	0.77	0	0	0.21	-0.9	-0.6	0	-0.9	-0.4	0	0	0.6	0	-0.6	-0.8
完善表达	0.42	0.85	1.69	1.69	2.12	0.42	0.85	1.27	1.69	0	0	0.43	-1.7	-1.3	0	-1.7	-0.9	0	0	0.9	0	-0.9	-1.2
设计评价	0.31	0.62	1.23	1.23	1.54	0.31	0.62	0.92	1.23	0	0	0.29	-1.1	-0.9	0	-1.1	-0.6	0	0	0.9	0	-0.9	-1.2

VR 阶段 - 途径作用权重表 表2

	做的经验	观察经验	抽象经验	阶段权重
前期调研	2	1	2	5
构思创造	5	3	2	10
完善表达	11	6	3	20
设计评价	8	4	3	15
权重和	26	14	10	50

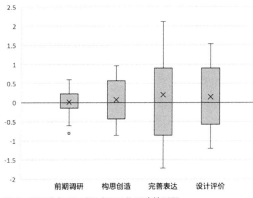

图 4　不同阶段 VR 对评分项量化影响箱型图

根据教学实验数据，分析得出不同设计阶段 VR 对所有评分项的影响程度箱型图（图4），可知 VR 作用随设计阶段逐渐增大，但积极与消极影响并存。在前两个阶段 VR 作用不如传统教学媒介，在完善表达阶段反超，使学生具备自主学习能力形成抛锚式教学，弥补了传统教学后期乏力的短板。

4.2　VR 对学习者个体的差异性影响

1）按能力分类，VR 对差组学生影响甚微（图5）；对良组、中组学生影响显著但存在消极影响；对优组学生有影响，但影响项数量较少且程度不一，并因设计主题差异存在波动。（图6）。空间构思与表达的综合能力是由心理图像的质量与效率组成，与图像质量、空间转译能力有较强关联。VR 直观可视、可交互的沉浸性体验与高质量空间表达分担了中等能力学习者对心理图像产生、质量、加工、转译与整合等过程的思维负担，并将难以理解的抽象经验转变为相对容易的做的经验、观察的经验，提高知识的获取质量，弥补学生思维能力的短板。因而对短板较少的优组学生存在影响但不稳定；对短板明显的良组、中组学生影响显著但存在正负影响，原因可能是关注点差异导致；对短板难以弥补的差组学生无显著影响。

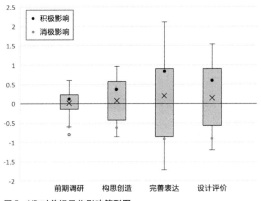

图 5　VR 对差组量化影响箱型图

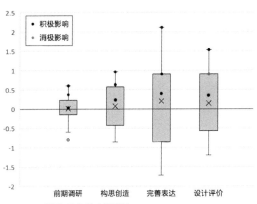

图 6　VR 对优组量化影响箱型图

2）按性别分类，VR 对女性有积极影响，对男性则相对不显著。男女在设计思维、表现、审美、行为等方面有差异，而现有设计教育体系对此一直处在"忽略"状态。有理由正视这一性别差异，差异教学以期产生不同的结果。"生物—环境"假说认为个体能力是由生物的遗传与环境因素共同决定。许多研究性别差异的学者认为，女性学习者的先天空间思维和认知能力普遍稍弱于男性，且个体差异大，但可通过后期刺激和训练加以改善，且随着训练的连续、频繁程度增加，提升空间较大。上述观点从生物学、认知心理学角度验证了研究实验数据。虚拟情境最直接的刺激对象是视觉和听觉感官，结合相对良好的空间能力遗传、较发达的胼胝体与相关脑部生理结构、更优秀的视觉信息处理能力等因素，部分实验组女性对 VR 环境刺激更为敏感，且达到提供"丰富空间经验"的刺激程度而导致 VR 对较低起点的女性有了显著积极影响。

综上，VR 对不同类型学习者影响要素数量、属性、程度差异较大，应根据学习者能力、性别采用合适的教学媒介，因材施教。

4.3 VR 与传统教学媒介的差异价值

与传统教学媒介相比，VR 影响重要性从大到小排列依次为完善表达阶段、设计评价阶段、构思创造阶段与前期调研阶段；对三种经验的获取由多到少依次为做的经验、观察经验与抽象经验。优势体现为：

（1）教学方式上，VR 将交互式教学转变为效果更优、自主学习的抛锚式教学。

（2）知识获取途径上，VR 通过改变知识获取途径，提升了知识获取质量，降低获取难度，使设计从"基于经验"变为"基于体验"。VR 对做的经验获取上优于传统媒介。

（3）知识获取阶段上，随着设计阶段的不断推进，VR 作用逐渐增强。在完善表达阶段超越传统媒介，学生具备自主学习能力，形成抛锚式教学。

综上，"体验空间——感官反馈——设计优化"的自主学习型设计教育模式，VR 提供临场情境，降低了学生二维到三维、抽象思维到具象实体的空间想象能力与转译能力、交流和分享信息的门槛，自主消除基础性的空间认知错误，丰富经验来源，提高主动学习意愿。后疫情下的虚拟教学环境，摆脱时空和场所限制，为建筑教学带来了新的机遇。

5 思考

5.1 未来需要怎样的建筑设计思维辅助工具

建筑设计创作涉及逻辑思维、灵感直觉思维和形象思维，逻辑思维以线性方式运行，而非逻辑思维的灵感直觉和形象思维则是非线性的。与一般性思维相比，灵感直觉在建筑设计中作用更显著。

脑科学研究发现，进行创造性活动时，与非逻辑思维息息相关的右脑某些区域被显著激活，从生理角度证明了创造性思维中非逻辑性的地位。哲学和心理学的研究也认为灵感直觉是产生创造力的关键。哲学认为灵感直觉思维是一个思维系统的自组织过程，苦思冥想时该系统处于无序状态，而获得顿悟则是系统处于有序时的状态。首先，系统处于开放状态时才能吸取外界信息，引入负熵流，使得系统从无序向有序的方向发展，这是灵感直觉产生的先决条件；其次，思维运动的非线性机制被认为是灵感直觉产生的内在根据。其部分因子以非线性方式进行运动并建立了一对多的联系，思维系统则面临多种选择，从而有可能产生直觉和灵感。

以哲学和系统科学的角度，VR 提供了更丰富的信息，如光影、材质，因此，如果围绕沉浸性来继续提升空间真实化、感官多元化，尤其增强人的真实感受，则会增加有序性的"负熵流"，一定程度上促进了新灵感的发生。如能进一步提升交互性，如虚拟空间操作的便捷、准确和及时性，将缩短将脑中灵感变为现实的进程，加快创造性思维速度。

草图的模糊性保证设计过程中不丧失可能性，这种不确定性中蕴含的非线性思维过程与灵感直觉机制相契合，得以激发灵感。但随着设计深入，其非线性不足逐渐暴露，难以映射复杂形态或三维空间，对形象思维的辅助有限，这恰是 VR 的优势和未来所在。

5.2 VR 在建筑设计思维教学的应用前景

21 世纪被称为"不确定的时代"，曾以解决问题为主要任务的设计师需要转变为不可预知未来的排练者和构筑者。巴莱特建筑学院将未来需培养的创新性思维和多样性设计模式分为三类：一是创新性思维，包含探究场地、城市等物质要素间关联的纵向思维，及基于交叉学科和多重感官的横向思维；二是偏向极端思考的超理性思维；三是推演未来某种可能的叙事思维。建筑教育与思维培养将面临要素更多、跨度更大、逻辑更复杂的难题。

VR 三个特征中，沉浸性提供了虚拟世界中的客观"现实"；构想性是用户对虚拟世界的主观再创造；而交互性是搭建前两者客观"现实"与主观思想的交流方式（赵沁平，2009），强调在模拟的虚拟空间中用户的可操作性、得到反馈的自然程度及实时性（谷智慧，2019）。目前，各行各业的 VR 应用中，真实的环境沉浸性发展最快但还影响用户对虚拟环境的认知（黄进，2016）；交互性仍有许多不足，尚需增强创建和更加快速准确的人机交互；构想性则差距较大，有赖于沉浸性环境和交互技术的发展。无论 VR 或 AR、MR，均非单一技术问题，对基础层面的思维作用机制和诉求的分析，都将决定其未来前景和应用。

参考文献

[1] 竺小恩.基于建构主义的教学设计模式 [J]. 宁波教育学院学报，2004（04）：20-23.

[2] Jonassen D., Davidson M., Collins M., etal.Constructivismandcomputer mediated communication in distance education[J].American Journal of Distance Education，1995，9（2）：7-26.

[3] 王竹立.新建构主义：网络时代的学习理论 [J]. 远程教育杂志，2011，29（2）.

[4] 王竹立.新建构主义与知识创新 [J]. 远程教育杂志，2012，30（2）：36-43.

[5] 慕周.隐性知识的转化研究 [D]. 杭州：浙江大学，2003.

[6] Wadee Alhalabi. Virtual reality systems enhance students' achievements in engineering education[J].Behaviour & Information Technology，2016：1-7.

[7] 刘晓明，王丽荣.学习理论的新发展及对现代教学的启示 [J]. 外国教育研究，2000（4）：19-23.

[8] 胡映东，康杰，张开宇.VR 技术在建筑设计思维训练中的效用试验 [C]//2018 年全国建筑院系建筑数字技术教学与研究学术研讨会.

[9] 胡映东，康杰，张开宇，等.VR 在建筑设计思维训练中的效用再研究 [C]// 共享·协同——2019 全国建筑院系建筑数字技术教学与研究学术研讨会论文集.2019.

[10] 韦诗呐.女性设计与设计教育 [J]. 装饰，2008（06）：106-107.

[11] Loring Meier, S., & Halpern, D.F.（1999）.Sex differences invision patial working memory：Components of cognitive processing.Psychonomic Bulletinand Review，6，464-471.

[12] Clements.D.H，Battista.M.T，Sarama.J&Swaminathan.S.（1997）.Development of students' spatial thinking in a unit on geometric motions and area.The Elementary School Journal，98（2），171-186.

[13] Baenninger M.，Newcombe N..The Role of Experience in Spatial Test Performance：A Meta-Analysis[J].SexRoles，1989，20（5）：327-344.

[14] 唐任杰.建筑专业学生空间能力测评及培养研究 [D]. 北京：清华大学，2011.

[15] 胡映东，康杰.VR 介入建筑设计教学的评价与影响机制研究 [C]//2019 中国高等学校建筑教育学术研讨会论文.北京：北京建筑工业出版社，2019：499-504.

[16] 武晓菲.基于数字表征的发散性类比推理的神经机制 [D]. 重庆：西南大学，2014.

[17] 刘国建.论直觉和灵感思维的自组织机制 [J]. 科学技术与辩证法，2001（05）：25-27.

[18] 叶飞.数字化设计前景中传统草图思维的发展展望 [A]. 全国高校建筑学学科专业指导委员会、建筑数字技术教学工作委员会.2009 全国建筑院系建筑数字技术教学研讨会论文集 [C]. 全国高校建筑学学科专业指导委员会建筑数字技术教学工作委员会，2009：4.

[19] Robert Butler; Eleanor Margolies，Joe Smith，Renata Tyszczuk. Culture and Climate Change：Recordings[M].Cambridge：Shed，2011.

[20] 陈可石，任子奇.面向未来的建筑教育与创新思维培养——以 UCL 巴特莱特建筑学院为例 [J]. 建筑学报，2016（03）：95-100.

[21] 赵沁平.虚拟现实综述 [J]. 中国科学（F 辑：信息科学），2009，39（01）：2-46.

[22] 谷智慧，林进益.浅析虚拟现实技术与建筑设计的应用 [A]. 全国高等学校建筑学专业教育指导分委员会建筑数字技术教学工作委员会.共享·协同——2019 全国建筑院系建筑数字技术教学与研究学术研讨会论文集 [C]. 全国高校建筑学学科专业指导委员会建筑数字技术教学工作委员会，2019：5.

[23] 黄进，韩冬奇，陈毅能，田丰，王宏安，戴国忠.混合现实中的人机交互综述 [J]. 计算机辅助设计与图形学学报，2016，28（06）：869-880.

图表来源：

本文图表均为作者自绘

作者：胡映东，博士，北京交通大学建筑与艺术学院，中心主任、副系主任，副教授；康杰，硕士研究生，(1) 中国建筑第八工程局有限公司 (2) 北京交通大学建筑与艺术学院；姚佩凡，本科生，北京交通大学建筑与艺术学院。

GIS 遥感技术在建筑选址环节中的教学实践

汤煜　石铁矛　石羽

Application of GIS Technology for the Building Site Selection in Teaching Practice

■ 摘要：本文探讨了在建筑设计教学实践中引入 GIS 遥感技术，作为建筑选址的辅助手段，能够促使学生科学客观地进行场地分析与选择，同时学习理性分析的思维方法，减少主观臆断。本文提出了教学过程中运用 GIS 遥感技术对选址的具体分析过程：结合遥感影像，提取城市的地表热环境、绿地环境及地形地貌等信息，先进行场地的单因素分析，再进行综合性评价；根据评价结果选择适宜及较适宜场地作为建筑基地。学生根据 GIS 的技术分析及现场调研形成建筑基地调研报告，为后续的设计工作奠定基础。以 GIS 遥感技术为建筑选址的辅助分析手段，能够科学地推动建筑学专业课程建设，具有一定积极意义。

■ 关键词：GIS 遥感技术；建筑选址；教学实践；遥感影像；场地分析

Abstract：GIS, which is introduced into teaching practice of architectural design as an aid, could make the students analysis the sites scientifically and learn the way to analysis rationally with less supposition. In this paper, the process of the site analysis by GIS during teaching is as followed: with remote sensing images, the information of the surface thermal environment, the green space and the topographic features were obtained; Single factor analyses were carried out first, then the comprehensive evaluation with all the factors. Suitable plots were selected to be the building site based on the analyses. The students formed the research reports of the building base, which laid the foundation for the follow-up design work. GIS is a positive means to promote the construction of architectural courses scientifically.

Keywords：GIS Technology；Architectural Design Teaching；Remote Sensing Image；Site Analysis.

基金项目：
国家自然科学基金，
项目编号：51878418；
辽宁省重点研发基金
资助项目项目编号：
2017229004；辽宁省教
育厅资助项目，项目编
号：lnfw201902

GIS（Geographic Information System，地理信息系统）是对整个或部分地球表层空间中相关地理分布数据进行采集、储存、管理、运算、分析、显示和描述的一种空间信息系统。它具有强大的空间分析功能，分析结果客观准确。应用GIS遥感技术可以进行地面空间数据管理、分析和建模及地理信息可视化等方面的工作。目前GIS遥感技术已经广泛地应用在包括资源勘查、减灾救灾、洪水预测、公路选线、作物病虫害监测等很多的领域里。

建筑学专业的学生在进行课程设计创作时，从场地环境分析、建筑空间布局到建筑造型设计的过程中，大多从自己的感性认知出发进行设计工作，缺乏客观、理性的分析与思考。在建筑选址环节中应用GIS遥感技术，对建筑基地及周围的自然环境进行分析，能够促使学生客观地认识场地和建筑环境，从而科学地选择和利用建筑基地，合理提出建筑设计方案。

1　建筑选址过程中的问题分析

一直以来，建筑设计教学都强调学生在空间、功能与形态等方面的基本功训练。学生的感性思维在设计中占据主导地位，在设计的过程中更注重建筑外在形态表现，缺乏对建筑及场地的理性分析。通过对几届学生在该课程设计中设计行为的观察，发现基地选择与场地分析环节成为设计过程中的一个难点。学生们往往耗费大量的时间和精力来确定建筑场地。

以建筑学的独立居住空间课程设计为例，为了给予学生更多的选择权，从而发展出更多的个性方案，在题目设定和基地范围上进行了多样化的设定：1）设计任务书提供了城市风景度假宅院、城市独立宅院以及城市夹缝经济住宅等三种居住空间类型；2）任务书中提供了三个城市区域（表1）：沈阳方城、老铁西区、浑南新区，要求学生根据自己的设计方向在三个城市区域内寻找一个800m² 左右的地块作为自己的建筑基地。

任务书中三个城市区域信息　　　　　　　　　　　　　　　表1

地块	范围	功能	交通	基础设施	景观绿化
方城	北至北顺城路，南至南顺城路，南北快速干道（西顺城街）以东，至东顺城街	商业为主	便利	完善	很少
老铁西	沈京铁路客运专线以南，沈山线以北，哈大高速铁路以西	工商业为主	便利	完善	部分（铁西森林公园、劳动公园为主）
浑南	沿浑河一带，二环路以外，浑南中路以北	部分商业	较便利	分布不均	丰富（五里河公园、浑河森林公园、浑南市民公园、奥林匹克生态公园等）

这三个城市区域代表着沈阳市的三个典型城市建筑文化：1）沈阳方城是清初期的盛京都城，拥有沈阳故宫等传统建筑，代表沈阳市的传统建筑文化；2）老铁西区是沈阳老工业基地，现存较多的工业建筑，代表沈阳的工业建筑文化；3）浑南新区为沈阳市2000年以后发展起来的高新技术产业开发区，代表沈阳城市新区的现代建筑文化。由于三个区域占地面积较广，有些学生对于基地的选择显得茫然。在进行城市区域选择时，学生大多从以下几方面进行考虑：1）对城市区域的喜好和了解程度；2）对城市区域社会及人文环境的偏好；3）对城市区域某些景物的喜好，如公园、水景等。在具体地块的选择中，随机性更大。学生关注的重点在于所选择的场地是否能够有利于建筑的形态发展，更偏向于感性思维，忽视建筑与城市自然环境之间的关系。

为引导学生选择有效的方法，迅速而准确地筛选出理想的建筑场地，同时降低学生的主观臆断，在基地选择及场地分析的教学环节中引入GIS遥感技术，对城市区域进行分析，辅助建筑选址。

2　GIS遥感技术在建筑选址中的分析过程

由于遥感影像是卫星从高空拍摄的地面影像，能够准确实时地反映地面现实景观。因此在建筑选址环节中应用GIS遥感技术可以让学生从宏观的角度了解建筑基地的区位环境，快速获得大范围区域内的地物信息、城市空间形态和交通结构等信息数据以进行多要素综合分析。更重要的是，应用GIS对遥感影像中光谱信息进行处理后，能够提取并分析地面自然气候、地面覆盖及土地利用等多方面的信息。这些分析对于建筑选址都具有较大的影响。

场地的自然环境对建筑会产生很大的影响，如场地的热环境会影响建筑的热环境；良好的城市绿地具有较高的固碳、释氧和滞尘功能，为人们提供健康舒适的空气以及宜人的景观；场地的地形地貌会影响到建筑在场地中的具体位置及朝向等。因此在进行场地选择及建筑设计时，引导学生使用GIS软件，对沈阳城市的遥感影像（图1）进行处理，提取沈阳市的地表热环境、绿地环境及地形地貌信息进行分析，筛选出自然环境比较适宜居住建筑的场地，同时能够迅速缩小选择范围。

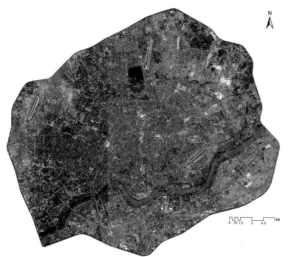

图1 沈阳三环内 Quickbird 遥感影像

图2 沈阳城市地表热环境分布

尽管学生在设计初期会对城市的自然气候和日照条件进行一定程度的考虑，然而不同的城市空间格局使得城市不同区域微气候也不尽相同。学生需要对具体的场地自然环境及其对建筑可能产生的影响进行科学分析，才能够有针对性地利用或避让。

GIS 分析包含两个步骤，第一个步骤是对地表热环境、绿地环境及地形地貌等进行单因素分析，第二个步骤是总结单因素影响，进行场地的综合分析。

2.1 单因素分析

（1）地表热环境

城市地表热环境受温室效应、下垫层的改变（柏油、混凝土、土壤等）、人为释热（反映人员的密集程度的生活释热、生产释热）几方面的影响。不同的城市布局和空间能够产生不同的地表热环境。而热环境对城市建筑有着很大的影响，居住建筑应布置在温度相对较低的场地。

应用 GIS 对沈阳市的 Landsat 遥感影像中的热红外波段光谱信息进行处理，得到沈阳城市地表热环境信息，形成热环境分布图（图2）。学生可以非常直观地观察到沈阳城市中的地表温度变化。由于选择的遥感影像是夏季拍摄的，沈阳城市大多数区域都被高温所覆盖，尤其是城市的中心区。三个区域中，方城地块地表温度普遍偏高，只有地块的西北区域温度略低。在老铁西地块中，整体温度偏高，但在公园附近的范围内温度有明显的下降；温度有明显下降的还有沿地铁9号线的沈辽路站以西、北二路站和重型文化广场站以东、地铁1号线云峰北街站以西的小范围区域。在浑南地块中，整体温度偏低，较为舒适，沿二环快速路和浑南路的区域偶有高温；在长大线和胜利南路之间区域，温度偏高；在浑南三路和浑南中路之间、青年大街和富民南街之间温度偏高。

因此，从地表温度分布角度考虑住宅的使用舒适度，选址应尽可能地避免温度较高的区域。如：方城内部选择西北角为宜；老铁西范围选择靠近公园的区域，或者场地的东北部分区域；浑南新区地块浑河沿岸区域均可。

（2）绿地环境

良好的城市绿地环境有益于人的身心健康，居住建筑应优先考虑植被生长较好、植被覆盖率较高的区域。

归一化植被指数（NDVI）是遥感影像中近红外波段的反射值与红光波段的反射值之差比上两者之和，它能够反映地面植被的长势。在场地分析中，可以用 NDVI 值判断城市绿地环境的优劣。NDVI 值的范围在 −1~1 之间，正值表示有植被覆盖，而且值越大，表示地面植被覆盖率越大，长势越好；负值表示地面被水、雪等覆盖；0 表示有岩石或裸露土壤等。应用 GIS 对沈阳市的 Landsat 遥感影像中的近红外波段和红光波段信息进行处理，得到沈阳城市 NDVI 信息，形成 NDVI 分布图（图3）。

通过沈阳城市 NDVI 空间分布图可以清楚地看到沈阳城市绿地的分布情况：老铁西和浑南两个地块中包含水体，分别为老铁西的劳动公园和仙女湖公园，浑南的浑河和沿岸的水体及长白岛南侧水体。方城的植被很少，植被覆盖度维持在最低的水平；老铁西的绿地环境整体水平略好于方城，以铁西森林公园、劳动公园及地块西北角为优；浑南新区中沿河两岸的公园范围和地块的东部整体范围植被覆盖率很高，绿地环境最优。

（3）地形地貌

建筑场地的地形地貌对建筑设计具有一定的影响。在场地的选择和分析中，可以在已拟定的小范围区域内，选择更有利于建筑朝向、采光、通风的位置。如：建筑考虑自然通风宜设置在迎风坡，结合沈阳市的常年主导风向，建筑宜设置

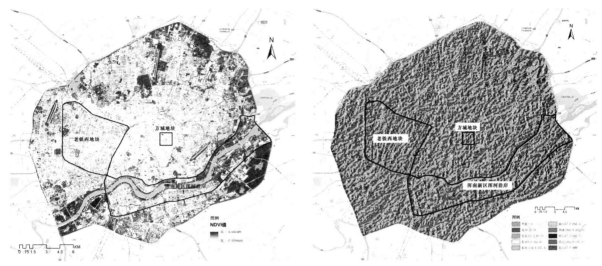

图3　沈阳城市 NDVI 空间分布图　　　　　　　　　　　　　　　　　图4　沈阳市部分地区地形分析图

在南坡；大多数人尤其是老人和小孩更需要南向采光；地形地貌对于场地中的植被设计也有一定影响，南坡与北坡的太阳辐射量会有差异；迎风坡与背风坡的雨水量会有差异。

利用 GIS 的地形分析工具，对沈阳市 DEM 高程数据进行编辑处理，得到地形地貌图（图4）。从地形地貌图中可以看出，沈阳城市地势比较平坦，总体来讲，东北向西南缓缓倾斜。因此三个区域在地形地貌方面差别不大，只有浑南新区靠近浑河水域的地方坡度及其变化较大。因此学生在浑南新区区域选择地块的时候，需要对地面的坡度坡向给予更多的关注。向北坡向比较大的地块会阻碍居住建筑的日照，如果选择的话，还要再增加日照分析，以确保拟建建筑能够得到正常的日照。

2.2　综合分析

在 GIS 平台下，将沈阳市的地表热环境、绿地环境及地形地貌等单因素分析输出的信息图，按照对应的权重进行加权叠加，得到三个区域的综合评价图。在综合评价图中，三个区域中的建筑选址适宜性以图形的形式表现出来。学生由于对图形比较敏感，可以很快速地选取出适宜与较适宜的地块，作为建筑场地的备选地块（表2）。备选地块的确定大大缩小了学生的选择范围，降低了选择难度。学生可以对备选地块

城市三个区域综合评价分析　　　　　　　　　　　　　　　　　　　　　　　　　表2

地块	城市地表热环境	绿地环境	地形地貌	城市区域综合评价（其中 ■为适宜地块；■为较适宜地块；■为较不适宜地块；□为不适宜地块）
方城				
老铁西				
浑南				

进一步分析其适宜的居住空间类型，再根据备选地块的人文环境、城市环境以及自己的设计意向，进行场地的二次选择，从而最终确定自己的建筑基地。

3 GIS技术在建筑选址中的环节设置

在教学中，将建筑设计中的基地调研任务分解为城市区域背景调查、GIS技术的场地分析、基地的现场研究与感受等三个环节。

其一，城市区域背景调查。学生对三个区域进行背景资料的收集，包括区域的自然环境、历史文化背景以及社会背景等，梳理城市区域特点，初步选定设计区域。

其二，GIS技术的场地分析。应用 GIS 软件平台，从区域热环境、绿地环境及地形地貌等角度进行单因素分析，分析结果进行加权叠加，得到区域适宜性评价图，从而将建筑基地的选择范围缩小在适宜性地块范围内。

其三，基地的现场研究与感受。对适宜性地块进行现场调研，调查地块的建筑环境、交通环境及场地各层面要素，进行现场感受，找出能够触动设计发展的要素。

学生将三个环节的调研内容总结成调研报告（图 5），作为设计教学的阶段性成果，并以此为依据，开展后续的建筑设计工作。

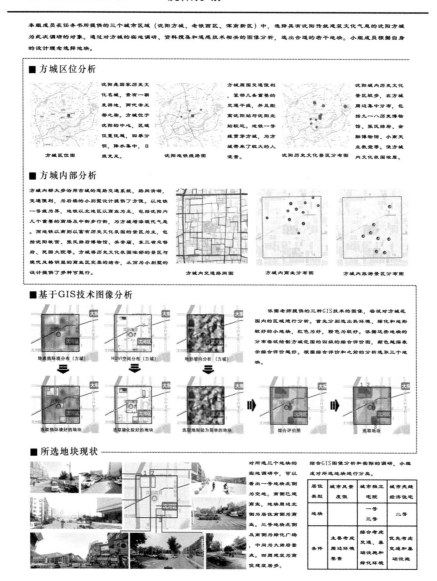

图 5　建筑基地调研报告

学　　生：赵媛媛　赵婷　陈露
指导教师：汤煜

学　　生：任梓宁　秦伟坤　刘枳汐
指导教师：马福生

场地选址报告——浑南区域

区位分析

本组选择浑南新区浑河沿岸区域为此次课程设计的调研对象。通过实地调研、网上的资料搜集和GIS技术图像的分析，选出若干地块。

浑南新区浑河沿岸区域位于沈阳市市区南部三环以里。区域内大部分属于浑南区。浑南新区为沈阳市1964年建设的新区，相较于青城和老铁西，建筑以现代风格为主。

浑南新区浑河沿岸区域的交通如图，地铁2号和9号线穿过区域的西侧，通过地铁可达市区中心，人流量较大，特别是换乘站典体中心附近。东侧人流相对较少。距火车站均有一定距离，但沈阳站和北站可通过地铁到达，较为便利。

浑河贯穿所选区域，带来丰富的景观环境的同时，对沿岸的气候有所影响。气温整体低于市中心。沿河两岸有多个公园绿地。

区域内部分析

该区域内由东西方向的沈水路和浑南路，南北方向的青年大街、富民街和长青街为主干道。地铁2号线沿青年大街、地铁9号线沿浑南路经过该区域，故中西部的交通较为发达，商业、学校多集中在区域的中部和西部，景观公园集中在区域的中西部浑河沿岸。由此可看出该区域的中西部的基础设施较为完善，相较于东部更适合于经济型的居住建筑，而东部或偏东部区域由于人流量小，更为安静，更适合度假类的住宅。

GIS图像分析

通过热环境、植被覆盖和坡向图，进行综合评价分析，选取10个评价较高的地块

区域所选地块现状

通过对地块的实地调研可知1、2、3、6、7号地块周边多为住宅区；4号地块周边有商业；5号地块位于绿化区域；7号地块周边有工厂；8、9、10号地块现有平房等村镇建筑，10个地块的绿化情况都很好，大多经过景观设计。

基于常规的对场地的人文方面和运用GIS手段的地理信息方面的分析，对所选锋的10个地块进行适合居住类型的分类。

居住类型	城市风景度假	城市独立宅院	城市夹缝经济住宅
地块	7号、8号、9号、10号	1号、2号、3号、5号	4号、6号
条件	城市景观环境为主	综合考虑交通、基础设施和绿化环境	优先考虑交通和基础设施

场地选址报告 SITE SELECTION REPORT ——老铁西地块

一、老铁西地块区位分析

在本次小别型设计中，老师提供了三块场地，分别是浑河地块、浑南地块和老铁西的地块，经过分析我们选取老铁西地块作为小别型的设计场地。老铁西地块位于沈阳市的中部，范围极大，区内有地铁一号线、几号线，贯穿此几处重要的交通干线，交通便利。

沈阳市内的公园分布呈东西向排布如沈阳市内的绿化分布图。由于该地块较大，区域内的公园较多，开且能明确看到地块内的工业城分布。由此也可见老铁西地块热度已工业文化为主，但是绿化环境并没有因此受到影响。

二、场地内部分析

老铁西地块内的绿化交通复杂，内有劳动公园、仙女湖公园、铁小森林公园、华丽公园等，环境优美，在区域内的地块均有铁西铸造博物馆工业文化园区等，几何尺度地块集中分布在各地块一号线沿线，基础设施完善，文化氛围浓厚，极大的提高了老铁西地块内部居民的生活满意度。适宜建设小别型。

三、GIS分析——单因素、综合分析

从GIS图像中可以看出，关于场地内部的绿地环境情况差异明显，其中的墨绿显示浑南植被覆盖度越大，依据此原理从中选取适宜建设小别型的用地。

在此热环境分析中，颜色越红土温度越高，而颜色越蓝表示越地点温度越低，选址点不可能的避免温度较高的区域。

在此地形坡向图中的颜色表示各地面不同的坡向，建议设置在坡度较缓的区域，综合武凯等等丰富各方面，并且能够初建设小别型的场地。

根据选出的综合评价图和所选区域地块图初建设小别型的12个地块。

从老铁选的的综合评价图中看出，在不同的区域由墨茂不同的四种颜色，将综合评价表示综合分析之精选出来的适宜建设小别型的地块地图图和选出适宜建设小别型的12个地块。

四、场地现状分析

对选出的十二个地块进行实地调研，对每个地块内的基础设况预期的了解，包括场地内周边的基础情况多元来、交通多元来、周围环境及石适宜建设小别型、建筑、地块等方面，因内为此已明资料选取自己感兴趣的地块进行为面的场地调研工作。

一号地块绿地较多，二号地块交通方便，住宅用地多，交通方便，周围有建设区域建设区域。

四号地块繁称多处绿化多处地块，五号地块周围发展绿地多，交通便利。六号地块交通方便，临近劳动公园，内有式工厂。

七号地块绿化多，内八号地块内有历史建筑，九号地块内有劳动公园周围产业多，古街景区周围几处，铁工人付村工人付村等，铁工人村环境优美，适宜建设小别型。

十号地块交通方便，十一号地块繁称围临历史建筑高，内有大量历史文化与气氛较密，十二号地块以高低错落多为安设。

五、地块分类

预期前结合人文、社会环境分析与GIS分析综合，对选取的十二地块进行分析，并分为三类不同的住宅类型，通过调两种分析手段进行综合，可以从感性与理性两方面对场地进行分析，选出与所确场地通过合理的建筑场地，降低主观能影响。

小别类型	城市风景度假	城市独立住宅	城市夹缝经济住宅
地块选择	1、9、10号地块	2、3、5、8、11号地块	4、6、7、12号地块
选择条件	环境优美，高层建筑较少，地质热环境低，绿地环境较好	基础设施完善，交通方便，远离市区	周围建设用地密度较大，基础设施施，交通便利

学　　生：聂鹏　赵强　曾婷
指导教师：石羽

图5　建筑基地调研报告（续）

4 结论

GIS 技术应用对于建筑行业是一个新的发展趋势。引导学生使用 GIS 技术进行建筑选址是新的教学尝试。GIS 技术分析在建筑选址环节的加入，一方面使得学生的选择行为具有明确的方向和目标；另一方面，大大地缩短了学生选址的分析时间。GIS 的强大数据处理能力和空间分析能力，不仅可以解决建筑设计与场地环境的结合问题，还提高了建筑选址的科学性，减少了主观臆断性，培养建筑学学生的理性思维能力，更好地帮助学生科学理性地分析和设计。不是经验传授，而是以科学的方法推动建筑学专业课程建设，具有一定的积极意义。

参考文献：

[1] 卓琪淞.数字技术在建筑场地绿色设计中的应用研究 [A].全国高校建筑学学科专业指导委员会、全国高校建筑数字技术教学工作委员会.信息·模型·创作——2016 年全国建筑院系建筑数字技术教学研讨会论文集 [C].全国高校建筑学学科专业指导委员会、全国高校建筑数字技术教学工作委员会：全国高校建筑学学科专业指导委员会建筑数字技术教学工作委员会，2016，6:227-232.

[2] 郭娜娜，梁鑫斌，贾媛媛.GIS 技术应用下的小城镇规划课程改革探索 [J].南昌教育学院学报，2017，32 (05):59-61+65.

[3] 张金光，韦薇，承颖怡，赵兵.基于 GIS 适宜性评价的中小城市公园选址研究 [J].南京林业大学学报（自然科学版），2019，10:1-9.

图片来源：

图 1 为作者对所购买遥感影像进行裁剪处理；图 5 为学生绘制的建筑基地调研成果图；其他图片均为作者自绘。

作者：汤煜，沈阳建筑大学建筑与规划学院 副教授，在读博士研究生；石铁矛，沈阳建筑大学空间规划与设计研究院 教授、院长；石羽，沈阳建筑大学设计艺术学院，讲师

乡村营建：广德卢村乡竹构建造

——东南大学一年级基础教学实验课程探讨

张彧　张倩　张嵩

Rural Construction: Lu Village, Guangde Bamboo Construction——The Discussion of First-year College Basic Experiment Courses in Southeast University

■ **摘要：**本文介绍了东南大学 2015—2017 年 "建造教学" 实验改革课程的主要内容及过程。选择竹材作为建造课程训练的主要材料，一方面为推广竹材资源、建设美丽乡村、推进竹构建筑发展提供参考；另一方面，学生也在真实的建造过程中得到锻炼。

■ **关键词：**建造；竹构；材料；结构；乡建

Abstract：This paper introduces the main content and process of the Southeast University "construction" teaching experimental course in 2015. Choose bamboo as the main material of construction courses. On the one hand，it provides references for promotion of bamboo resources，building beautiful country and promoting the "bamboo construction" develop. On the other hand，students also get exercise during the actual building process.

Keywords：Construction；Bamboo Construction；Material；Structure；Rural Construction

影响建筑设计的本质要素主要有三个方面：场地和环境 (Context)、空间和使用 (Use)、材料和建造 (Material)（图1），其中对材料和建造的研究日渐受人关注，许多建筑院校开设了建造设计课程。东南大学从 1997 年 "地标设计" 作业以来，建造设计课程在一年级基础教学中已经进行了将近 20 年[①]，期间对建造材料的选择多有变化，从早期对材料不做限定、可以采用身边的任何材料到规定采用木材、纸板等，2015—2017 年，则选择了 "竹子" 作为限定材料，进行了 "建造课程" 的改革实验。

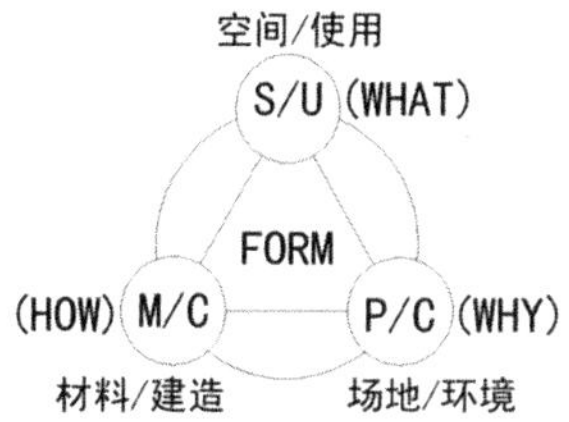

图 1　建筑设计的三个本质要素

1　教案设置

为什么选择 "竹材"？竹在中国传统文化中有着深远的寓意，古人云：

"宁可食无肉，不可居无竹。"我国有丰富的竹材资源，竹子的产地分布广泛，是一种速生材料，一年可以成才，四年可以生长稳定；竹材易于获得，便于加工和运输。竹材的物理性能好，收缩率小、弹性模量和径向抗压、抗拉强度高，作为建筑材料有很好的承载力；竹材还是一种环保材料，可再生、循环、回收利用，与自然环境能够很好融合[2]。

教学目标：教学采用不同粗细和长度的竹竿及竹片，研究竹材连接方式，通过"材料特征—连接方式—空间建构—加工建造"的过程，使学生在实践中体会自我动手、自主研究的建造过程，挖掘学生潜在的创造力和研究力。

教案设置：作业任务是用竹材搭建具有一定功能和具备力学稳定性的构筑物[3]，主要包含四部分内容：(1) 材料研究：竹材的几何特性、力学特性及可加工性；(2) 节点设计：加工方法和连接构件应符合有效、合理、简洁的原则，连接方式应充分体现竹材的特性，考虑构筑物与地面的连接方式；(3) 结构设计：主体结构应具有一定的力学稳定性，考虑结构设计与节点设计的统一性，包括几何形式、力学逻辑、建造步骤上的统一；(4) 空间围合：需围合一定空间，能够容纳小组内所有成员，一定程度上满足坐卧、停留、穿越、眺望等功能。

教学阶段：设计教学历时4周，分为个人设计、小组设计、现场搭建3个阶段。第一阶段，进行竹材实验，1：10的模型推敲，完成个人设计；第二阶段，小组优选设计，足尺节点研究，并在东南大学四牌楼校区进行实验性搭建；第三阶段，评选出的作品在进一步优化后，进入广德卢村竹乡进行现场搭建。

2 案例研究

近年，利用竹材作为主要材料的建筑物越来越多，创造了许多精巧而独特的空间形式，如：(1) 隈研吾设计的长城脚下公社的"竹屋"[4]，尽可能选用粗细均匀的竹竿，疏密相隔的竹竿连续成整片的"竹墙"，形成一种半虚半实的空间效果，诗意地透出东方文化的神韵 (图2)；(2) 清华大学陈浩民设计的太阳公社竹屋[5]，为"竹"作为乡村建造中重要材料的应用打开了新思路 (图3)；(3) 越南建筑师武重义[6] (Vo Trong Nghia) 设计的由十五个伞状集束柱支撑的位于越南昆嵩的水边咖啡厅则将细小的竹竿集束在一起，形成伞状的覆盖 (图4)，竹材之间采用绑扎的方式进行连接，光线透过"光筛"似的细密竹条进入餐厅，形成丰富的光影效果[7]；(4) 伊洛拉·哈代[8] (Elora Hardy) 及约翰·哈代 (Jone Hardy) 设计的巴厘岛绿色学校 (Green School)，将当地传统建筑形式与现代设计相结合，由多根竹子交织形成的通高圆柱支撑了整个建筑，柱子与屋顶的交接是一个木制圆环，形成了屋顶天窗[9] (图5) (表1)。

四个典型的竹构建筑代表案例 表1

案例一：长城脚下公社——竹屋 (图2) (设计师：隈研吾)	案例二：太阳公社养猪场 (图3) (设计师：陈浩民)	案例三：昆嵩的水边咖啡厅 (图4) (设计师：武重义)	案例四：巴厘岛绿色学校 (图5) (设计师：Jone Hardy)

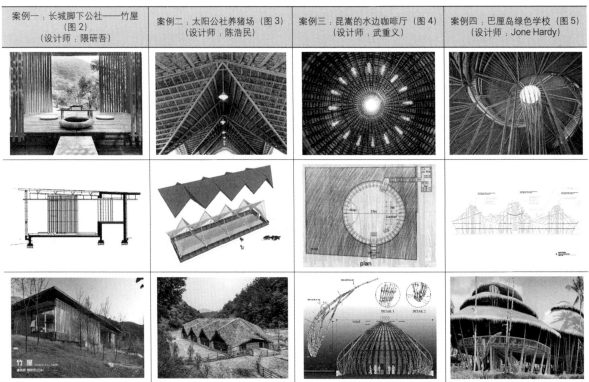

资料来源：见注释④～⑨等。

上述案例代表了竹材使用的几种典型方式，依据不同性状的竹材特性，竹材既易于作为结构体系，亦易于形成建筑的围护体系：案例一是将"竹子"集束在一起形成集束柱，既起到结构支撑作用又形成自然围合的空间；案例二是将竹子作为结构及围护构件，将线性竹材组合成空间结构加以利用；案例三将竹材作为弯曲的拱形结构使用，越南建筑师武重义正是在"追求传统基础上创新的装配式竹结构来满足功能需求，在低成本条件下实现宜人和激动人心的空间，形成类似罗马万神庙形制的宏伟竹结构"[6]；案例四则是对上述方式的综合运用，展现了竹材无论作为结构还是围护材料都具有广泛的适应性。

3 教案设置重点

利用竹子进行建造实验，教案设置中需解决三个重要问题：(1) 竹子作为建筑材料的特性研究；(2) 材料连接的方式和节点设计的问题；(3) 建造与结构受力的问题。

3.1 竹子作为建筑材料的特性研究——"物尽其用"

1. 竹材的几何特性

竹子可以分为原竹及加工后的竹材。原生的竹材多为中空的筒状，整根竹材的长度约在 4~6 米（小材），竹材的长度特性使其建造适宜人类使用的一般大小的建筑空间时，无需连接，可以直接使用。依据竹子的种类及生长年份不同，竹材的粗细有较大差别，直径一般约在 1cm、4cm、6cm、12cm 左右。直径 6~12cm 的竹材比较粗壮，径向和长向都有很强的承载力，适宜作为建筑的主体结构材料；直径 1~4cm 的竹竿亦有较强的径向受压能力，可以单根使用，也可集束利用，较细（1~2cm 左右）的竹竿亦常作为围护材料。竹材可以方便加工成竹片，竹片长度约 4~6 米，宽度为 4~6cm，竹片具有很强的柔韧性，易于弯曲，适用于曲线形态的空间建造。竹材也可以沿径向一劈为二，形成半圆状的长条竹筒，有时可利用竹材的这一特性制成天然的排水构造。

2. 竹材的物理特性

柔韧性是竹材区别于木材及钢的显著特

性。同样是杆状材料，木材不具有微微弯曲的特性，因此适合正交体系的空间建造。竹竿在长度方向上具有较强的柔韧性（根据竹子的种类有别），自然状态下的竹竿呈一定的弯曲弧度；竹材在用火加热的情况下亦可以形成弧度；在实践过程中，学生自创了一种让竹竿微曲的加工方式，即在竹竿上特别是靠近竹节的地方刻痕的加工方式。竹材的柔韧性及可微弯的特性，使其可以形成非正交体系的空间形式，特别是对于形成类似哥特教堂的尖璇和拱形的空间结构非常有利（图6、图7）。竹片的弯曲特性更强，对于形成任意角度的拱形，甚至弯曲成圆环状都可较容易地实现，为竹材在创造空间形式上带来更多的可能性（图8）。

竹子的生长方式决定自然状态的竹子具有上细下粗的特性，这一特性本身为竹材加工带来弊端，不利于标准化施工和建造。在设计过程中，学生创造性地利用这一特性形成渐变的空间形式，将不利转变为有利，达到"物尽其用"的效果。

3.2 竹材的连接方式——节点设计

竹材的连接方式丰富多样（表2），如[6]：(1) 绑扎：绑扎是竹材连接最常见的方式之一，绑扎用绳一般有尼龙绳和麻绳两种，为了增加绑扎节点与竹材的摩擦力，麻绳的使用较为常见，绑扎的形式也多种多样（图9）；另一种为白色塑料绳，利用绳子绑扎后自然留下的"根须"形成肌理；(2) 插接：竹材是一种中空的杆件材料，可以采用挖洞 + 插接的方式连接，将较粗的圆形竹竿从侧面钻孔，将另一根竹材直接插入钻好的孔洞中，如竹凳的制作方式（图10）；(3) 铰接：利用螺钉或者钢筋将钻孔的两根或多根竹竿连接起来，杆件可以沿着一定的方向活动或旋转（图11），但钻孔有时会破坏竹子的强度；(4) 利用连接件进行连接：可以形成精巧的节点，市面上一些成熟的金属连接件可以直接用作竹材（管状竹材）连接的构件，学生也利用裁切下来的废料自创了许多连接节点（图12）；(5) 编织：利用竹片相互咬合形成围合的面（图13）。课程设计中需充分发挥学生的创造力和想象力，创造新的节点方式。

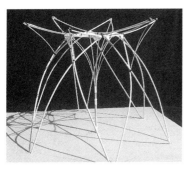

图6 类似哥特教堂的尖璇

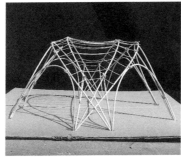

图7 拱形结构形式

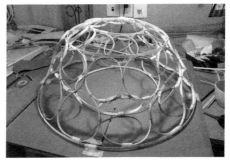

图8 竹片弯曲成环状

表2

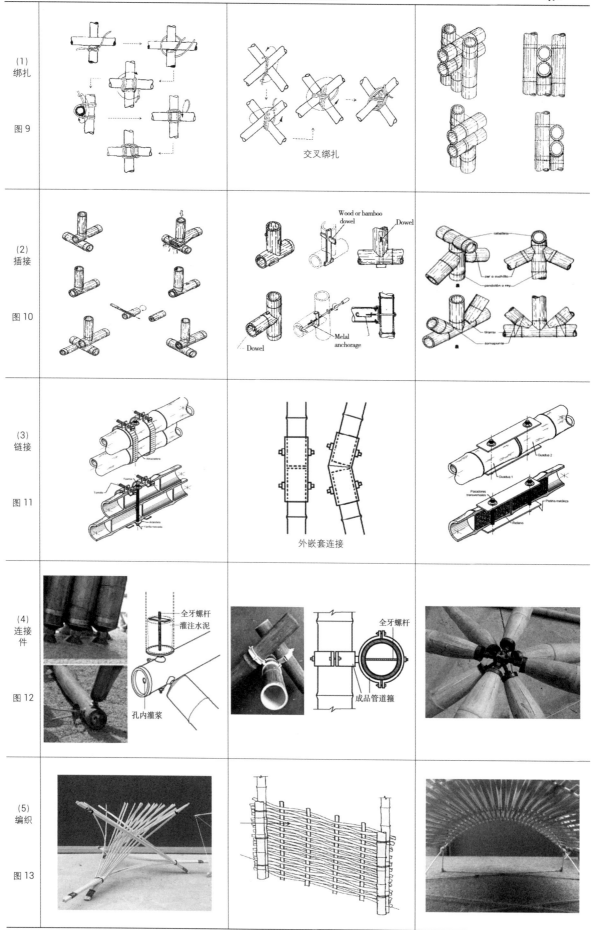

(1) 绑扎 图9		交叉绑扎	
(2) 插接 图10		Wood or bamboo dowel　Dowel　Dowel　Melal anchorage	
(3) 链接 图11		外嵌套连接	
(4) 连接件 图12		全牙螺杆 灌注水泥 孔内灌浆	全牙螺杆 成品管道箍
(5) 编织 图13			

资料来源：①《Bamboo Construction Source Book》，Hunnarshala foundation，Asian Coalition for Housing Rights，2013.05；② 2015-2017 年东南大学一年级竹构建造课程设计[①]。

3.3 建造与结构受力的问题

建造应有一定的难度，用竹材建造的空间应满足至少小组成员（6人一组）站立进入使用的空间尺度要求。前面已经提到，单根竹材的长度通常在4~6m，在建造适宜人体尺度的空间大小时，无需连接加长，可以直接使用，非常便捷。竹竿径向抗压强度高，原生竹材的结构承载力大，即使只有1cm直径粗细的竹竿仍具有很高的承载力。竹材集束使用的时候，集束数量的多少、连接的方式及连接形式的变化，则带来更多不同空间及结构形式创造的可能。竹材的加工也很方便，人工手锯，只要获得长度大致相当的杆件材料即可，设计中尽可能减少对材料的加工，以简单的方式，组合形成稳定的空间结构。设计中，学生创造性地将12根竹竿相互交叉搭接（见图6），形成稳定的、顶部收束的圆筒状空间结构。第1根杆件的上部与第2根杆件的上部相交，同时与第3根杆件的下部相交，以此类推……上部交叉的节点形成可以安放顶部空间骨架的支撑点，少一根杆件这样的结构方式均不能成立。采用这样的结构方式，只需一个小时就可以完成圆形空间骨架的搭建，对于地震灾区等临时性空间搭建无疑具有优越性。

竹材自身的几何特性及其柔韧度高的材料特性，对于创造空间结构形式带来了更多的可能性（图14），答辩时的评委曹晓昕说："很多作品找到了竹材的结构特性，实现了清晰的空间目标，呈现出独有的形式特征。"[12]

4 从模型到真实建造

从1：5尺度模型到1：1尺度真实建造：从小尺度的模型设计到大尺度的真实建造，不是比例的简单放大，真实建造过程的复杂程度远大于模型制作。建造过程中遇到的困难层出不穷而又常常出乎意料，正是在真实建造过程中不断发现问题、解决问题，激发了学生的创造力。

1. 模型材料与真实材料的差异

制作1：5设计模型时，学生一般从网上购买经过加工的粗细为2~4mm、长度为1.5米的杆件材料，另一种为宽度3~15mm、厚度为0.8mm的竹片材料，这些材料一般经过机械加工，精度及光滑程度较高，尺寸差异小、色差也较小；而在真实建造过程中的竹材只是经过简单处理，比较粗糙，色差大，材料的尺寸差异大，因而造成建造过程中数据不准确、需临时进行调整、施工误差大等问题。

2. 手工操作的误差

施工误差首先来源于材料误差，没有两根一模一样的竹材，而不同批次的竹材也存在差异，学生每每惊讶于校园建造及乡村建造的两次过程中，虽然采用相同的建造顺序及操作方法，却得到两个并不完全相同的结果。施工中第二种误差来源于连接构件的精度变化，由于原来设计的尺寸变化，现场施工中不得不临时调整构件尺寸，甚至调整设计思路，培养了学生现场解决问题的能力；第三种误差在于学生并非熟练的手工艺人，加工精度和加工工具都比较原始，因此，对学生的操作方式提出更高要求。

3. 结构难度的加大

模型制作时，许多同学用胶水连接替代节点设计，而真实的竹材间是不可能用胶水进行连接的；有的空间体系在小尺度模型下可以实现结构的稳定，但当改用真实建造材料后，由于材料的强度、韧性、弹性及几何特征发生了很大变化，造成按原设计设想不能够建造实现，或者建造起来以后稳定性不够，很快就倒塌的现象。

4. 团队合作

真实建造过程中，团队合作意识非常重要。一个人的力量根本不可能完成整个建造活动。经费的支出和管理、材料购买、搬运、加工制作、工作任务安排及分工，以及搭建过程中的每一个细节都需要团队合

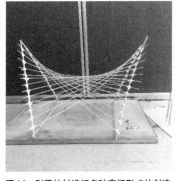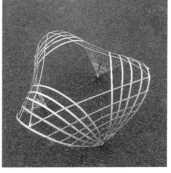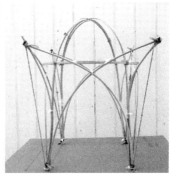

图14 利用竹材进行多种空间形式的创造

作精神，其中团队领袖的凝聚力和执行力也决定了工作任务完成的质量。实验中我们将学生分成12个人一个大组，每个大组中又包含2个小组，6人组成的小组成员需完成一个建造作业。在三天的真实建造过程中，有的组采用12个同学齐心协力共同搭建完成一个构筑物，再一起搭建完成第二个构筑物的方式，提高了工作效率。

5 乡村营建：广德卢村乡建造

"竹构建造"不是一场作秀，而是实实在在为乡村服务的行动。在规划师和设计师们"重新走入乡村，致力营造美丽乡村"的背景中，我们最终从38个参与校园搭建的学生作品中选取了16个优秀的建造作品，参与到安徽省广德县卢村乡的美丽乡村建设活动中[⑧]。东南大学一年级的建构教学走出校园，进入乡村，以"卢村——东南大学建造节"的形式出现。我们将设计教学与乡村营建结合起来，希望学生通过参与乡村的实际建设，感受建筑为公众服务的社会性，也希望"竹构建造节"成为联系设计与社会、城市与乡村的桥梁[⑨]。

建造节的基地选择了"FSC国际森林认证"的竹产区——安徽省广德县卢村乡，当地竹产业协会为我们提供了建造所需的竹材。原生态的竹乡风光秀美，竹产资源丰富，保留有传统竹匠和技艺，广德县为我们的教学带来了天然竹材、传统匠人的技艺和场地设计条件。

在为期3天的卢村乡现场搭建中，160名师生被分为18个小组，在笄山竹海步道入口、广德县政府广场、水库大坝下公园、木子山庄等4处场地中分别进行搭建，为竹乡带来了不一样的风景，最终完成了18件令人印象深刻的作品（表3）。

随着乡村建造活动的展开，一方面学生走出校园，面向社会、面向实践、面向生活，得到了锻炼；另一方面建造活动对当地的竹产业也带来了推动和新的希望，许多企业看到竹材的巨大潜力，重新开发适应新时代需求的新型竹材及加工业，从而激发出乡村的活力。

部分实体建造的成果		表3
六芒星（学生：王行健、丁小雨、梅亚楠、王欣然、张翼鹏、布朗尼、郑捷敏）	穹顶之下（学生：苏万达、蔡莹莹、王康智、常恺旎、石晓齐、叶佳歆）	心愿（Vidish Appadoo、George Mathew Mwa、Kabanda Mubonda、Catherine Asirifi）

竹·鱼·水（学生：莫天伟等，指导教师：顾震弘）	筑竹（学生：闫梦怡、蒋铭丽、邱怡箐、刘振鹏、杨孔睿）	星光（学生：刘天宇、沈天意、谢华华、张梦澜、侯莹、冯婧婕）

注释：

① 东南大学建筑学院编.东南大学建筑学院建筑系一年级设计教学研究——设计的启蒙[M].北京：中国建筑工业出版社，2007.

② 风土建筑 Design Lab，竹构鸭寮：从模型研究到稻田建造，2015-05-18；竹构鸭寮：稻鸭共养的建构主题——实验设计，2014-12-07，东南大学建筑学院研究生 2015 春季课程。

③ 2015-2016，东南大学一年级建筑设计基础教学任务书，《竹·建造》，2015 年 9 月.

④ 郭宇，卞洪滨.隈研吾"消解建筑"的建构方法分析[J].世界建筑，2010（10）：132-137.

⑤ 陈浩如.乡野的呼唤——临安太阳公社的自然竹构[J].时代建筑，2014（04）：132-135.

⑥ 又木文化，《越南建筑师武重义——玩转竹子的实验》，又木文化微信，2015 年 3 月 26 日。

⑦ 建筑学院，10 个建筑作品解读武重义，把竹子用到极致的越南建筑大师，来源于网站：http：//www.archcollege.com/archcollege/2019/04/43970.html，检索日期：2019-07-22。

⑧ Aldo's Kitchen，Heart of School at Green School，来源于网站：https：//ibuku.com/heart-of-school/，检索日期：2019-07-22。

⑨ Sharma Springs Residence，Ananda House at Green Village，来源于网站：https：//ibuku.com/sharma-springs-residence/，检索日期：2019-07-22。

⑩ 《Bamboo Construction Source Book》（M），Hunnarshala foundation，Asian Coalition for Housing Rights，2013.05。

⑪ 张嵩，史永高.建筑设计基础[M].南京：东南大学出版社，2015.

⑫ 张嵩，张倩，《乡村营造：95 后上山下乡——东南大学联合在宁高校举办竹构建造节》，中大院微信，2015 年 6 月 14 日。

作者：张彧（通讯作者），东南大学建筑学院，副教授，博士；张倩，东南大学建筑学院，讲师，博士；张嵩，东南大学建筑学院，讲师，博士

多元融合 交叉互补

——建筑学专业实体建造课程改革实践

汪智洋 阎波

Cross Complementation——Practice of the Course Reform of Architecture Major Entity Construction

■ 摘要：实体建造课程是针对低年级开设的理论与实验相结合的综合性课程。为面向国际，与国际工程学科人才培养目标相接轨，近年来通过对课程体系梳理、框架重构以及课程融合等一系列举措，将建筑学与土木工程学科的相关课程整合到本课程中去，亦通过了多年实体建造竞赛的实践检验。本文以此为脉络，回顾了近年来课程在改革过程中的主要措施，分享了课程改革与实践中的心得经验。

■ 关键词：多学科；建造课程；改革实践

Abstract：The course of entity construction is a comprehensive course which combines theory with experiment. In order to meet the training objectives of international engineering talents，in recent years，through a series of measures such as curriculum system sorting，Framework Reconstruction and curriculum integration，the relevant courses of architecture and civil engineering disciplines are integrated into this course，and also through the practice test of many years of entity construction competition. Based on this，this paper reviews the main measures taken in the course of curriculum reform in recent years，and shares the experience of curriculum reform and practice.

Keywords：Multidisciplinary；Construct Course；Reform and Practice

1 课程背景与挑战

实体建造课程是重庆大学建筑城规学院针对建筑学、城乡规划、风景园林专业本科低年级学生开设的一门基础课程，从 2012 年开设至今历经多年的建设及改进，已经发展成建筑学本科系列课程中的一门核心课程。通过教学实践与创新发展，构建成为一门具有课程体系完善齐备、课程目标特色鲜明、课程内容丰富广泛的优质课程，深受学生们的喜爱。实体建造课程作为建筑基础教学课程中的一环，是理论与实践相融合的综合性课程，课程融合了

基金项目
重庆大学教改课题基金
项目 (2019Y41)

建筑学及土木工程相关理论知识,亦融入了建筑模型及相关实验课程,具有很强的学科交叉性与课程融合性。

虽然通过多年的课程教学,以及近年来多次在国际建造竞赛中取得不少成果,但以大学科建设及新时代背景下对"新工科"人才的需求来审视,建造课程需要跟进全国高等建筑教育发展趋势的同时,也应与国际接轨。2016年教育部成立的"CDIO工程教育联盟",①它主要代表了国际上工程类学科的人才培养目标,这是目前我国工程学科教育与国际接轨的衡量体系。其倡导的人才培养包括四个层面,即"CDIO"所代表的 Conceive(构思)、Design(设计)、Implement(实现)和 Operate(运作)(图1),正是目前国际上所倡导的工程技术人才标准。

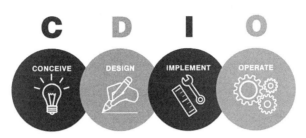

图1 CDIO工程教育联盟的阶段性培养构架

2 课程现存问题与思考

课程教学也强调通过理论与实践的有机结合,让学生能将基础知识与实际操作相互融合,在实践中强化理论认知、处理现实问题、把控全过程关系,以此增强学生的参与性与能动性。因课程涉及学科与课程的融合、课程的安排衔接、理论与实践的契合、学时搭配与教学方式等层面的内容,这些均需要通过实践教学与反复的修正,方可搭配得当。经过近年来的课程教学,在总结经验的同时,也针对目前课程建设与课程深化过程中的情况,归纳出以下几个层面的改革重点:

知识体系的综合性不足:建筑学专业低年级学生的认知体系构建在建筑的形态层面,对结构层面的了解甚少,导致学生在构思与设计时,一味追求造型脱离结构支撑,空间构成违背基本力学原则,造成方案极难实施或是无法施工的情况。而实体建造课程本身就具有很强的学科综合性,包容了建筑设计与土木工程学科中的多门课程,只有加强学科融合与课程配搭,才能解决建筑设计空有其表的现象。

工科思维的逻辑性不足:空间塑形时,建筑造型与结构逻辑之间仍然存在脱节的问题。无论是从结构逻辑推演建筑造型,或是从建筑造型逆推结构形态,都需要将两者进行很好的融合,否则两者脱节造成外部造型无法以内部结构为支撑,完全失去可行性。建筑空间形式由结构空间形式所决定,建筑造型决不能脱离结构受力分析而成立,因此,在课程中强化建筑造型与结构造型演绎过程的逻辑性是本课程的核心内容。

实际建造的操作性不足:通过近年来的课程建设,学生能在设计与创新层面取得良好的成果,但付诸实施时仍会出现搭建不便或无法建造的问题。因此,空间建造不能脱离施工,否则与空中楼阁无异。优秀的设计作品也需通过严谨的施工建造出来,建筑施工在实践环境中起举足轻重的作用,建筑空间设计与建筑施工课程的结合,使空间建造既具有激发思维的创新性,也具有在地实施的可靠性,设计与施工紧密融合,强化学生的专业实践技能。

3 改革策略与思路

上述课程教学与实践过程中的问题,结合目前国际化工科人才的培养背景,对学生在专业技能与素养要求、多元知识的构成与融合层面的培养就显得越发重要,在这种大环境之下,对专业教学的要求也会越来越高。因此,针对业界的需求,专业教学除了需要对本专业技能强化外,应着眼于"大学科"的视角,寻求更多学科之间的交叉与课程群的融合,对实体建造课程进行融合互补性质的改革。

课程目标是为培养具有从空间建构到建造施工的综合能力的"新工科"创新人才,融合建筑设计基础、建筑力学及结构选型等建筑和土木双学科的相关知识,建设理论与实践相契合的复合交叉课程。通过学科交叉的优势,使学生获得对材料、受力、设计、建造的理性认识。培养学生参与热情、动手能力和团队精神,同时让学生通过建造过程及亲身体验,牢固树立对建筑空间、人体尺度、结构体系、造型逻辑等多学科知识的认知,从而在新时代教育背景下,培养与国际工程教育联盟目标相接轨的综合性人才。

课程改革中,修改了课程构架体系,分目的分阶段地将课程进行调整,迎合"CDIO"培养目标,反映到课程中,则对应了四个阶段内容,即概念构思、方案设计、施工组织及实际搭建。概念构思阶段,主要解决设计思维的问题,认识建筑空间的本质与属性,提出空间创作的创新意识与设计理念;方案设计阶段,认知空间生成规律与表现方法,并通过合理的技术手段创造空间,体现空间的特质;施工组织阶段,学习施工的方式手段与施工的工序技巧,协调成员的分工与进度安排、组织施工并加强团队配合;实际搭建阶段,建立牢固建构材料的性能,熟悉材料建构特点,实践材料的加工工艺,明细节点连接方式与构造措施。四个阶段从宏观构思入手,通过不断的设计深化、空间与材料认知,到最终的实践化操作,与"CDIO"提出的各层面内容相吻合。

4 课程改革实操

课程体系的互补化。课程融合了建筑学专业设计基础、建筑力学、结构选型、建筑施工的课程,阶段性地开展课程教学。在后续课程中,将前期课程成果作为分析对象,加强了课程之间的衔接,加深学生对课程内容的理解,也能让学生反思前期设计的不足,以便在今后设计中规避类似问题。如在建造课程中,通过"理论"—"实践"—"理论"的课程组织,以实践作为前后理论课程的纽带,实践了前期设计方案,并在此过程中触发的问题作为后期理论课程的实践先导,提供亲历的实作案例,更贴合实际。因课程以等比例实体建造为主线贯穿始终,将原来独立的几个课程前后搭接,课程延续感强,学生更能理解各课程知识在全过程中的运用,以此建立起与实际接轨的建筑设计观念。

教学方式的开放化。开放式教学表现在教学模式与评判方式两个方面。改变自上而下的传授模式,组织开放性的教学方式,强调每个环节师生间的互动、实验及研讨。不以单一方式评判成果,不以优劣评判设计好坏,不轻易否定学生设计,遵循"抓问题、想办法、求改进"的教学思路,引导学生优化方案的方式,修正方案深化设计,使学生将自己的想法贯穿始终,增强对专业的热忱。建造课程中的设计环节,需经过多次方案的推敲、修改、筛选与深化方可成型,其中的每个环节,教师所起的作用并非是直接修改设计方案,而是通过理性的分析,使学生能明确方案的优劣,从而明确修改方向,确定深化方法,最终通过教师的辅助,使学生尽量自行完成方案设计。

能力培养的实作化。实践能力是目前学生需要确实提高的专业能力,设计得再好的建筑无法建造也只是空中楼阁。建筑学专业的理论教学虽然是必不可少的专业课程,但对于新时代、新工科背景下的行业要求而言,实作能力越发重要。设计人员不仅能做方案,还得能实际操作与解决问题,而这种能力需要通过实作化的训练培养。因此,课程改革中将实验课程融入理论课程之中,使之相互补充,通过两类课程的灵活切换,不断强化学生解决实际问题的能力。在建造课程中,将建筑设计理论课程与材料加工及实体制作的实验课程相融合,课上学习理论知识,课下学习制作工艺,通过亲手实践加深理论的理解,强化知识的运用。如在课程的材料认知环节,理论课讲解多种材料的物理性能、力学特征及构造方式,实践课通过材料的加工、组合过程,了解其施工工艺与连接方式,真实体验材料的实际状况,获得切实的理解。

5 体系重构与阶段把控

建造课程是一门综合性的课程,课程整合了建筑、土木两个学科的相关课程,将理论课程与实践环境相互交叉,形成横向学科与纵向课程的双交叉体系。课程包括建筑学中的建筑空间元素与连接空间生成与设计、空间元素与连接、空间的实体建造三部分主干课程,以及土木工程中的建筑力学、结构选型、材料力学、建筑施工等课程。两门学科课程,既有其自身的独特性,亦有之间的关联性。合理地整合、安排两门学科课程的搭配与衔接能为学生提供更整体的建筑认知观与设计观。如在理论课程中将杆件连接与建筑力学、空间设计与结构选型、建筑构造与建筑施工等课程相互搭配。两专业相关课程穿插交错,而学生在学习之余却缺乏对课程体系的思考,很难将两个专业的相关课程融会贯通,更谈不上将所学知识搭配运用。

在这种现状下,建造课程改革以自身建筑设计课程为脉络,将土木相关课程融入其中,形成逐步递进的三个环节,从空间造型设计、材料与连接设计到最终的空间实体建造。每个环节中将建筑设计与力学结构等课程相互搭配(图2),两类课程相互衔接支撑,构建感性与理性交织的课程体系。如在进行空间生成课程时,讲解建筑空间生成的原则与规律,同时在结构选型课程内容中讲解建筑结构的类型及其特征,各类结构类型所形成的空间形态特点,让学生在设计建筑空间之时,不会脱离内部结构形态,而仅单纯考虑空

图2 实体建造课程改革中的课程体系融合

间的外部造型，而是在合理地选取结构形态，在不违反结构逻辑的基础上，创作建筑空间，使建筑空间的设计不仅具有感性的创作，同时具有结构逻辑的支撑，避免设计时"纸上谈兵"，徒有其表，缺乏结构支撑，而演变为无法实施的"空中楼阁"。同时，通过两个学科课程的相互交织，能使专业课程的知识内容相互补充、印证，使学生在此过程中深化对相关内容的理解，明晰建筑空间的因果联系，搭建起学科课程之间的纽带。

分阶段把控环节的教学进程推进，从空间构型设计开始，通过结构与力学推敲，最后进行到节点连接设计，从而最终完善实体建造所需的每一个要素。第一阶段，让学生依据基本的空间形态原则进行构思，主要解决空间造型与基本结构的问题（图3）；第二阶段，分析特定空间形态的受力特点，完善空间支撑体系，解决上一阶段遗留的相关问题（图4）；最后阶段，在定型化的结构形态下，推演节点组织逻辑，进行施工方案预演（图5）。

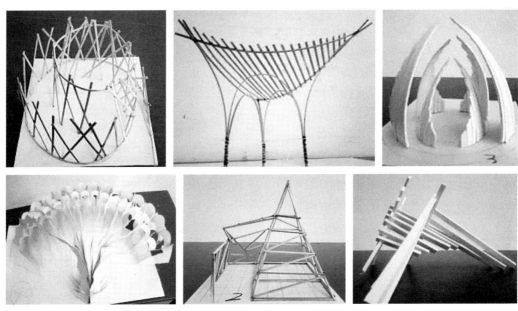

图3　空间构型阶段的学生草模

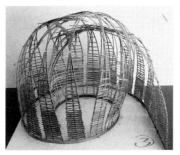

图4　完善结构支撑体系后的学生草模

图5　深化节点设计与构造方式的模型局部

6　实践成果检验

建造课程实践，经过课程的策划与推进，最后需通过一系列的实践活动进行验证。从课程开设至今，教学团队与各届学生参与了多项不同主题的实体建造活动。这些实践活动不仅使学生能够亲身体会课程的乐趣，同时也充实了课程教学的内容与开展方式，为本课程的改进与优化起到了参考作用。2019 年 7 月，我校师生参加在台湾举行的中建"海峡杯"海峡两岸实体建造大赛，以木材为实体建造材料的命题式限时搭建，从概念构思、空间设计到材料采购加工均为各高校师生自行组织完成，最终在台湾完成现场 16 小时的施工搭建。整个课程历经 2 个多月时间，通过对三个阶段的把控，最终实体建造的完成度达到 96% 以上（图 6）。在此过程中，通过课上讨论、课下实践的方式，有机地将设计与实施结合起来。学生通过 2 个多月的学习与 3 天的建造活动，对木材的认知又提升了一个层次。

2017 年，我校师生在同济"风雨筑"国际建造节的参赛作品利用 pp 塑料中空板自身的韧性，通过模式化手法进行加工塑形，运用板材特有的插接方式，解决板材间的衔接，简化施工流程，提升施工效率，在 8 小时内搭建完成一组由大到小的的拱形渐变空间（图 7）。以同济建造节为代表的这类实体建造活动，选择以瓦楞纸板、pp 塑料中空板、雪弗板等板材为建材，通过全过程的实体建造，研究空间构型与材料受力层面的契合，建造活动侧重于培养学生对限定材料加工、节点精细化设计等方面的实作能力。

而近年来我校师生参加的哈尔滨国际冰雪建造节，以约 3m 见方的雪块为建造材料，结合当地冰雪嘉年华的活动主题，以特有的挖切建造方式对雪块进行内部空间与外形的塑造，并在挖切出的空间中融入人的行为与特定功能，整个过程从定位放线、挖掘切割、表面打磨等工序，最终获得纯白洁净的冰雪空间（图 8）。建造活动以特殊的建材与特别的建造方式，使师生们获得了不同的材料认知与建造体验，对学生而言亦是难得实践经历。

图 6　2019 年中建"海峡杯"海峡两岸实体建造方案

图 7　2017 年同济"风雨筑"国际建造节方案

图8 2018、2019年哈尔滨国际冰雪建造节方案

重庆大学在国内高校中较早开设实体建造节，从2012年开展至今已经举行八届，建造节汇集了板材、木材与竹材三种建材的实体建造。将前期系列课程的理论教学，结合后期的实践教学，最终以限时搭建的方式验证课程成果（图9）。通过尝试对不同材料特性的了解，以及三种材料差异性的对比，强化发挥材料自身优势，探寻材料加工工艺与组合方式，并通过相互交流沟通，交换实践心得，在一门课程中获得多种材料、多维度的认知。

图9 2019年重庆大学建造节部分方案

7 教改总结

实体建造课程是与国际CDIO人才培养目标相契合的建筑学基础课程。课程经过多年的教学实践与反复修正，已经建设成一门融合了建筑学科不同专业、多门课程的综合性课程，并将理论教学与实验教学有机契合，通过实验与实践检验课程成果。本课程秉承"设计结合实践"的教学原则，倡导"真实材料、真实搭建"的课程宗旨，力求以此课程在学生心中树立"材料—结构—造型"三位一体的建筑设计观，为未来培养建筑业中脚踏实地，具有实践经验的执业人才。

注释：

① CDIO 代表，它以产品研发到产品运行的生命周期为载体，让学生以主动的、实践的、课程之间有机联系的方式学习工程。2008 年，教育部高等教育司发文成立"CDIO 工程教育模式研究与实践课题组"；2016 年，在教育部原"CDIO 工程教育改革试点工作组"基础上成立"CDIO 工程教育联盟"。

参考文献：

[1] 张芹，何彦虎，王秦越.基于创新能力提升的 CDIO 工程教学改革研究 [J].教育教学论坛，2020（02）.

[2] 孙竹，韦春荣.国外工程教育人才培养模式解读及经验借鉴 [J].中国教育技术装备，2020（01）.

[3] 陈聪诚.新中国高等工程教育改革发展历程与未来展望 [J].中国高教研究，2019（12）.

[4] 阎波，邓蜀阳，杨威.基于创新人才培养模式的"建造实践"教学体系 [J].西部人居环境学刊，2018（10）.

[5] 王科奇.基于 CDIO 理念的地方高校建筑学工程应用型人才培养模式研究——以吉林建筑大学为例 [J].高等建筑教育，2018（08）.

[6] 王晓庆，扈龑喆，唐育虹.基于双创育人管理保障模式的新型建筑人才培养路径研究——结合同济大学建筑与城市规划学院的工作经验 [J].中国建筑教育，2018（02）.

[7] 吴永发，雷诚.基于校企合作平台的建筑类专业设计人才协同培养模式探索与实践 [J].中国建筑教育，2017（05）.

图片来源：

图 1：https：//baike.baidu.com/pic/cdio/4644769/0/f31fbe096b63f6248c7051638444ebf81a4ca3a5?fr=lemma&ct=single#aid=0&pic=f31fbe096b63f6248c7051638444ebf81a4ca3a5

图 2~ 图 8：自摄自绘

作者：汪智洋，男，重庆大学建筑城规学院讲师；阎波，男，重庆大学建筑城规学院教授

探寻"空间的建造":昆明理工大学空间建造课程教学的实践与思考

姚青石

Exploring the Construction of Space: Practice and Consideration of Space Construction Course in Kunming University of Science and Technology

■ 摘要:建筑设计创新能力的激发与建筑空间意识的培养离不开有效的建筑空间教学以及更为广泛的建造实验活动。昆明理工大学建筑与城市规划学院通过多年来的教学改革实践,在建筑学本科1~4年级教学过程中导入"空间建造"课程教学,根据学生对建筑空间基本问题的认知规律(空间感知—空间生成—空间组合),设置了从单一空间到复合空间、单一材料到复合材料,小尺度模型制作到真实尺度实体搭建的教学环节,形成层层递进、相互关联、独具特色的"空间建造"教学体系,并取得了较好的教学效果。在此过程中,不仅使学生能够系统掌握从建筑空间设计到建造的能力,树立全面综合的建筑观,而且对培养整体空间设计思维创新意识具有重要的作用和意义。

■ 关键词:空间建造;建筑教育;设计教学

Abstract:The stimulation of architectural design innovation ability and the cultivation of architectural space consciousness are inseparable from effective teaching of architectural space and wider construction experiment activities. Through years of teaching reform and practice,the Kunming University of Science and Technology has introduced the teaching of "Space Construction" into the teaching process of Grade 1-4 of Architecture Undergraduate. According to the students'cognitive law of the basic problems of architectural space(space perception-space generation-space combination),it has set up from single space to complex space. Combining space,single material to composite material,small-scale model making to real-scale entity building teaching link,forming a progressive,interrelated,unique "space construction" teaching system,and achieved good teaching results. In this process,students can not only systematically grasp the ability from architectural space design to construction,and establish a comprehensive architectural concept,but also play an important role and significance in cultivating innovative consciousness of overall spatial design thinking.

Keywords:Space construction;Architectural Education;Design Teaching

基金项目
国家自然科学基金51868027,观念 文本阐释:当代西南现代建筑"地方性"思想话语研究

1 引言

建筑学作为一门实践性较强的学科，具有艺术与技术统一、建筑形式与空间建造逻辑共存的特点[1]。因此，建造不仅是围绕材料、构造、空间，以满足功能需求而进行的空间建造过程，更是建筑创造的物质基础和重要构成内容。从这一角度来看，建造与建筑设计之间的关系应该密不可分，然而事实却并非如此。这主要源于文艺复兴时期建筑学成为一门独立的学科开始，建筑教育主要遵从于法国巴黎美术学院（简称布扎）教育体系，强调通过虚拟化的知识体系、严谨的工程制图、书面化的图纸渲染来指导学生掌握早已丧失的建造技能，这使得建筑设计与建造之间的鸿沟越来越大[2]。

为解决这一问题，当代西方建筑院校在建筑教育上进行了积极的探索，特别是在设计基础教学中，将空间建造与感知放到了极为重要的位置。如现代建筑的鼻祖德国包豪斯学院就采用建筑车间式的教学方式，以真实材料的建造作为建筑学教学的基础。而20世纪后期至今，欧美建筑院校开展的一系列建造设计教学，在建筑教育的启蒙阶段，强调建造实验与设计教学的结合，通过较小构筑物的空间搭建使得学生建立空间和尺度概念，从本质上理解建筑的意义，理解建筑形式、材料与建筑空间的逻辑关系，这显然已成为当前西方建筑教育领域的一项基本共识。

2 我国传统建筑学专业教学模式与反思

我国真正意义上的建筑教育始于20世纪20年代，并受到西方"学院派"建筑教育的影响，走上了以严格技法培训为主导、重历史、重形式、轻技术、忽视空间教育的道路[3]。这种以古典美学构图为核心的教育模式在培养学生绘图与形式表达方面是非常有效的，然而其弊端也越发凸显：二维平面的训练占据了大量时间，使得学生将更多的注意力放到了建筑形式、艺术表达、文化传承等方面，而对三维空间塑造、建筑材料、建筑结构、建筑技术等知识匮乏，忽视了建筑设计最为本质的空间和建造的重要性[4]。反思这一问题，其主要症结集中在两点：一是在教学过程中建筑各类专业知识都以讲授为主，忽视了学生直面感知、把握建筑设计中最为本质的材料、建造、空间之间的关联性，造成设计与建造的脱节；二是对空间建造的教学往往脱离真实材料与尺度的空间建造，仅通过认知制图、案例分析、模型训练等内容进行教学，使得学生无法建立综合而全面的建筑观，缺乏从认知空间转换到设计空间、建造空间的能力。

所以，进入21世纪后，转向以"空间教育"为核心的教学模式改革逐渐在国内各个建筑高校开展，如香港中文大学以顾大庆为主的教学团队开展了空间、建构设计工作坊，清华大学自2004年开始在高年级教学中增加了空间建造环节，东南大学、同济大学则采用了空间与建造的基础教学。虽然各校的教学模式各不相同，但通过建造教学来引导建筑设计教学成为各院校最为重要的共同点[5]。

3 从认知到建造：昆明理工大学"空间建造"教学探索

昆明理工大学建筑与城市规划学院的空间建造教学历时近八年，教学模式逐渐从最初的"做模型""画图纸"为主，发展为以"三维空间建造"为核心，通过建筑设计教学与实体空间建造紧密结合，树立重感知、重体验、重建构的建筑空间教育新思维，以寻求以空间建造为特色的教学模式（图1）。

学院根据"2+2+1"的人才培养模式，把空间建造教学作为建筑设计基础教学的重要组成部

图1 昆明理工大学"空间建构"教学活动现场

分，并贯穿到整个本科教学体系中。在一年级将真实材料、真实尺度的建造实验作为一系列空间教学环节纳入正常的建筑设计课程教学中，力图在启蒙阶段让学生通过空间建造对空间形成过程产生具体的认知与体验。在 2 至 4 年级，一方面结合建筑设计主干课程，辅助进行建造教学；另一方面积极引导学生参与课外多种形式的实体空间建造实践，力图让学生通过全过程的空间设计与建造，重新认知建筑设计的本质，激发学生的创新能力。

总体而言，在整个贯穿 1-4 年级的空间建造教学体系中，教师团队根据学生对建筑空间基本问题的认知规律（空间感知—空间生成—空间组合），设置了从单一空间到复合空间、单一材料到复合材料、小尺度模型制作到真实尺度实体搭建的教学环节，形成了昆明理工大学独具特色的从认知到建造、层层递进、各模块具有明确逻辑关联的"空间建造"教学体系。

4 "空间建造"课程教学体系的设计与实施

4.1 基于空间感知、体验的空间设计与建造单元

长期以来，过于侧重基础理论和制图表现的建筑教育导致学生作业大都停留在二维图纸上，缺乏对塑造三维空间的体验与感知，忽视了空间生成与材料、技术、建构间的逻辑关系 [6]。因此，本科一年级在开展以"空间"为核心的建筑设计基础教育上，昆明理工大学加入空间建造实验单元，强调建筑初学者基于真实空间的感知与体验，借助空间模型制作、单一空间建造等手段来建立多层次的空间观念，培养创新思维和空间想象力 [7]。

由于建造实验教学从空间模型介入着手，以实体空间建造作为最后一个步骤，逐渐延伸出对空间构成要素、生成、限定和尺度、材料、建造间的逻辑关系，因此，在教学过程中设计了多阶段的教学组织 [8]。

第一阶段：空间感知与体验

在学习掌握空间基本概念和构成要素的基础上，课程教学首先以一系列的空间模型操作为媒介，引导学生通过观察与体验来掌握空间的构成要素，通过不断的"试错"来分析空间与空间限定要素间的联系。与传统课程讲授不同，该阶段教学完全是建立在学生自身空间模型操作之上的开放式教学，因此只对空间的规模和尺度给予限定，其他诸如方案的实施步骤、材料以及建构方式都是在教学过程中针对学生不同的空间感知而产生（图 2）。

第二阶段：掌握空间建造与材料、结构间的逻辑

同种或不同的建筑材料建造秩序不同，所呈现出的建筑形体也有所不同，通过不断的空间模型操作来理解基于材料的结构逻辑，并在此基础上延伸出基于材料、结构的空间逻辑和形式逻辑。因而对空间模型材料的解读是空间教学中的重要内容，不同建筑材料不仅可以展示不同的空间视觉效果，而且不同材料也会带来搭接方式的异同，例如：瓦楞纸可以借助铆钉方式进行连接，胶粘的方式能够更好地表达木材的肌理；又如，基于对空间模型材料的解读，还能够激发学生不断探索更能表达空间特征的材料。此外，由于每一种结构，其受力的情况、构件组合方式的差异，使最后呈现出的空间形式也不尽相同。

因此，教学打破传统关于建筑空间、结构、材料三者间"先此后彼"的线性逻辑思维，通过最基本的建造活动将空间塑造、材料运用、结构选型贯穿于整个教学过程的始终，培养学生"同

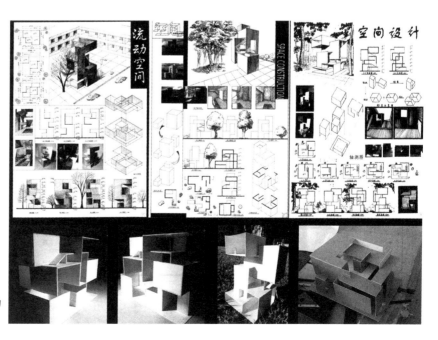

图 2 基于空间感知的空间模型操作与训练

时发生"的整体思维模式。例如，教学中要求学生在相同空间尺度下采用2~3种不同的材料、结构与空间形式去表达相同的设计概念，培养学生建立空间、材料、结构三者相互结合的整体空间建造意识。

第三阶段：单一空间的实体建造

为检测学生对于上阶段空间、材料、结构之间内在逻辑认知的学习情况，教学设置了1：1实体空间模型搭建环节。这完全打破了传统单纯的图形思维训练模式，而强调以全尺寸的单一空间建造作为研究对象，并且让学生针对所要完成的空间，研究基于材料的搭建技术以及形成空间的结构形式。通过这种真实尺度下单一空间的实体建造，不仅可以让学生理解真实的材料特性，而且还能够深入了解空间形式背后的结构逻辑和构造方式。

核心教学课题：纸板建筑空间设计与建造

在本科一年级下学期，学生被要求以3~4人为组，使用规定的材料（瓦楞纸或软质塑料），进行纸板建筑空间的设计与建造。在建造教学过程中，一般分为材料试验、小尺度空模型推敲、材料结构节点试验改进、真实空间建造实验、交流与反馈五个环节。通过这种真实的空间建造实践，让初学者真实体验材料性能、结构方式、人体尺度、空间形体之间的相互关系（图3）。

4.2 基于空间生成的建造实验单元

为增强学生在建造实践过程中分析问题和解决问题的能力，培养创新思维和空间想象力，掌握从空间设计到空间生成一套完整的设计方法和操作过程，教学从以下三个方面开展：

首先，观察分析。空间建造教学作为一种真正意义上的试验研究教学，并非每一次的选题和方案设计都能够顺利达到预设的效果，总会有各种意想不到的情况出现。因此，教学过程中要求学生利用已有的材料、结构知识，通过不断地思考和观察，对问题进行分析，从而培养学生勇于发问的思辨能力。

其次，寻求途径。在实践教学过程中，是没有标准答案或单一答案的。因此，教师的工作更多的是组织和引导学生通过不断地实验来发现解决空间生成过程中遇到的各种问题。例如，材料的加工和连接试验、等比例的节点模型试验、小尺度模型模拟试验等。

最后，解决实施。在材料、结构、节点大量试验验证之后，学生被要求在限定环境要素下进行实体材料的空间生成。并且，在建造结束后提交关于建造过程中各种问题分析及解决的实验报告，这也是整个教学活动中学生收获最多的地方。

核心教学课题：仿生可移动建筑的实体空间搭建

自2015年开始，在本科一、二年级的基础教学中，昆明理工大学积极筹办了大型的空间建造竞赛活动，即云南省建筑学高校纸板建造大赛。活动采用课外组织形式，要求学生在限定的时间和环境中，采用瓦楞纸、

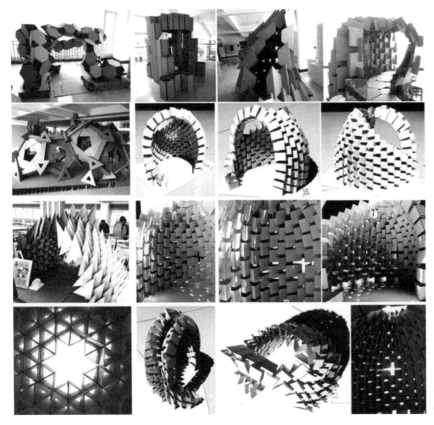

图3 纸板建筑空间的
设计与建造

图4　仿生可移动建筑的实体空间搭建

麻绳、螺栓，充分发挥创造性思维进行真实尺度下的空间生成与建造。建造大赛的题目是《可移动仿生建筑建造》，要求学生通过观察分析生物的结构和形体，在直观感性认知的前提下，研究其运用规律，并利用建筑学结构知识，进行各种空间生成建构。此外，还要求在建造的同时，要充分考虑造型、空间使用、材料节点、可移动性等，并进多项丰富多彩的交流活动。通过这种真实环境下的教学竞赛与交流，目的是让学生在掌握一套完整的空间生成设计建造手段，体会强烈真实环境下空间生成过程中的空间逻辑、结构与形式逻辑，培养分析问题与解决问题的能力（图4）。

4.3　基于空间组合的复合空间搭建单元

空间作为人们生产活动的主要场所，还要满足人们审美、心理、精神等多方面的需求。不同空间的组合提供给人们心理感受和行为方式也各不相同[9]。

因此，随着空间教学的不断深入，在相关空间理论知识学习和实践基础之上，把空间建造教学逐步从单一空间操作向复合空间转化，结合功能、形式、环境、场所、文脉、经济等因素，将若干单一空间进行有效衔接，使之形成一个有机的整体，进行具有真实功能和环境场所的空间建造，这成为较为综合的教学环节。通过复合空间的搭建，不仅可以让学生对功能与形式、空间与结构、建筑内外空间构成与空间组合进行较为深入的了解，而且在空间实体建造教学的基础上，将建造活动引向具有社会性和文化性的方向，试图让学生通过对特定空间场所与社会人文环境的分析与研究，扩展视野，将空间建造更多地与人们的行为、场所、地域文化有机结合起来，思考空间更高层次的内涵。正是在这样的原则之下，教学组抛弃了传统类似"校园休闲吧、校园小茶室"之类缺乏足够社会复杂性的教学方案，而是选择具有真实社会属性和现实需求的方案，使空间建

造真正成为学生了解建筑本质的一次绝佳机会。

因此，在实际教学过程中设定了三个不同目标的教学环节：一是，完成前期对场所环境感知和前期资料的收集分析；二是，基于小尺度模型操作和图纸绘制，从空间感知、材料特性与构件、形式与功能、模式与构件等方面进行研究，提出空间设计的策略与方法；三是，真实环境下的复合空间搭建与教学后评估。

核心教学课题：室外复合实体空间搭建

从2015年开始，教学组在本科三、四年级的"建筑设计"课程中组织了"室外复合空间的实体搭建"课外教学课题，该课题的组织是基于课外各种形式和规模的空间建造营、空间设计建造大赛而展开的。这种真实环境下复合空间的设计、建造、施工全过程，要求学生从空间与场地环境、空间与行为、空间与材料、空间与文化出发，运用所掌握的空间、构造、材料等知识，通过不断思考和实践，独立面对技术方案研讨、材料购买加工、施工策划准备、作业方法调整等工作，显然这已不是一般意义上的教学实验，而是1：1的模拟工程，从而更具挑战性。

例如2019年举行的国际高校建造大赛。大赛以"梨园小屋"为题，是一次选址于乡村果园中的空间建造实践，力求在基于场所环境的前提下，使学生通过从设计到建造全过程操作来充分理解建筑形式、功能、行为、材料、空间、结构间的契合关联。在本次大赛中，昆明理工大学的作品《方间梨楔》，以"行到水穷处，坐看云起时"的纯粹生活理念为灵感，回归极简的空间操作手法。通过以钢、木为主要材料，多空间的有机组合，不仅建构了一个形式、空间、功能、材料相互契合的复合空间，而且通过变换的空间组合置入了一种有趣且与周边环境相映成趣的生活体验。在此次大赛中，《方间梨楔》从15组方案中脱颖而出获得一等奖（图5）。

图 5　2019 年室外复合实体空间的搭建

5　教学效果与经验

昆明理工大学在本科 1 ~ 4 年级进行的〝空间建造〞教学探索，无论从学生作品、教学评价反馈、设计竞赛还是社会反映来看，都达到了较好的教学效果。学生普遍反馈通过一系列环环相扣、从空间设计到空间建造的实践，不仅对材料、空间、结构有了较为全面的认知和理解，进而树立起系统理性的空间建构思维，而且相对传统理论教学而言，这种实体空间搭建教学是体验空间设计、领悟建筑本质最直接有效的方式。

与此同时，教学组通过对近年来空间建造课程教学改革实践的不断总结与反思，逐渐积累了一定的经验：

5.1　突出以空间建造为导向的教学改革创新

建筑学专业作为一门以实践性为核心的职业教育，在本科教学的基础阶段，不能只停留在传统单纯注重〝空间与形式〞的教学上，而应该以空间建造作为设计教学的重要组成部分，强调对〝空间—材料—结构—环境—形式〞整体关系的研究以及整体空间设计思维创新意识的培养。通过将空间与材料、结构、文化、场所、行为作为空间建造的主要教学内容，让学生们深入研究建筑材料特性、建筑结构特性在空间生成过程中的逻辑关系，理解建筑空间的内涵与本质。因此，以空间建造为目标导向，不断推进当前建筑学基础教育改革创新，是有效提升空间设计思维与学生创新能力的重要保障和措施。

5.2　拓展空间教学的内容和操作

建筑空间的复杂性和多维性决定了在建筑学基础教育阶段必须拓展空间教学的内容和操作，从以〝工程制图 + 理论讲授〞的教学转向到〝空间感知 + 空间解析 + 空间生成 + 空间组合〞真实尺度与环境下的空间搭建，即拓展到以空间感知、理想分析、模型操作、实体搭建等综合运用的空间建构教学 [10, 11]。教学内容的拓展与实体训练的强化不仅提升了学生对建筑空间本质的理解，而且培养了学生发现问题、解决问题的能力，为学生的设计思维能力、实践能力、适应能力的提升提供了较为有效的途径。

5.3　培养综合全面的建筑空间观念

在整个空间建筑教学过程中，教学组始终坚持〝以学生为中心〞的教学理念，强调学生作为认知主体，而教师只是学生学习过程中的促进者和引路人。通过以学生为主体的空间感知教学、空间材料与结构逻辑训练、空间生成实践、复合空间的实体搭建等一系列教学过程，不仅能够使学生从设计到建造每个重要环节有深入的理解和认知，而且能够使学生在空间设计创意、空间组合、空间形体塑造、空间环境表达、空间结构逻辑以及材料细节呈现等方面的能力得到较大的提高，从而建立起综合全面的建筑空间观念[12]。从近年来毕业学生的学习总结反馈来看，学生普遍反映贯穿本科～4年级的"空间建造"教学对他们理解建筑空间本质、提升建筑空间表达能力具有较好的帮助。

6　结语

以上是近年来昆明理工大学建筑与城市规划学院对"空间建造"教学的思考和探索。作为一个循序渐进贯穿建筑学本科1-4年级阶段的教学环节，"空间建造"教学虽然还需要不断的改进和完善，但毫无疑问，它对提高学生对空间、材料、结构、形式、行为、尺度的认知，深刻理解它们之间的逻辑关系，具有重要作用与意义。

当前我国建筑教育正在面临持续的改革，在教学体系、内容、方法上都将逐渐与国际建筑教育接轨，并形成自己的特色。在这一过程中对建筑空间的教学，不应单纯停留在传统理论研究和图纸绘制层面，而更需要引入具有先进教学理念和教学手段的空间建造教学与实践活动，不断激发学生主动学习的热情和动手能力，提高学生的设计创新能力，最终使建筑空间建造实践教学成为建筑学本科教学改革的一个重要突破口。

参考文献：
[1]　姜涌，宋晔皓，王丽娜.从设计到建造：清华大学建造设计实验 [J].新建筑，2011（04）：18-21.
[2]　闫波，邓蜀阳，杨威.基于创新人才培养模式的"建造实践"教学体系 [J].西部人居环境学刊，2018（05）：92-96.
[3]　顾大庆，柏庭卫.空间、建构与设计 [M].北京：中国建筑工业出版社，2011.
[4]　马跃峰，张翔，阎波.以环境要素介入空间生成——建筑学专业"空间构成"课程的教学研究与实践 [J].西部人居环境学刊，2011，26（01）：6-10.
[5]　滕夙宏.空间初体验——天津大学建筑初步课程中的建造教学实践 [J].新建筑，2011（04）：35-37.
[6]　廖宇航，潘洌，梁庆华.注重过程教学的趣味性探索——以广西大学建筑学设计基础教学为例 [J].南方建筑，2015（02）：58-61.
[7]　戴秋思，邓蜀阳."形"与"意"的思辨——建筑设计基础中的概念性建筑设计教学研究 [J].南方建筑，2013（05）：53-56.
[8]　李敏稚.探求"空间"和"建构"体验的立体构成课程教学改革研究 [J].高等建筑教育，2016（04）：55-61.
[9]　申洁.环境·空间·建构——低年级建筑设计基础课程的教学模式探讨 [J].建筑与文化，2011（09）：110-111.
[10]　张彧，朱渊."空间、建构与设计教学研究"工作坊设计实践——一种新的设计及教学方法的尝试 [J].建筑学报，2011（06）：20-23.
[11]　钟力力.认知与建构——建筑学专业空间构成教学改革初探 [J].华中建筑，2010（10）：196-199.
[12]　胡靓.建筑学专业二年级空间建构教学实践及总结 [J].科教导刊，2019（01）：47-48.

图片来源：
所有图片均由昆明理工大学建筑与城市规划学院提供

作者：姚青石，昆明理工大学建筑与城市规划学院，博士，讲师

特色导向：工程性与艺术性并重的创意工科教学探讨

覃琳

Characteristic Orientation: Exploration on Creative Training with Emphasis on Engineering and Artistic in Architectural Design Course

■ 摘要：建筑设计课程是建筑学专业主修课程，作为专业学习的"主线"贯穿整个专业培养的体系建构，也是教学研究的主要载体。建筑学高年级的课程设计，多元化地增加了技术限定，以提高综合训练深度。本文以体育馆建筑这一聚焦技术综合性训练的大空间设计类型为例，结合这一典型教案建设发展的基本设置和特色，以及专业培养中个案与体系建构的关联性，解析和探讨建筑学教育中针对研究型学习的设计教学开放式平台的建构。

■ 关键词：建筑设计；建筑技术；结构形态；教学体系

Abstract：The design course is the key course in architecture major. It is one of the main contents of teaching research throughout the whole system of professional training. The diverse technology elements are set to improve the senior student's complex ability. Combining with the narrative of the teaching settings and its characteristics，this paper takes the technology comprehensive training of gymnasium in the 4th grade student as an example，to discuss the relevance of the training case and teaching settings. The structure of an open teaching system centered on learning is explored，with the consideration of taking the undergraduate education as a basic base.

Keywords：Architectural design；Architectural Technology；Structural form；Teaching system

"建筑设计课应怎么上？"作为建筑学主修课程，这一问题放在不同教育文化背景和不同时期，有很不同的解答。这与教学传统和培养目标相关，教学培育发展阶段的教学目标尤其受后者的引导。我国建筑教育历经了新中国成立以来数十年不同社会发展时期的需求变化，从解决基本建设问题的工程师培养，逐渐转向服务于当代多元需求。从"实用、坚固、美观"到当代应对全球性环境问题和呼应现代化空间的当代艺术追求。重庆大学（以下简称重大）的建筑教育在"宽口径，厚基础"引导原则下，在通识教育和专门化教学上同步建构建筑学专业课程体系。这带来建筑设计课程与教学体系设置的关联思考。

当前活跃在设计界的不少建筑师，在本科学习阶段的课程设计训练多经历过类型式教学：住宅、门诊楼、厂房、移动通讯楼、图书馆、住院楼等。近年来，以"问题"为导向改变了以"类型"为导向的初步规则，课程体系设计成为系统化教学建构的前提。而"问题"的设定决定了教学体系建构的框架，也是研究型设计的基本前提。这一设定同时期望强化建筑学专业硕士的设计训练深度。重大本科高年级的综合性设计训练，一方面为"4+2"模式提供本硕连通的训练平台；另一方面也是为本科生走向工作实践的重要环节，改变我国传统建筑院校在教学体系上实践环节薄弱的情况[1]。在四年级的培养计划设定中，建筑设计课程具备多元综合和开放的属性。

重大建筑学四年级的体育馆课程设计在题目设置上仍表现为一种"类型"，实质却是从 2007 年新培养计划设定之初，根据"多元技术综合"这一"问题"导向设置的新题。建筑学科既然设在大学尤其是设在研究型大学里，它就不可能也不应该脱离大学知识体系的更新和发展。而作为"运用"的知识体系，其所处教学平台的开放属性，才能支持教学思路的合理开拓，有助于结合不同深度训练目标下的开放式课程和设计能力培养的重新聚焦。[2]

针对建筑师结构形态训练的特色，该题目创新培育迄今已持续建设 12 年，通过 5 轮选题调整以面对课程发展要求。但是，其训练目标、原则均保持了较好的持续性。作为一种传统的"类型"式表现，体育馆设计在教学体系中承担了四年级专业训练的"技术综合"任务，有效地探索了工程性与艺术性并重的创意工科教学。这一课程的内容设置、教学引导和设计成果等，贯穿了教学设计中明确的目标导向性的开放性教学体系建构的关联方法。

1　教学体系的建构

教学体系的建构包含两个层级：培养体系——包括针对培养计划的学科内容构成，如专业课程与通识课程的构成、课程的选修限定等；课程体系——包括围绕专门化训练主题的系列课程，以及具体的核心主干课程或其他主干课程等。具体课程作为教学体系中的"点"，有不同的体系属性。核心主干课程具备不同课程体系的承载作用，形成类似于中心的"课程环"，辐射牵引其他非主干课程（图1）。作为复合性的人才培养目标，从知识综合向外拓展的专门化方向，指向研究型人才，与硕士博士培养接轨，并在本科教育阶段指向多元化人才目标。

在重庆大学建筑学专业培养计划的课程群中，体育馆设计处于两个课程体系的节点：核心设计课程体系的四年级平台，以及建筑技术主干课程系列中的建筑结构及选型，以及建筑构造（二）的知识综合训练系列。课程设置在培养体系中承担四年级技术综合的专门化教学角色（图2）。

作为培养体系的主干课程训练目标，在设计课程系列中，大空间设计是包含多个"大空间"主题训练方向的综合训练课程，目前的常规训练题目按照类型，分为多厅电影院、单厅剧场、体育馆三个方向，综合训练的共性基础是"不同尺度层级的大跨度空间""观演空间的视线设计""公共空间的疏散设计"等几个关键词，而不同方向的专门化特色中，有别于其他类型的空间组合和视听品质深化研究，体育馆课程承担了结构类型与形态的建筑设计选择与表达。这一方向对应的

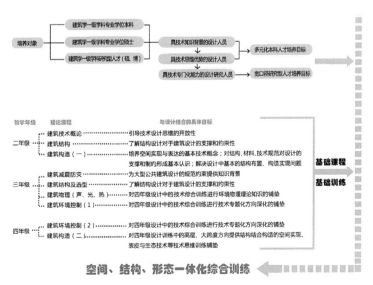

图1　建筑学本科教学课程体系的环状承载与拓展关系　图2　体育馆设计教学的课程设计定位关系

是建筑技术课程系列的设计综合方向之一。

2 课程设计的"设计"——传承与多元的教学环节设置方法

基于课程的定位,体育馆建筑设计的课程,需要在四年级学生的综合训练中完成特定专门化方向的学习,为五年级的毕业设计提供不同的综合拓展能力。体育馆题目的方向设定,关键词是"大跨度空间""结构选型""形态呈现"。教学设计的重要性和必要性是确保教学目标的实施。因此,课程设计在教学设计中通过3个训练环节设定教学目标。这三个环节在8~9周的学习中分别体现为前、中、后三个阶段的训练重点。课程周历概览如表1。

课程周历概览表 表1

阶段	周历	进度阶段要求	教师教学设置
方案构思	1	现场及案例调研,认知场地;快题;消化和熟悉任务书	集中授课1:讲题
	2	解决外部环境问题;初步确定方案发展方向;一草评图	
方案确认	3	深化内部功能配置;根据形态需要初步选择结构形式	集中授课2:结构选型
	4	确定结构造型;平面深化;初步的视线与疏散计算	集中授课3:视线分析与疏散计算
设计深化	5	方案深化,完成视线与疏散计算;结构模型深化(虚拟模拟辅助实物模型)	结构教师介入 集中授课4:技术分析与图纸表达
	6	功能布局最终确定;结构形态深化表达;二草评图	结构教师介入
正图草底	7	进一步深入细化方案,完善内容,完善结构解析;复核技术经济指标	
正图	8	回顾设计过程,完成工作模型图像资料及分析说明;室内外透视图(可全部用成果模型代替);指定部位详图;提交正图及评图	结构教师介入
	9		

第一个训练环节,是基于城市设计的要求,分析和形成拟设计的建筑形态。第二个环节,是针对拟形成的建筑形态,分析和选择可能的结构选型,并针对空间形态需求进行深化和形态优化。第三个环节,则是针对拟定的建筑与结构一体化表达的内外空间形态,进行细部设计的深化。当然,这三个环节仅仅是针对目标特色的设定,同时,这三个环节分布于设计的前、中、后三个阶段,三个阶段作为设计课程自身的规律性要求仍然是不变的,分别需要解决初步方案的确定、体育馆内外场的功能设计、技术深化设计。因此,课程设计有着明确的阶段分解。8~9周的时间差别,是源于培养计划的课程学时设定差异,体现在实际教学中,仅仅只是最后的评图时间是否延后一周——这一周最大的作用,是学生在实物模型制作上的精细化程度差异,于课程设计并无本质区别。

在这里,可以认为第一个训练环节的重点,仍是常规意义的设计训练——从城市空间、环境、流线与文脉等方面,依托新的训练载体(空间规模和容量),进行形态训练。这一阶段的成果,是第二阶段技术实现的目标,即:为自己的结构选型设计提出具体的"对象"要求。而这一对象在第一阶段的工作结束后,是不可"颠覆"或者说"回退"的。对于场地和建筑形态的研究,在提出初步结论后,必须"无条件"地进入后续的技术设计阶段。一方面是必须确保足够的技术深化时间;另一方面,针对后续设计中自己对技术深化"对象"的"不满",可以更多通过技术手段的讨论进行优化,这也是促进设计小组进行多元化和有深度的技术讨论的一种手段。第一阶段并不强调技术的形态,而是强调城市设计要求,强调作为公共建筑的大体量的环境介入方式。试图将建筑学与规划学的分异拉近,将建筑学提升至"成为一种调节各种社群矛盾的'公共政策'"。[3] "在城市里面把建筑当作联系体不要当成地标,做到尽量轻而通透,最后和环境,和整体的环境融为一体"[4]。在课程的每轮选题调整中,历次选址包括新、老校区单一狭小用地,渝中区新老建成区交界用地,渝北区新区用地,以及大学新校区的大尺度用地。选址的变化带来不同的设计范围,也提出不同的外部条件诉求。与环境的关系,是不同设计提出问题、解决问题的来源。有创意的设计概念在设计推进中如得到明确的表达,最终的成果无疑更具完整设计推进和完成度的说服力(图3a、b)。

与场地不同方式的"融合"探讨在近年来的设计比重减增。新一轮选题设于用地条件较宽松的高校校园边界区,与城市功能的空间共享和流线分隔即成为设计分析的出发点。图4的方案与图3b方案最终都采用了双拱支撑的双曲面屋顶,但是在场地范围上前者几乎是后者的4倍,在双拱的形态构成、尺度和场馆边界的围合关系上也大相径庭。

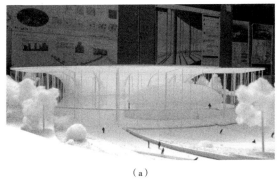 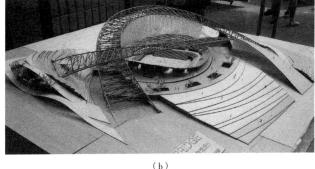

（a）　　　　　　　　　　　　　　　　　　（b）

图3　设计概念推演场地功能的不同发展趋向

（a方案的形态强调了设计对于大尺度场馆外部空间尺度的弱化，以及可参与的景观化特质，结构的主要目标是视觉景观上所追求的建筑体量的"轻"，及其外边界的单纯性；b方案则是探讨场地功能性与形态的结合，主入口概念的"门"与贯通场地不同标高的交通"桥"，成为悬索结构一体化的边缘构件）

图4　大尺度场地设计案例

　　第三阶段虽然也属于技术深化，但从重大建筑设计课程的传统角度，属"常规"的设计训练，只是针对性更为明确：根据具体方案，指导教师协助设计小组确定方案需要回答的是一些衔接关系，进行细部深化。这些细部深化并非"构造图"，而是回答技术形态中特殊部位关系在建造实现上的可操作性，或者说合理的技术逻辑解析（诸如顶部覆盖结构与边缘构件不能在同一面上形成闭合，带来形态的封闭处理需求：观众厅上部－门厅间的封闭；拱与索网间的形态闭合；单纯形态的排水系统组织和隐蔽）。对于四年级的同学来说，虽然具备各设备专业综合性的训练在8周短课程里很难实现，但结构形态与建筑形态深化中，可以结合方案特征有所尝试，以小见大，启发学生进一步提出问题的学习能力（图5），"其最终的目标仍然指向创造性思维的训练，指向设计师创作素质与能力的培养"。[5]

　　由上可知，在长效性的课程设计中，并不是对教学全过程的"颠覆性"的"改革"，而是既有成熟建构中的特色植入。这需要基于遵循明确原则的开放的设计。成熟的教学设计，并非一定要大刀阔斧的革新，循序更新和与时俱进，是良性和科学的发展观。对于本科教育尤其需要关注教学改革的立场与价值判断。重庆大学本科教学的培养目标，历时多年的教学研究和推进，已经具备了完善的培养机制和成熟的培养体系。新的教育教学要求包含教学模式、教学目标的多元更新，同时带来教学管理的改变。但是，所有的改变，都应审慎面对既有的历史和发展成果。体育馆设计课程的教学设计，有较好的成果呈现；从选课学生的学习状态也得到了积极的反馈。但是，细究其课程设计，仍然没有脱离既有课程经验的累积。这一过程虽然呈现出较为温和的变革过程——教学组织方式经历了独立设计和不同人数的小组设计尝试，设计选址也经历了不同城市区域特征、环境文脉、服务主体等方面的变化，仍然可以在一个稳定的累积过程中给予新的综合训练内容。可以说，在课程的建构上，这是一个开放式的设计。

　　开放式课程设计具备的优势，是基于成熟的课程环节设计。在这一前提下，开放式的课程设计可以"植入"特色环节，设定特色目标，并根据这一特色对前后教学环节的具体内容和目标进行限定。开放的教育教学可以类比于在成熟的"教育生产线"上进行产品定制加工，这一原则和方法是大类教育可以参照的共性基础。这样的教学模式设计，有助于稳固本科教学的目标针对性，同时加入具有时代性和多元性的命题。但是，无论怎样多元的变化，目标和环节的设置可以具有相对的一贯性。这也是很多高校在教学模式和体系特色上进行探讨的重要前提。知识与能力的辩证关系可以体现为"能力的自我培养及其过程中所遭遇的问题又将反过来催生获取知识的欲望和动力"。[6]

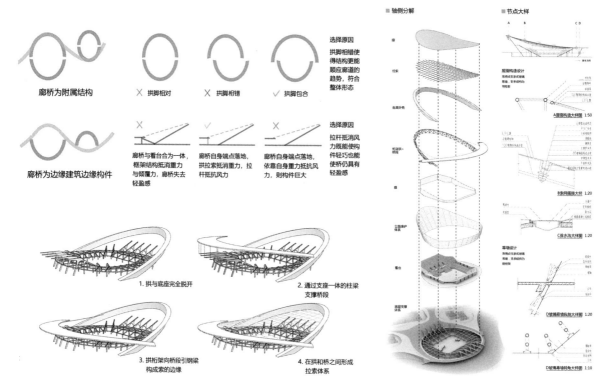

图 5　设计案例的结构形态与技术深化

3　创意工科的特色导向：工程性与艺术性的关联实践

　　体育馆课程第二阶段的训练重点是内外空间形态的技术实现。这是课程的特色内容，也依赖于开放性的教学基础。课程环节中期阶段的结构选型确定后，结构教师介入课程设计，对小组方案进行结构选型定性和定量的协同指导。

　　体育馆的结构通常可分为两部分：屋面大跨度的结构（A）＋观众席区域的结构（B）。这两个部分可以完全脱离，也可以将后者作为前者的下部支承构件。教学中形象化地将屋面大跨度的结构称为"锅盖"（A），将下部的观众席区域称为"锅"（B）。"锅盖"的核心任务是实现上部的跨度和覆盖。结构选型的差异使得两个部分的关系在具体方案上不同。结构系统中，A 的主要作用是实现跨度和覆盖，因此，是否落地这个问题，就带来很多种解答：平板网架的落地支撑可以依靠下部的列柱、圈梁、墙体等各种下部支承结构（C）；双曲面悬索可以通过落地的边缘构件如拱结构实现落地和抗侧推（C），拱结构或筒形壳体可以利用外侧的框架体系实现落地和抗侧推（C）——C 与 B 的差异在于：C 服务于 A，而 B 属于观众席；B 可以完全独立于A 和 C 存在，也可以兼具 C 的作用——这种情况下，A、B、C 是完整的一套结构（图 6）。

　　对结构构成可能性的解析使建筑方案的实现途径具备了多元解决可能。通常建筑师在选择结构构成方式时，需要对 A、B、C 组合进行探讨，寻求适宜的形态解决方案，并对由此产生的内外空间构成效果进行分析。题目设置的限定是：建筑空间表现要尽量展现结构的逻辑和构件构成，避免多余的"装饰性"遮蔽。这一点类似于中国传统建筑木结构中的"彻上露明造"，不需要藻井的装饰，展示结构自身的逻辑关系。研究和设计表现现代结构的空间美学。

　　图 7a、图 7b 所示为两个建筑学小组的结构分析案例。在结构组合关系上可以分别视为方式 1 和方式 2：a 案例是 A 结构的落地——A 可视为环状布置的三铰拱，被解析的结构单元是构成三铰拱的悬臂刚架，以及中间巨大的环状"铰接点"；b 案例，两侧交错的拱结构与曲面索网间为铰接，拱结构为索网的边缘构件和下部支承构件。图 3a 的案例，由于结构的外部形态与内部观众席的形态方向趋同，根据后续深化，组合

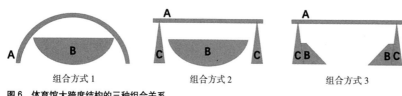

图 6　体育馆大跨度结构的三种组合关系

方式 2 或者 3 都有可能选择。而同样是索网支撑作用的拱，在图 3b 和图 4 两种不同的场地处理中，功能的介入度不同，后续的设计深化目标不同。带有空间感知的技术深化，很好地阐释了结构形态的"多义性"。这是工程性与艺术性的耦合过程，课程中对于特色的设定，在课程任务书和教学周历、结构教师参与环节上进行了引导，并且通过 4 位建筑学教师的大组评图制度，对每 4 位同学组成的 12～16 个设计小组的方案交叉观摩沟通，在课程目标上保持既定的方向（图 7c）。

结构教师的建议性意见在设计深化中并不一定与建筑教师的意见一致。这是有趣也恰有必要的讨论内容。不同的问题和原则是讨论的前提，当然，受到结构问题的启发，有的方案往往在深化过程中有更深一步的推进（图 8）。

这一环节的训练在中期阶段进行。学生需用实体模型和电脑模型配合完成空间形态与结构形态的组合设计分析。实体模型的优势在于真实的"重力"感受，避免电脑模型剖面分析时易忽略的结构可行性问题。因此，二草和正图评图时，实物模型常"遭遇"受力检测（图 9）。在成果呈现中，设计小组需要对形态设计构成中的主次结构逻辑进行解析，学生对于结构性、构造性、表皮性的材料层次关系，会进一步在典型节点的深化中进行确定和表达。

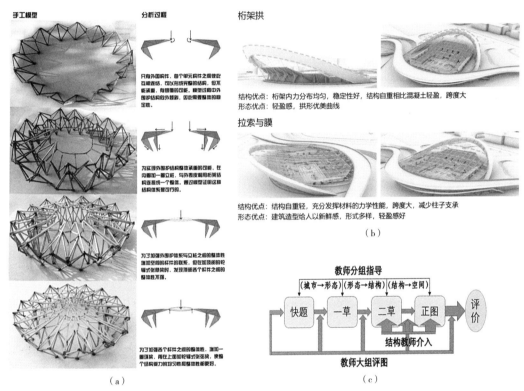

图 7　设计深化与教学环节设定

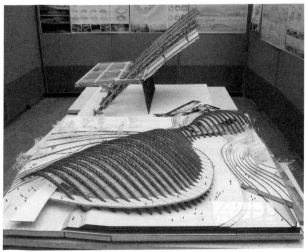

图 8　学生对拱脚与平台关系做大比例模型探讨

图 9　即兴的"荷载试验"

4 小结：以本为本、双向建构的教学体系发展

从本体而言，场地与环境、空间与功能、材料与技术构成建筑设计三大基本问题，背后联系着社会、经济、文化和科技等广阔而深邃的知识背景。这些知识的各个维度及其要素处于一种彼此交织和非等速的演进和流变状态。[7]这是建筑学的特色，也意味着建筑学教育在向研究型大学发展的过程中，本科教学与研究生培养渐行接轨。杨宇振认为1952年的高校院系大调整，"将综合变成专科、将整体拆解成细碎局部、将受教育者心智狭隘化"；并针对中国教育的这种困境，提出"至关重要的一条是重回经验"。[8]在"宽口径厚基础"的定位下，建筑教育也应当拥有更宽广的视野，这也是"回归常识"[9]的前提。

当前执行的重大建筑学4+2教学体系[10]中，四年级的4个主导设计课程分别是"乡土设计""城市设计""高层建筑设计""大跨度建筑设计"。后两个课程在培养计划的定位中承担技术综合训练的任务。体育馆教学设计持续进行开放性体系的双向建构，并赋予开放性的技术介入环节，是对结构技术的主动回应。建筑教育最突出的难度在于如何使学生在这样一个涉足广泛却又充满变化的创意工科领域获得高度融合的相关知识与设计技能，并要成一种开放、批判和创新的思维与时间能力。[11]对此，以包豪斯为代表的、强调技术和艺术的统一、以建造和设计为核心的教育思想已经融入了世界各地的建筑学院教学中。[12]当然，制度化的混合评图和混合教学需求是一种理想。设计多学科的交叉教学，在不同时期的教学管理体制上并非"褒贬不一"，因教学设定中的必要性和各专业教师的友情参与，这一方式在各种教学管理要求的前提下均得以延续，却对教学管理制度的完善提出了新的问题。这也是一个系统化的管理问题，但却不是技术问题。

参考文献：

[1] 覃琳.当代中国建筑师的职业教育与执业模式——从培养目标和教学体系看建筑教育的实践环节[J].新建筑,2007 (02)：74-76.
[2] 顾大庆，黄一如，仲德崑，丁沃沃，等."建筑教育的特色"主题沙龙[J].城市建筑，2015 (16)：6-14.
[3] 杨宇振.分裂的世界：经验与抽象——写在中国院系调整60周年[J].新建筑，2013 (01)：4-7.
[4] 贾倍思.开放建筑教育课题一：设计建筑的灵活性[J].世界建筑导报，2014, 29 (02)：32-37.
[5] 王朝霞，覃琳.重构建筑学的技术精神——建造实验教学模式探讨[J].新建筑，2011 (04)：27-30.
[6] 韩冬青，鲍莉，朱雷，夏兵，等.关联·集成·拓展——以学为中心的建筑学课程教学机制重构,[J].新建筑，2017 (03)：34-38.
[7] Deplazes A. Constructing Architecture：Materials Processes Structures[M]. Basel：Birkhauser，2005.
[8] 杨宇振.空间的艺术：社会再生产与城市设计——兼谈城市设计教育[J].新建筑，2012 (04)：114-118.
[9] 杨玉良.回归人才培养的常识[N].人民日报，2014-09-03 (005)．
[10] 卢峰，覃琳，基于系列化课程发展的学科教学体系建设
[11] 韩冬青，鲍莉，朱雷，夏兵，等.关联·集成·拓展——以学为中心的建筑学课程教学机制重构,[J].新建筑，2017 (03)，34-38.
[12] 罗佳宁，张宏，丛勐.建筑工业化背景下的新型建筑学教育探讨——以东南大学建筑学院建造教学实践为例[J].建筑学报，2018 (01)：102-106.

图片来源：

所有作业图纸均来自重庆大学学生的课程作业
所有模型照片均为作者自摄，内容均为重庆大学学生的课程作业
图3-a 高逸雯、董紫薇、赵晨西、伍洲组方案（2018年）
图3-b 官诗菡、刘译泽、袁丹龙、周金豆组方案（2015年）
图4、图5 邓宁源、栗雨晗、田彬、王鑫萍组方案（2019年）
图7-a：袁烨、秦朗、王启慧组方案（2012年）
图8：朱骋、岑枫红、米峰霖、袁俊豪组方案（2016年）
图9：高博、梁炎超、吴洋华、张雨馨组方案（2019年）

作者：覃琳，重庆大学建筑城规学院，山地城镇建设与新技术教育部重点实验室，建筑城规国家级实验教学示范中心（重庆大学），副教授

创新实践与实践创新

——面向创新人才培养的建筑学专业特色课程体系建构

薛名辉　张佳奇　张正帅　韩衍军　武悦

Innovative Practice and Practical Innovation
—— Construction of an Architectural
Course System for Innovative Talents

■ 摘要：建筑学是一门"创新"与"实践"并重的学科，从这一特色出发，通过常规设计课程中的创新能力基础塑造，开放式研究型设计课程中创新能力的进阶培养，以及实践课程中创新能力与社会责任的结合三个方面，建构一整套面向创新人才培养的建筑学专业特色课程体系；有利于创新与实践的紧密融合，更好地促进创新人才的培养。

■ 关键词：创新实践；实践创新；建筑学；课程体系

Abstract：Architecture is a discipline that emphasizes both "innovation" and "practice". From this point of view, through the innovation ability foundation in the conventional design curriculum, the advanced cultivation of innovative ability in the open research design curriculum, and the practical curriculum in the combination of innovation ability and social responsibility, it constructs a set of architectural specialty curriculum system for innovative talents training; it is conducive to the close integration of innovation and practice, and better promotes the cultivation of innovative talents.

Keywords：Innovation practice；Practice innovation；Architecture；Curriculum system

1 引言

"创新"指根据一定的目的和任务，运用一切已知的条件，产生出新颖、有价值的成果的认知和行为活动，其特征是新思维、新发明、新描述。而"实践"，指人们能动地改造和探索现实世界一切客观物质的社会性活动，其特征为客观性、能动性和社会历史性[1]。

将"创新"和"实践"这两个词语连接在一起，即"创新实践"或"实践创新"，看似一样，但若放在整个高校创新创业教育的大背景下，却存在些微的差异："创新实践"将创新行为作为载体，通过指向明确的实践过程来促进学生创新能力的培养，当今高校里如火如荼开展的大学生创新项目、创新类通识课程、创新竞赛培训等都属于此；而"实践创新"则将实践作为载体,介入创新能力培养的内容,更侧重于体系的建构,创新能力只是这一体系的指向之一。相比较而言,前者在高校的教育体系中更倾向以独立的"点"的状态而存在,与专业教育的关系较为疏远;而后者虽更倾向于以贯穿整个培养过程的"线"的状态而存在,但却往往因课程体系陈旧、教学方法落伍、跟不上时代发展等原因,在真正的学生的创新能力培养成效上大打折扣(图1)。

建筑学是一门从来不缺少创意的学科,也是一门实践性特别强的学科。信息时代以来,建筑学领域每天都在发生的创新,促使学科的内涵与外延都发生着深刻变化,对建筑教育提出了更高的要求。在这样的变革要求下,哈尔滨工业大学建筑学专业,以"新工科"理念为指引,围绕着"创新人才培养"这一目标,建构"实践"与"创新"双核心能力互动的培养体系;其中,最为典型的举措就是将"创新实践"与"实践创新"彼此交融,重构了一整套建筑学专业的特色课程体系[2]。

2 "实践"与"创新"双核心能力互动的建筑学专业人才培养模式

建筑学,从广义上来说,是研究建筑及其环境的学科,在通常情况下,它更多的是指与建筑设计及建造相关的技术和艺术的综合;因此,建筑学是一门横跨工程技术和人文艺术的学科。在学科门类上,我国将建筑学归结为工科类;但实际上,从专业人才培养的角度来说,建筑学与常规的工程类学科有很大不同,可以说是一门"非典型"的工科。在专业教育上,以建筑设计训练为主要路线,辅以人文历史类课程与工程技术类课程,其核心是培养学生应对复杂建筑问题的综合能力与素质。在这样的专业特色面前,创新、创意本身就成了学生设计过程中必须要追求的目标,而设计实践则成为承载这一目标的主要"手段"。

于是,在建筑学专业2016版的培养方案制定中,从国家社会及教育的发展需要、行业产业发展及职场需求、学校定位及发展目标、学生发展及家长校友期望等角度出发,确立专业人才培养目标:

(1) 具备广博的自然科学、人文与建筑及相关学科理论知识;

(2) 具备扎实求精的工程实践能力、创新思维能力、兼具形象与逻辑思维能力;

(3) 具备开阔的国际视野,具有严谨务实的科学态度、求真探索的思辨精神;

(4) 注重团队协作,善于沟通表达;

(5) 勇于担当社会责任,品德优良,信念执着,恪守职业信条。

希冀学生在毕业的5~10年后,能够达成这五个方面的要求,成为"引领建筑及相关领域未来发展的拔尖创新人才",这也是整个人才培养体系重构的起点。为了实现这样的目标,构建了一套以4大类、8分项、37子项构成的新的毕业要求指标体系,并建立了以设计核心课程为中心,理论课、专题课、实践环节与之相辅相成,共同组成的本硕一体化的课程体系(图2)。而在这四大课程板块之中,除理论课板块之外,都

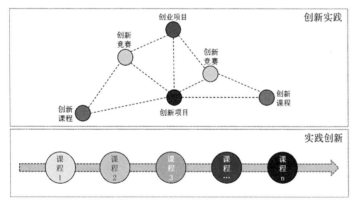

图1 高校教育中的创新实践与实践创新

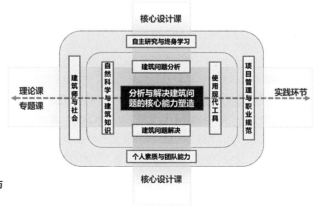

图2 建筑学专业课程板块与毕业要求的关系

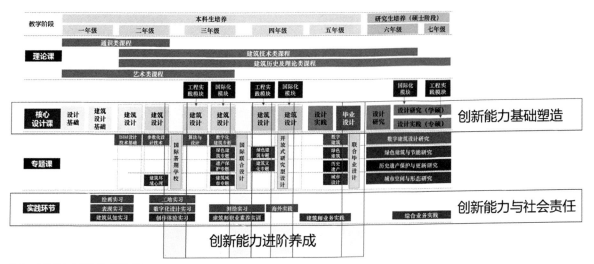

图3 建筑学专业课程体系框架图

有着充分的实践环节,也正是通过这样的实践环节,将创新能力培养的要素全方位、全过程的介入其中,实现着从创新能力基础塑造、创新能力进阶培养以及创新能力与社会责任三个层面的"创新实践"与"实践创新"的多元融合(图3)。

3 创新能力指向的建筑学专业特色课程体系

3.1 常规设计课程中的创新能力基础塑造

设计类课程是建筑学专业最为主干的核心课程,全国大部分的建筑类院校中,都设置了一系列规模从小至大的设计类课程,贯穿整个5年制本科教育阶段。也正因为这样的特点,特别适合在其中介入创新能力培养的因素,进行创新能力的基础塑造。

哈尔滨工业大学建筑学专业将设计类课程分成三阶段设置,1–2年级为基础能力构建平台,强调夯实专业基础,主要由基础能力构建团队来授课,注重扎实与勤勉;3–4年级为拓展能力提升平台,强调开放与研究,教师团队更为注重锐意进取;第5学年则为综合能力塑造平台,教师团队更为注重多元与全面。而在整个课程的教学方法上,除了延续传统课堂上的小班研讨式教学之外,还结合信息化教学手段,进一步通过翻转课程等方式实现"大班+小班"的"讲授+研讨"式教学的互相切换。同时,将课堂下教师对学生的陪伴式成长写进了教学特色之中,师生在均有余力的情况下,可以继续像"师傅带徒弟"一样进行个性化培养,在这样的过程中,创新能力得到了很好的激发。而在设计实践的来源上,强调问题导向式教学与创新导向性教学,真题假做,通过对真实存在的设计任务的完成来逐步锻炼学生创新性解决实际问题的能力。

如在一年级上的设计基础课程教学中,创新性地为一年级的新生设置了从一部电影出发的"空间再现"与"空间重构"的训练:[1] 学生选择一部电影,在观看之后,尝试在300×300×300的立方体内,对所选电影中的典型情景化空间进行再现。2)根据典型情景化空间中的人物关系,对"空间再现"练习中的空间进行重构以推动人物之间的关系发展,并关注人身体的行走、攀爬、跳跃与观看等动作与空间的关系,同时通过对门、窗(洞口)、和楼梯(爬梯、台阶)等解读认知建筑空间关系。

"空间再现"的开放式选题非常有助于学生"脑洞大开",用非常规的方式来对电影场景进行解读,而在"空间重构"训练中,学生会不自觉地代入"导演"或"编剧"的角色,进行创意性的空间操作。如图4所示,方案选取电影《白夜行》进行剖析,空间再现提取电影中男孩在通风管道中发现父亲对女孩恶行的场景,提取"通风管道""保护""光"三个元素,进行单纯的空间设计;空间重构则通过板片的内凹与折叠操作来形成空间,体现男女主人公的关系变化,从相互陪伴到相互之间的联系变得秘密与模糊。

四年级的高层建筑设计教学,传统的教学目的是整合建筑设计的相关知识,从结构、安全、舒适等角度综合、全面地解决复杂建筑设计问题,同时掌握完整的建筑设计程序与方法。在问题导向性的原则下,将设计题目定为"层的逻辑建构——共享时代下的办公建筑综合体设计",希望学生基于共享精神,调查当前社会上的共享办公模式,并通过高层建筑中标准层的非标准化来建构出创新性的办公空间。整个设计过程中,还介入了信息化的手段,如虚拟仿真实验、结构体系的数字化模拟等,均是为了使学生更好地获得创新性的设计结果。如图5所示,该同学从城市的历史印记角度出发,创新性的进行了类型学的探讨,提出了墅、街、院、市、厂等五种办公空间模式,并通过新型的桁架柱悬挂式结构体系得以实现空间的灵活性(图5)。

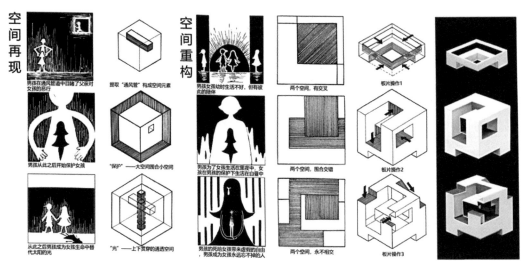

图4　基于电影《白夜行》的空间再现训练

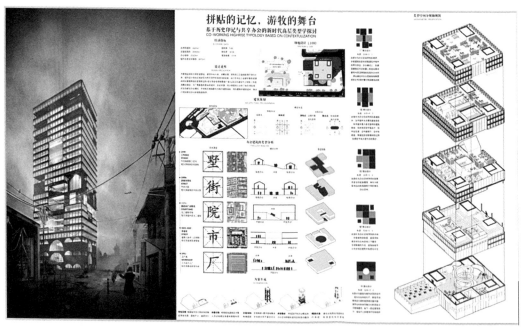

图5　层的逻辑建构作业

3.2　开放式研究型设计课程中的创新能力进阶培养

为了更好地促进创新能力的培养，指向性更为明确的"创新实践"也非常重要。相对于传统的、经典的建筑学专业教育体系，我们的做法并不是在核心设计课程中夹杂过多的内容，而是建构一条与其互为补充、相辅相成的另一类新形式的设计课程。这些课程普遍以"开放式、研究型"为特色，以"创新与实践"相结合为手段，形成了课程集群的效应。

课程集群中最为典型的便是持续建设了8年的为期四周的开放式研究型建筑设计课程。课程采取主讲教师申报制，教师根据自己的研究方向，自主确定设计题目和教学内容，实现了教学内容开放；课程要求课程小组选择与海外联合指导，或与设计机构联合指导，或与学校相关专业联合指导，实现了向院外资源开放；打破班级界限，让学生可根据个人兴趣选择老师和设计小组，激发学生的学习兴趣，实现了学生选择开放。这样，实现了多维度教学内容与方法开放。而在时间的设置上，开放式研究型设计固定在4年级春季学期春节过后刚开学的一个月内进行，这阶段不安排其他课程，使学生能够全身心地投入到设计实践中，充分感受未来设计工作的状态。

课程的另外一个特点就是研究型的选题，借助于研究所的力量，将最新的科研成果纳入到设计题目之中，形成创新性的、面向学科前沿的设计选题，如表1所示，涵盖了历史街区与工业遗产保护、数字建构与参数化设计、城市更新与社区营造等当前的热点问题，同时，也有一些哈工大建筑学科的特色科研方向，如大跨度建筑与结构的创新、木结构建筑的设计与建造等。

	2012—2018 年开放式研究型设计课程选题列表				表 1
开课单位	中国建筑史与遗产保护研究所	建筑数字化设计与技术研究所	大空间建筑研究所	公共建筑与环境研究所	地域建筑与现代木结构研究所
教学关键词	历史街区 工业遗产 保护，复兴	参数化 建筑生成 数字建构	大跨度建筑 建筑与结构 结构创新	城市更新 社区营造 参与式设计	木建筑 木结构 木装置
2012 年题目	哈尔滨历史街区的保护与复兴	数字媒体 图书中心	大跨度建筑与结构综合创新研究		
2013 年题目	哈尔滨历史街区的保护与复兴	冰雪文化展览馆	大跨度建筑与结构联合创新研究	愈夜愈美丽 中原夜市 空间设计研究	
2014 年题目	哈尔滨历史街区的保护与复兴	冰雪文化展览馆		校园之上 市井之间 大学与夜市间 空间研究	木装置 设计与建造
2015 年题目	哈尔滨工业遗产再利用设计研究		结构成就 建筑之美 大跨度建筑与结构协同创新设计	面向生活场域的参与式设计研究	木结构 建筑设计与建造
2016 年题目	哈尔滨工业遗产再利用设计研究			社区引力波 1.0 后城市时代的社区设计	演变中的木材在建筑中应用创作
2017 年题目	哈尔滨工业遗产再利用设计研究			社区引力波 2.0 开源社区学校	木建筑技术与表现——绿色游客中心建筑设计
2018 年题目		数字建构与设计创新		社区引力波 3.0 社区文化空间	材料的生态化建构可能性探索与设计实践

开放式的教学方式与研究型的设计选题促进了创新性实践的产生。如公共建筑与环境研究所自 2016 年始，连续 3 年与荷兰的 MAT office 事务所合作，以一线城市建成 20-30 年左右的社区为载体，探讨社区内公共空间更新的可能性。将三次的设计题目统一为"社区引力波"，其意义在于不仅仅是给社区做空间提升，而是要挖掘并设计能够承载社区活动与事件的创新型活力空间，同时通过对社会性的关注积极践行着高校教育中对于社会责任感的养成与塑造。三年的设计实践分别针对三个不同的社区，以空间重置、开源建造、建筑植入为主要设计逻辑（表 2），取得了一系列创新性的成果（图 6）[2]。

	社区研究与设计教学实践一览				表 2
时间	研究型设计题目	设计逻辑	研究关注点	社区名称	区位
2016 年春	社区引力波 1.0：后城市时代的社区设计	空间重置	既存社区空间状况	慧忠里社区	朝阳区北辰东路与慧忠北路
2017 年春	社区引力波 2.0：开源社区学校	开源建造	社群行为模式	延静里社区	朝阳区延静里中街
2018 年春	社区引力波 3.0：社区文化空间	建筑植入	社区空间与社群行为的关系	新源西里社区	朝阳区新东路

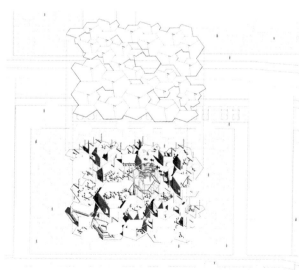

图 6 开源社区学校作业《顶之下》
2017 亚洲设计学年奖金奖

137

课程集群中另外一门主要的创新实践类课程，就是以"印记哈尔滨"为主题的国际暑期学校。课程突出"国际化特色"，以夏季学期的工作坊为主要形式，还包含授课、讲座、调研等环节（表3）；在教师的选择上注重面向学术前沿理论，学生除本校之外，还面向海外院校、C9院校、面向专业与非专业招生学生。课程迄今已举办4年，迎来了来自清华大学、北京大学、南京大学、复旦大学、同济大学等名校的营员，4年来共招收营员440名。

2018年国际暑期学校课程设置 表3

课程环节	研究型设计题目设计逻辑	授课教师团队	学时	学分
授课	西方现代建筑理论专题—1	荷兰代尔夫特理工大学 Herman van Bergeijk 教授，资深建筑历史与理论领域专家	16	1.0
	西方现代建筑理论专题—2	黄承令 教授 台湾中原大学设计学院前院长，聿铭事务所项目负责人		
讲座	建筑学科学术前沿	8位国内外知名学者	8	0.5
调研	城市发现	哈工大建筑系主任薛名辉副教授带队	8	0.5
设计	Harbin Design Heritage Workshop	美国麻省理工学院建筑系 文化遗产建筑保护专家 Takehiko Nagakura 教授及其团队 + 建筑系教师	32	2.0
	数字建构与设计创新	美国麻省理工学院数字化建筑设计研究小组专家学者，哈工大建筑学院客座教授陈寿恒及其团队 + 建筑系教师		
	Design and Build	英国谢菲尔德大学张纹韶教授 + 建筑系教师		
	Parametric Urban Design in Cold Region City	西澳大利亚大学设计学院 Romesh Goonewardene 及其团队 + 建筑系教师		
	开源城市街区	哈工大建筑系主任薛名辉副教授 建筑系副主任、三年级教学组长刘滢副教授		

相比于开放式研究型建筑设计课程，国际暑期学校因为增加了国际化因素，在教学过程中更为注重国际前沿学科研究的介入。如在"Harbin Design Heritage Workshop"的工作坊之中，便是与麻省理工学院的教授团队合作，基于深度学习算法识别人群姿态，应用虚拟现实技术建构历史建筑形态空间与材料肌理模型，进一步通过增强现实建模，建立人群姿态与历史建筑虚拟现实模型显影区域之间的映射关系，实现历史建筑与人群的实时互动（图7）。

3.3 实践课程中的创新能力与社会责任的结合

如果说设计类课程是学生的必选环节，担负着创新能力普遍性培养的重任；那在课程之外，利用学生的课余时间，进行特色实践，则更有利于拔尖创新人才的培养。

建筑学作为一门研究人居环境、追逐诗意栖居的学科，有着开放、多元的特点；服务社会一直都是建筑学专业人才培养的重要质量标准之一。近年来，在"绿水青山""美丽乡村"等国家级口号的引领之下，日新月异的乡村也成为众多高校实践教育的主要基地，培养着未来的人才，承载着未来的希望。

使用者姿态采样

历史建筑VR建模

互动设计原型构建

图7 哈尔滨城市印记再现

自 2016 年起，连续三个暑假，建筑学专业的骨干教师放弃休息，带领学生到外省乡村参加建造实践。2016 年 8 月，CBC 建筑中心与贵州黔西南州义龙试验区联合举办高校建造设计大赛，选址在贵州省黔西南自治州的布依族村落——楼纳村。初到乡村，城市的孩子们所能找到的与之关联的词汇无非"自然""孤离""纯简"；但在 15 天密集的建造过程之后，他们在工人师傅的帮助下，亲自动手完成了名为"黔庐纳坤"的竹林休憩装置。整个过程从方案立意，到结构形式选择、施工图绘制，直到建造完成，都饱含着创新的思维火花（图 8），但相比来说，更为重要的是，通过这样的过程，学生们开始产生了一系列的关注乡土、关注社会的思考，如同他们在建造后记中所写："就像一场浩浩荡荡的乡建本身所能标示出的一样，我们极力以城市环境塑造出的身份来完成对乡村文化的回溯；我们所做的一切，与装置本身相比，更像是一场群体性的行为艺术，以竹建筑为附着，表达对于乡村文化渐渐衰微的思考。"

继楼纳之后，2017 年的四川德阳龙洞村，一次更为具体的乡建任务摆在了团队的面前：农户王大爷家的小院亟待更新改造。经过实地的调查，学生们发现，这是一个"四世同堂"的大家庭，王大爷和父母在乡下居住，而他唯一的儿子则带着小孙女轩轩生活在大城市成都。以此为切入点，学生们把整个设计、建造的过程命名为"轩轩的梦想改造家"，并选用在地的乡土材料——竹子、红砖、青石板等，在院落里形成多个可遮风避雨、饮茶吃饭、休憩聊天的空间，旨在可以容纳"四代同堂"的家族欢聚（图 9）。半个月后，当这处惬意的庭院建成之时，户主王大爷特意为大家煮了腊肉，并拿出了珍藏多年的老酒，感谢大家的创意与付出。面对真实的生活，做真正的完整的实践，这样的过程中，创新能力的养成与社会责任的塑造紧密地结合在了一起。

2018 年的夏天，乡村实践又转到了江西万安夏木塘，在"趣村"的统一主题下，通过简易的建造方式，提供了多元的场景，实现了"观田赏落花"的广受村民喜爱的乡村客厅（图 10）。几次乡建，虽然由于实地建造周期长，决定了在当前的专业教育中倾向于小众的游戏；但其意义却悠长而深远：高校师生、政府公务员、乡民与工人，半个多月的朝夕相处，虽各承其责，但都是为了一个共同的目标与理想。"创新之实践，塑社会之责"，把人间烟火、乡村关怀的种子播撒在学生们的心中，相信未来的某一天定会生根发芽，寻到那乡愁可依的诗与远方。

图 8　贵州楼纳学生动手建造的竹装置"黔庐纳坤"

图 9　四川德阳龙洞村"轩轩的梦想改造家"

图10 江西万安夏木塘 乡间休憩装置"落花意、流水情"

4 结语

　　"创新"和"实践"作为建筑学专业的两大典型特征，缺一不可，唯有相辅相成，方可互为促进。哈尔滨工业大学建筑学专业，通过一系列开放、多元的特色课程体系之建构，将二者有机整合，取得了一定的成效，总结出了相应的经验与举措。

　　新时代、新征程，建筑教育也面临诸多机遇与挑战，唯有秉承开放、多元的理念，将"创新教育"与"实践教学"紧密结合，构建以前沿研究和国际化为特征的创新能力和以目标化复杂工程训练为核心的实践能力互动的人才培养体系，这既是建筑学专业之本，也是其作为工科教育之初心！

　　望不负春华枝俏，待秋实果茂……

参考文献：

[1] 关鑫. 以矛盾视角探析高校创新创业教育与专业教学的融合 [J]. 教育理论与实践，2019，24：3-5.
[2] 薛名辉，吴桐，唐康硕，张淼. 社区研究与设计教学——哈尔滨工业大学建筑系开放式研究型设计课程探索与实践 [A]. 2019 中国建筑学会学术年会论文集，343-350.

图片来源：

图1 作者自绘
图2 作者自绘
图3 作者自绘
图4 哈工大建筑学院专业 18 级学生作业
图5 哈工大建筑学院专业 13 级学生作业
图6 哈工大建筑学院专业 13 级学生作业
图7 哈工大建筑学院国际暑期学校学生作业
图8 作者拍摄
图9 作者拍摄
图10 作者拍摄

作者：薛名辉，哈尔滨工业大学建筑学院建筑系，寒地城乡人居环境科学与技术工信部重点实验室，副教授，硕士生导师；张佳奇，哈尔滨工业大学建筑学院建筑系，寒地城乡人居环境科学与技术工信部重点实验室，在读硕士；张正帅，哈尔滨工业大学建筑学院教学办公室；韩衍军，哈尔滨工业大学建筑学院建筑系，寒地城乡人居环境科学与技术工信部重点实验室，副教授；武悦（通讯作者），哈尔滨工业大学建筑学院建筑系，寒地城乡人居环境科学与技术工信部重点实验室，副教授，硕士生导师

建筑物理课程教学问题探析

——从授课教师与从业建筑师的双重视角出发

金星　张旭

Analyses on Teaching and Learning Problems in Building Physics——Based on the Dual Perspectives of the Teacher and the Architect

■ **摘要**：为了更加深刻全面地分析建筑物理课程教学效果不佳的原因，本文从建筑物理课程授课教师和从业建筑师的双重视角出发共同进行了教学探讨。分析主要从课程方面和教师方面分别展开，其中课程方面不仅探讨了建筑物理课程方面的原因，还分析了包括建筑设计课在内的其他课程的原因，教师方面不仅探讨了建筑物理授课教师的原因，同时还分析了建筑设计授课教师的原因。本文的分析为提高建筑物理课程教学效果提供了参考和借鉴。

■ **关键词**：教学；建筑物理；建筑设计；建筑热工

Abstract：In order to find the real reasons for unsatisfactory teaching and learning performances of building physics course, the analyses about the course were conducted based on the dual perspectives of the teacher and the architect. The courses and the teachers were the two main aspects which were discussed in this paper. Not only the building physics course, the architecture design course and other courses, but also the building physics teachers and the architecture design teachers were all included in the analyses. This paper is useful for improving the teaching and learning performances of building physics.

Keywords：Teaching and Learning；Building Physics；Architecture Design；Building Thermal Science

1 引言

建筑物理课程主要包括建筑热工学、建筑光学和建筑声学三部分内容[1]，是建筑学专业学生必修的一门专业基础课程。目前在国内各大高校建筑学专业教学体系中，该课程总学分为 3～4 个，通常于大学三年级开设。

在我国目前对室内外环境要求逐渐提高和建筑能耗逐年增大的背景下，建筑物理课程中有关室内外物理环境、建筑保温隔热遮阳、天然采光、建筑照明、吸声隔声以及噪声控制等方面的知识可以促使学生们（未来的建筑师们）在设计时更加关注建筑物理环境的营造，合理利用自然资源，有机整合节能技术，从而设计出更加舒适宜居节能的建筑。刘加平院士多次在学术会议上指出，我国现阶段绿色建筑的实现迫切需要建筑师发挥带头和引领作用。在各方的推动下，国家"十三五"重点研发计划"绿色建筑及建筑工业化"重点专项中首次设立了数个由建筑师牵头主持的项目[2]，旨在从源头做好建筑节能设计，将"绿色"更好地融入建筑设计中。在建筑学专业学生的本科学习阶段，建筑物理是与绿色建筑设计最密切和最直接相关的基础课程。因此，对于建筑学专业学生而言建筑物理是一门非常重要的课程。

但是，现实情况却是，建筑物理的教学效果不甚理想，普遍存在着部分学生对课程不重视，觉得课程枯燥难学，上课听讲不认真，互动性弱等问题。为了提高该课程的教学效果，国内各大高校授课教师无论从体系内容还是方式方法上都做过不少有益的尝试和拓展[3-7]，这些都为包括笔者在内的国内其他授课教师的教学活动提供了非常有价值的指导和帮助。但前面提到的问题在授课过程中还依然存在。

而为了提高建筑物理的教学效果并进行有针对性的改进，首先就需要知道究竟是哪些因素造成了目前的状况。基于此，本文将对建筑物理课程教学问题进行探析，主要针对造成该课程教学效果不佳的原因进行剖析，探究其中存在的问题，从而为将来如何改进课堂教学和提高教学效果提供依据和参考。

2 分析视角

笔者调研国内高校有关建筑物理课程教学论文时，发现它们大都是从建筑物理授课教师的视角出发，针对授课过程中存在的问题进行剖析，进而提出相应的解决或改进方案。这样做的优势是授课教师熟悉授课对象和授课内容，很容易发现授课过程中存在的问题，提出的措施和方法相应地就很有针对性。但是这也存在一些问题，建筑学是一门偏向实践的学科，学生无论是学习阶段还是工作后都要进行大量的建筑设计实践创作，而建筑物理是一门理论知识较强的课程，虽然实践创作和理论知识学习联系紧密相互促进，但两者还是存在较大的差异，因此从授课教师的视角出发固然可以做到直接客观地分析课堂教学，但可能并不能完全了解学生在建筑设计时的所想和所需。如果针对教学对象和学习体系的了解不充分，相应地问题的理解和判断可能就不全面甚至出现偏差。

基于上述描述，为了使分析更加的全面和客观，本文提出应从授课教师和从业建筑师的双重视角出发共同进行教学问题分析。之所以纳入建筑师的视角，是因为从业多年的建筑师结合自己的过往设计项目和经验返过头再来看课程教学，回顾自己曾经的课堂学习和已进行的实践创作，更能明晰作为建筑师的自己需要掌握哪些建筑物理知识，以及为什么当时未能掌握，从而洞察建筑物理教学过程中的问题。因此两者视角的结合和思维的碰撞更有利于切中课堂教学问题的要害，分析也就更贴近实际，更全面可信可靠。

本文的两位作者之一—金星老师一直从事建筑物理热工部分的教学，另一位作者张旭老师具有多年建筑实践经验，同时一直讲授建筑设计课程和建筑构造课程。该文是融会贯通了这两位老师的探讨和观点并进行归纳总结的结果。同时需要指出的是，本文的教学分析主要是基于建筑物理热工学部分。

3 教学效果不佳原因分析

对于建筑物理课程而言，教学效果好的表现为学生上课注意力集中，互动积极，能认真思考并能将所学的知识应用于建筑设计中。而教学效果不佳的表现则反之：学生精神面貌不佳，注意力不集中，互动环节不积极，不能很好地将所学的建筑物理知识应用于建筑设计中。

在教学活动中，课程内容和授课教师对于学生的学习效果有着决定性的影响：课程的内容设置、重要性及难易程度，教师的知识储备和教学方式方法等均会影响学生上课的积极性和投入程度。因此为了剖析建筑物理教学效果不佳的原因，本文将分别从课程和教师两个方面进行讨论。

3.1 课程方面

建筑学学生大学阶段学习的数学物理类课程很少。建筑学虽然也属于工科，但是课程体系与传统工科的课程体系差异较大，最明显的差异为数学物理在学科内的重要程度不同。建筑学专业学生通常只学习一个学期的高等数学，学习内容也简单，有的学校甚至并不开设数学课程，而且建筑学学生都不学习大学物理这门课程。由此带来的结果就是学生的数理基础较弱，到了大学三年级后，数理知识更是所剩甚少。而建筑物理课程在讲授传热传湿基础以及围护结构设计计算时有大量的公式，需要用到很多数理知识，这对于建筑学专业学生而言就显得吃力，由此对教学效果带来了不利影响。笔者在讲授平壁的稳态传热时，课堂上做了个练习：为了使多层平壁达到规定的总传热热阻，请同学们计算所需保温材料层的厚度。然而课堂上实际观察发现一个班也仅仅只有几位学生能在规定时间内完成。

建筑物理知识点繁多。建筑物理热工部分包括室内外热环境、传热传湿过程、通风、日照遮阳等内容，涉及建筑环境学、传热学、传质学、流体力学、地理学等诸多学科，因此需讲授的内容和知识点也较多。对于学生而言，大量的内容显然并不容易掌握，而且容易迷失在其中。

建筑设计课工作量大，但其中有关建筑物理性能的设计要求却较低。建筑设计课一般为八周，毕业设计为十六周。在这八周或十六周的时间内，学生们需要针对题目进行空间、材料、结构、功能等多方面的设计，然后每周都要与指导教师交流两次，根据教师的意见修改设计方案。实际情况是，直至最后一周，设计方案依然有很多问题，依然有待完善，学生们在最后一周经常需要连续熬夜来确定方案和模型。由于设计任务重而时间短，常规的设计内容已经让学生捉襟见肘疲惫不堪，根本做不到综合性的思考和表达，也就没有时间和精力开展建筑物理性能的分析。此外，建筑设计课训练的重点在空间、场地、功能等，较少或有时甚至没有针对建筑物理性能的设计要求，这带来的后果就是学生一方面不能将所学的建筑物理知识运用于建筑设计中，另一方面慢慢地越发忽略建筑物理知识的学习和应用。比如关于某乡土建筑更新的设计作业，这是一个特别能考察物理性能知识点的题目，但学生们大量的时间都花在了绘图、功能置换、流线设计等方面，70页的最终文本中有关建筑物理的内容仅有3页，分别为各点风速的现场测量数据、通风的示意图和改造前后物理性能数据粗略对比，无论工作量还是深度都远远不够。

3.2 教师方面

建筑物理授课教师不能很好地将建筑物理知识与建筑设计内容结合。这点本文作者之一金星老师深有感触，金星老师获得的学士学位、博士学位均非建筑学，受到的是传统工科教育，数理知识较好。这样的优点是在课堂上能将传热传湿基本原理讲解得很透彻，对于建筑热工问题的理论分析也较深入，并熟悉各类模拟分析软件等。但同时也可能带来了一些问题：过于强调数学物理知识和公式有时会让学生们有畏难情绪从而失去了学习的积极性。虽然熟知原理知识，但参与的工程实践项目不多，对建筑设计、建筑构造等了解相对较少而不能很好地将建筑物理知识应用于建筑设计中，不能刺激学生在建筑设计中结合物理性能产生创造性的突破。此外，某些技术与设计的结合显得较生硬，不符合建筑审美，得不到学生的认可，这又增加了教学阻力。比如：在活动房屋设计中，学生曾问老师两个箱体连接处如何才能做到高效密封保温，由于并不了解具体连接构造，笔者当时并不能给出很好的解释。这也使得笔者反思，作为建筑物理教师，是只简单地传授建筑物理知识还是应教会学生在他们的建

筑设计中更好地运用建筑物理知识。显然，后面一点笔者还需继续提高。

教学手段、方法和内容不够丰富。建筑物理课程知识点繁多，公式、计算也多，但该课程主要以讲授为主。单纯的讲授就成了知识灌输，效果不佳，即使是态度认真、学习用功的学生也不能做到持续地集中注意力。此外，由于建筑学专业的特殊性，该专业学生通常都有较好的艺术功底，熟悉了解绘画、雕塑、摄影、哲学等学科知识，这也使得他们的口味比较"挑剔"。比如，笔者初次讲授建筑物理，在讲到平壁的周期性传热时，学生们完全迷失在PPT里面呈现的各类公式和定义中。这也促使自己思考，深知想要把课上好，吸引学生们的注意力，相应的教学手段方式方法就显得尤为重要。为了使学生们更易于理解和接受，要能做到把课程中的一个知识点融入具体的生活实例或建筑设计案例中。同时，还应改变单纯机械的讲授方式，采用多种教学方法，为每堂课都能加些"调料"，设计些"兴趣点"来调节活跃课堂气氛。而上述这些方面有的教师并没有做到或做得远远不够。

建筑设计课教师建筑物理知识储备不够。指导建筑设计的教师都是建筑学专业出身，他们受到的都是传统的建筑学教育，其中有部分教师建筑物理方面的知识储备也不够，大多时候还是根据自己的经验来判断建筑物理性能的好坏，仅停留在技术概念这个层面，完全不能进行定量的分析；并且有的教师也认为建筑物理等相关内容在建筑设计时属于附属配套内容，将来会有其他工程师配合来做，建筑师并不需要掌握。这样则会带来不利影响：自身建筑物理知识的不足使得他们很难评判学生设计的建筑的物理性能的好坏，而相应地在题目设计及要求上对建筑物理性能的要求和重视程度也很低。在这种情况下，学生们也就不会认真努力地进行物理性能的分析，常常是仅在图纸上有一些概念性的表达，一方面深度远远不够，另外漏洞错误也较多。比如某建筑设计题目，学生进行了热压通风分析，图1为建筑外观图，图2为模拟结果。但细究下来，该风场却有不少明显错误：热壁面附近处的风速很小，最大风速出现的位置不对，计算的中庭换气次数超过30，等等。究其原因，发现该模型的建立和设置都有问题，比如边界条件设置不对，模型也并未收敛。之所以出现这种问题，在于整个设计过程中并无建筑性能方向的老师参与，而该课题指导老师均为建筑学背景出身，在模拟方面其实并未给学生专业的指导，对于呈现在文本中的数据和分析指导教师也并不是很明白，诸如换气次数等专有名词也不了解其含义，里面的错误自然也发现不了。

图1 建筑外观图

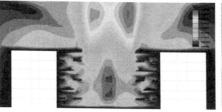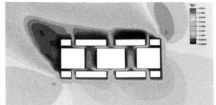
图2 建筑风场模拟图（左）剖面；（右）平面

4 讨论

本文并未从学生这个方面来讨论教学效果不佳的原因，主要是因为笔者认为学生方面的原因其实大都可归纳到课程和教师这两部分内容中。比如，学生不重视建筑物理课，觉得课程枯燥、数理知识薄弱等，这些都是由建筑学专业整个课程体系造成的，客观事实是每个专业都有自己的知识侧重点；学生上课不认真，互动不积极，可认为是教师授课方式不佳造成的，而即使是诸如"翻转课堂"等以学生为主导的教学方法，也更需要和强调的是教师的课堂设计和指引。

当然，肯定还有其他因素会影响建筑物理授课效果。比如，现阶段我国大部分建筑的物理性能较差，学生们周围的教学楼、办公楼、宿舍楼、居住楼等一般都存在热桥多、气密性差、施工质量差等问题，学生们也较少能实地细致参观高性能的建筑。这带来的后果是建筑物理课堂上介绍的知识点在现实生活中较少找到实例，应用效果很难体现，他们觉得这些知识高高在上，不易落地实施。但另一方面，目前不少宿舍和教室都配备有空调和采暖设备，他们发现前面所提到的一切问题最终都可以通过开启主动式设备来解决，加上不少学生对于能耗又不关注，这又让他们在设计中缺乏设计高性能建筑的动力。

5 结论与展望

建筑物理是建筑学专业课程体系中一门重要的专业基础课程，但该课程的实际教学效果却不佳。单纯地从授课教师的视角分析建筑物理教学问题并不全面，因此本文提出从建筑物理授课教师和从业建筑师的双重视角出发来共同探讨造成建筑物理热工部分教学效果不佳的原因。分析主要从课程和教师两个方面分别展开，其中课程方面从建筑物理课程、建筑设计课程和数学物理课程三部分展开，教师方面则从建筑物理授课教师、建筑设计授课教师和建筑物理教学方式方法三部分展开。本文的分析可为提高建筑物理课程教学效果提供参考和借鉴。

基于此，笔者也将针对目前自己教学过程中存在的问题进行有针对性的改进，努力提高建筑物理课程的教学效果，并于将来分享自己的教学体会。

参考文献：

[1] 柳孝图.建筑物理（第三版）[M].北京：中国建筑工业出版社.2010.
[2] http://www.most.gov.cn.
[3] 葛坚.翁建涛.马一腾.基于全过程管理的课程交互式考核体系研究与实践——以"建筑物理"教学改革为例[J].中国建筑教育.2017.18（2）.86-92.
[4] 周雪帆，陈宏，管毓刚，丁德江.基于建筑学学生思维特点的实践性建筑物理教学初探[J].华中建筑.2018（09）.111-114.
[5] 许景峰，宗德新，尹轶华.数字技术在建筑物理课程教学中的应用[J].高等建筑教育.2012.21（1）.139-143.
[6] 杨春宇，陈仲林，唐鸣放，何荣，宗德新，许景峰.建筑物理课程教学改革研究[J].高等建筑教育.2009.18（2）.57-59.
[7] 路晓东，祝培生."建筑化"的建筑物理教学初探[J].中外建筑.2008.11.114-116.

图片来源：

图1 来源于本科毕业设计作业
图2 来源于本科毕业设计作业

作者：金星（通讯作者），东南大学建筑学院，教授；张旭，东南大学建筑学院，讲师

青年论坛

Youth Forum

2020 年的菜场重生

——基于空间微元自主操作的空间共享模式

李绍东　刘悦　杨毅

Rebirth of Agriculture Market in 2020——the
Space Sharing Mode of Agriculture Market
Based on Micro-Spatial Independent
Operating

■摘要：成形于近代城市化进程中的菜场是城市居民社会生活中最具空间共享潜力的传统公共空间。文章通过对其孕育过程的梳理，渐进理解菜场空间的潜在共享属性；针对典型菜场的共享主客体空间行为碎片化量化记录研究过程，暴露出菜场空间呆板化、空置化等问题；借助结构主义建筑系统理论畅想 2020 年新菜场的"空间微元自主操作"空间共享模式，并试图借此激活菜场空置空间，使沦为城市死角的菜场重新成为城市公共空间共享体系的重要节点。
■关键词：菜场；空间共享；空间使用效率；空间空置；系统理论；新模式
Abstract：The agriculture market that have finally formed in the process of modern urbanization are the traditional public spaces with the greatest spatial sharing potential in the social life of urban residents. Gradually understand the potential shared attributes of the agriculture market space by combing its breeding process. Aiming at the research process of the quantitative recording of the space behavior of host and object of the sharing in typical agriculture market, the problems of spatial which are the rigidity and vacancy in the agriculture market are exposed. With the help of structural architecture system theory, It is easy to think about the space sharing mode of "micro-space autonomous operation" in the new agriculture market in 2020, and try to activate the empty space of the agriculture market, so that the agriculture market that is the corner of the city will become an important node of the urban public space sharing system.
Keywords：Agriculture market；Space sharing；Space using efficiency；Empty space；System theory；New mode

1 前言

共享即分享物品使用权或信息知情权，当前以共享物品使用权为核心的共享经济时代已经来临。随着社会生活方式的深刻变革,与之相对应的空间形式也在寻求转变。"菜场"是最传统的商业空间概念,但其蕴含的丰富的社会生活场景使菜场带有了城市公共空间的属性。"菜场"二字之所以加双引号,是因为严格意义上的菜场空间是个很新的城市空间概念,它是伴随近代城市化进程而诞生的,距今不过150年左右。菜场的诞生过程是一个城市公共空间共享潜能不断被激发的过程,当今问题重重的菜场空间形式并不是这个过程的终结,它必将持续发展并不断产生新的空间共享模式。

2 "菜场"空间的演变与空间共享潜力激发

2.1 "菜场"空间共享潜力的进化

第一个"菜场"空间雏形是汉唐官市制度(图1),其所处时代的国民经济以自给自足的小农经济为主,并且对商品经济采取抑制政策——商贩只能在官府统一划定的固定城市区域进行商品交易,从而形成有固定边界和规模的牢笼式的"菜场"空间。唐代长安城的东西市就是这种制度的典型代表。受该时期采用的里坊制城市布局所限,市民社会生活被束缚在固定的区域里,导致城市各功能空间的交往被割裂阻隔。作为集中商业空间的"官市菜场"只是一个纯粹的商业功能区,并未实现城市空间的全域串联与共享。

第二个"菜场"空间雏形是宋代市肆制度(图2),其所处时代商品经济空前繁荣,里坊制的解体使得商贩开始沿街设市。这些沿街散落布局的摊位,集合成无清晰边界和固定规模的线性开放式"菜场"空间。这条线性空间依附城市街道形态随机生长,所有商业或非商业的空间行为都在其中随机发生。虽然这只是一种无限规模的结构组织松散的社会生活共享空间,但它在一定程度上串联起了各类城市功能空间,比里坊官市更具城市空间共享潜力。

第三个"菜场"空间雏形是定期市集制度(图3),亦称赶集、赶圩、趁墟等。尽管其命名有显著的地域差异性,但基本含义都是农民或商贩在约定的日期集中在某个约定的地点进行农副产品交换,形成有固定边界和规模而无固定存在形式的四维"菜场"空间。这是一种带有时间维度的空间共享,第四维度时间轴上的刻度就是集市出现的时空点。时空点分布的间隔从一月到半月不等,在经济发达的长三角地区的村镇普遍出现每几天一集的现象。甚至在个别地区出现日日集,随之产生了一些永久性的贸易交易地点,从而将这种"菜场"空间在时间维度上的波动值稳定成一个恒定值。这个时空共享的产物相比于市肆制更集约更有目的性,农民开始自发整合城乡公共空间,较为清晰的空间共享理念已经贯穿其中,这种整合就是最接近现代菜场形式的菜场空间雏形。

2.2 "大屋顶"下的现代菜场是对城市空置空间的共享

"边界"和"规模"等术语被用来描述各类"菜场"雏形空间的空间限定度。依前文所述,这些雏形空间即使具有了固定的边界和有限的规模,仍然是一种临时性、空间限定度低、模糊和抽象的概念性空间。现代菜场与之最大的差别就是其空间的真实性与具象性。这种具象源于其所处某种真实的建造系统,即永久或半永久性的遮蔽系统。各类遮蔽系统又可以抽象为一个"大屋顶",从而可将现代菜场描述为有固定地点和清晰内外边界的"大屋顶"下的生活场景库。我国最早的菜场出现在19世纪末的上海市法租界,商人或租界政府出资在城市的各个社区中修建了一批菜场(图4)。这批菜场的遮蔽系统在结构上基本已经采用了先进的钢筋混凝土结构,有的菜场为了争取好的采光还使用了无梁楼板(图5)。这些遮蔽系统形成了稳定的室内或半室内经营空间,将菜场经营活动明确地限定在这一遮蔽系统中。租界当局规定菜场周边沿

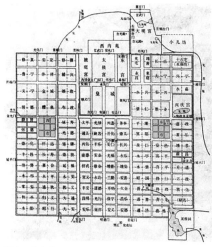

图1 唐官市

图2 宋市肆

图3 定期集市

图4 上海菜场

图5 上海菜场

路设摊的摊贩需进入菜场经营，菜场的管理模式是市场管理者为商贩提供固定摊位并向其收取一定的租金，同时市场管理者对摊贩所贩卖商品的质量实行监督管理。

这是一种全新的社会生活模式及商业空间模式，这批菜场建设在社区的空余土地上，是方便社区居民生活的公共设施建设，是对城市空置空间的共享与再利用，也是城市建设者对城市空间的有效整合。尽管沿街设摊的小贩也方便社区居民的生活，但它影响了城市道路的通行效率，产生的污物加重了环卫工作人员的负担。这是对城市公共空间的侵犯，也是对城市公共卫生的损害，可以说是一种病态的共享。现代菜场的出现及政府的引摊入市政策有效整合了城市公共空间资源，提高了整体城市公共空间的利用效率。

总之，现代菜场是城市社会生活空间共享体系中的重要节点，是城市公共空间的有力整合者之一。

3 当代菜场空间使用效率及其"空置化"现象

菜场提高了城市公共空间的使用效率是毋庸置疑的，但其自身空间利用效率和使用体验如何？为了更深刻地理解当代菜场的空间使用现状，笔者团队决定走进菜场内部进行一次细致的调研。

本次调研对象是笔者生活的某城市城区的菜市场。通过对城区内所有菜场的类型进行总结归纳后发现菜场的存在方式通常有两种，一种是利用城市建筑的架空层或地下层等剩余建筑空间建设的菜场；另一种是利用剩余城市空间独立建设的菜场。

第一类多见于建筑密度较高的居民区，通常利用沿街楼栋的架空层或者极个别的小区会利用社区活动中心的底层作菜场交易空间。此类菜场有较为严格的管理，空间界限也相对规整严格。第二类多建于城市老城区或城乡接合部，此类地区有大量的城市剩余空间甚至是死角空间，极易形成菜场空间。此类菜场空间自由度较高，有极高的空间边界溢出概率，由于管理松散，其周边极易形成附属的马路市场。

3.1 "碎片化记录法"与菜场中的空间行为"数据库"

研究团队在充分考虑菜场规模、环境、研究典型性和调研可行性后选择了西营里市场（图6）进行微观上的细致调研。西营里市场在西营里小区内，毗邻城市主干道，属于利用城市住宅架空层作菜场的典型案例。在当今极速城市化的背景下，此类插入在大密度城市居住区内的菜场将是常态。

探讨空间使用效率的一个重要切入点就是行为建筑学理论中场所与空间行为的关系。这样研究抽象的空间概念就转化为研究具体的人的空间行为。通过对菜场内人的行为进行观察和记录来理解菜场运营现状。由于人的活动具有大量性和随机性，统计学方法中的大量观察法在这里具体表现为"碎片化记录法"（图7）。"碎片化记录法"中每一个空间行为场景都可以看作是一个碎片，通过碎片的大量收集和整理就可以得到该场所的空间行为数据库。该数据库一方面可以研究该场所中空间行为的基本规律，另一方面可通过若干偶然性碎片发现一些独特的空间行为。"碎片化记录"的具体方法可以是拍照、摄像和访谈等，针对不同的研究对象可以灵活选用不同的方式。菜场中的人被分为买家和卖家两部分：针对买家的调研方法是在菜场出入口设观察点，对进入菜场的顾客按年龄段、性别分成老年人、男性中老年人、女性中老年人、男性中年人、女性中年人、男性

图6 西营里菜场

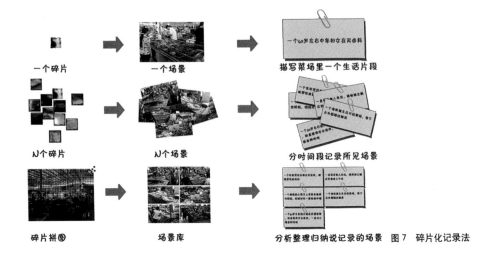

图7 碎片化记录法

一个碎片 → 一个场景 → 描写菜场里一个生活片段

N个碎片 → N个场景 → 分时间段记录所见场景

碎片拼图 → 场景库 → 分析整理归纳说记录的场景

青少年、女性青少年及儿童8个变量（老年人和儿童在行为上没有明显的性别差异，因而没有按照性别来区分。）并对这8个变量进入菜场的人次进行数据统计和行为活动碎片化记录；针对卖家的调研方法是流动观察法，从凌晨三点到晚上十点，用摄像机每隔一小时对菜市场所有摊位进行拍摄存档，既观察摊贩的行为活动，又观察摊位的变化状况。

3.2 空间行为"数据库"与菜场中的空间行为分析

1. 买家数据分析及时空空置化

通过对各变量进入菜场人次的数据记录和分析处理得出了一系列图表（图8）。儿童一般为伴随成年人出行状态，不具有购买行为，因此暂不与其余变量数据一起处理。

根据图表可知，光顾菜场的顾客年龄组成呈现出明显的两梯队分化，即分为光顾人次比重较高的中老年梯队和光顾人次比重较低的青少年梯队。

光顾菜场频率最高的是中年女性，其进入菜场人次平均占比22.5%，中年女性进入菜场的比重在10点和18点出现两个高峰。根据随机访谈得知，10点出现在菜场的中年女性多为无业或自由职业的家庭妇女，18点出现在菜场的多为下班路过买菜的职业女性。中年女性是家庭烹饪的主力军，因而也是菜场的常客。中老年女性的比重仅次于中年女性，且变化幅度较小，是菜场顾客中的次级生力军。

老年人、中老年男性和中年男性在两个梯队中间互相穿插。老年人由于其特殊生理原因，一般倾向于在早晨活动，因此在7：00-8：00老年人的比重最大，并达到全天比重的峰值（47%），17点左右老年人还有一波占比高峰，其余时段老年人均很少出现在菜场。中老年男性普遍很少逛菜场，据随机访谈，他们只有在中午伴侣休息时才以"轮班"的形式出现在菜场进行采购。中年男性由于工作关系只有在邻近下午下班时才集中出现在菜场，其比重仅次于中年女性，而且以中年夫妻一同逛菜场为主。

光顾菜场人次所占比重较少的梯队主要人员组成为青少年男性和女性，其中光顾菜场频率最小的顾客群体是青少年男性，其进入菜场人次平均占比3.7%。这两类人群包含了单身青年和学生。由于欠缺厨房经验和生活观念的不同，青年人下厨率普遍不高，再加上超市和电商网络等其他消费模式的冲击，青年人逛菜场的频率少之又少。经过跟踪访谈，出现在菜场的学生基本为摊贩子女，且以女性为主。男性学生由于其年龄特点，很少踏足菜场。

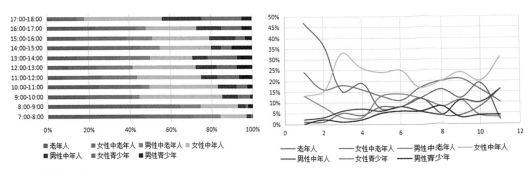

图8 买家数据图表

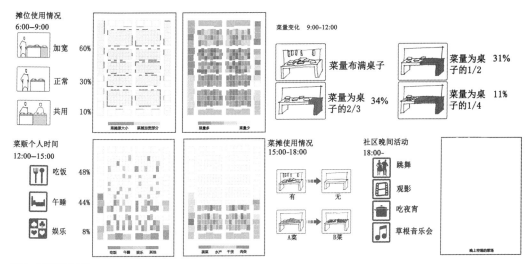

摊位使用情况
6:00-9:00

加宽 60%

正常 30%

共用 10%

菜贩个人时间
12:00-15:00

吃饭 48%

午睡 44%

娱乐 8%

菜量变化 9:00-12:00

菜量布满桌子

菜量为桌子的2/3 34%

菜量为桌子的1/2 31%

菜量为桌子的1/4 11%

菜摊使用情况
15:00-18:00

有 → 无

A菜 → B菜

社区晚间活动
18:00-

跳舞

观影

吃夜宵

草根音乐会

晚上空置的菜场

菜摊原大小　菜摊加宽部分　　菜量多　菜量少

吃饭　午睡　娱乐　其他　　蔬菜　水产　干货　肉类

图9　卖家数据图表

由此可见，光顾菜场的群体出现很强的时段性差别，这是一种时空上的空置化现象，摊贩在不同的时段往往面对不同类型的消费者。同时光顾菜场的顾客群体以中老年人为主，年轻人对菜场普遍缺乏热忱。这种年龄断层也是菜场的一个重大危机。

2. 卖家数据分析及空间空置化

通过整理单个摊位使用情况和菜场整体摊位使用情况得出的图表（图9）可以看出，菜场中存在着两大矛盾——固定摊位费与摊位形态变化之间的矛盾和菜场空间空置化与固定摊位影响其再利用之间的矛盾。

对于整个菜场而言，并不是所有的摊位都处于饱和状态，摊位在一天当中经历摆满一减半一清空的循环。早市的摊位使用率是最高的，甚至出现人为加宽摊位的行为。中午之后部分摊位开始收摊或者改换贩卖商品种类，晚市只有邻近菜场入口的部分摊位还在经营，菜场的后部出现空置现象。19点过后菜场基本全部收摊，整个菜场变成一片"大屋顶"下的空地（图10）。

3. 偶然性碎片中"隐蔽"空间行为的曝光

通过对偶然性碎片的整理，一些易被忽视的"隐蔽"空间行为被曝光：中老年女性顾客结束购物后会在菜场空置的摊位上摘菜，一边摘菜一边聊天，形成了一个小型摘菜聚会（图11）。摊贩除了经营空间外，缺乏休息空间，只能在自备的椅子或折叠床上稍作休息（图12）。在将摊位布置完毕后在等待第一批顾客到来的间隙会在摊位前阅读报纸打发时间（图13）。菜场内可以设置一些具有书报亭功能的空间来满足这一使用需求。菜场没有烹饪空间，摊贩的午餐一般由家人做好送到菜场。摊贩通常坐在摊位后面甚至席地而坐用餐（图14）。摊贩的子女同父母一起挤在狭窄的摊位里经营摊位，一些摊贩子女只能趴在椅子上完成作业（图15、图16）。午休时段邻近的摊贩会聚集在一起打牌娱乐……（图17）这些隐蔽的空间行为的曝光，反映出菜场隐藏的诸多问题，尤其是空间体验和空间利用率方面的问题。

图10　空地

图11　摘菜

图12　休息

图13　看报

图14　午餐

图15　儿童

图16　儿童

图17　娱乐

3.3 菜场空间空置化的"利用"及空间共享

行为建筑学场所特质理论将空间行为分为三类：必要性活动、选择性活动和社交性活动。菜场空间中的必要性活动表现为购买行为，选择性活动几乎没有，社交性活动表现为交谈和游戏。前文研究过程中调用空间行为"数据库"中的基础素材对必要性活动进行定量和定性分析，对选择性活动和社交性活动进行定性分析。通过此分析过程可对菜场空间使用效率得出初步结论：

虽然菜场使城市公共空间利用率得到提升，但菜场空间本身的空间利用率却较为低下，可以说菜场是城市最脏乱差的死角空间之一。

这个"死角空间"所营造的空间氛围仅能满足必要性活动的要求，在这种具有明确的时间段特征的活动发生的同时，其余选择性活动和社交性活动都只能艰难却又极其顽强地出现在菜场所剩不多的边角空间里。更关键的问题的在于这个时间段之外，选择性活动和社交性活动并没有反弹发展。因此，可以说菜场已经具备城市公共空间的性质，却不具备公共空间所需的场所特质。

研究还发现，中老年人是菜场顾客的主力军，之所以菜场被青年人冷落，是因为代表空间活力的选择性活动和社交性活动所需空间氛围的缺乏。更为严重的是，由于商业模式逐渐多样化，菜场的必要性活动也逐渐变得"不太必要"，这使得菜场正一步步走向消亡。

因此，我们迫切需要找到一些方法来梳理菜场内部空间，提升其内部空间效率，并为其营造公共空间所需的场所特质：首先是必要性活动所需空间的补充，菜场空间要解决摊贩们所需的餐饮、休憩空间。其次是社交性活动空间氛围的改善，需要解决交谈和儿童游戏等行为所需的空间。最后是尝试增加选择性活动所需空间氛围，尝试增加其公共空间属性，将其纳入社区公共活动空间的系统中。这一方法已经在国外获得了若干实践，例如新加坡史密斯街小贩中心的治理就提出了将菜场转变成带有公共空间性质的社区中心的理念。并将菜场打造成一个集菜场和社区公共广场为一体的综合体，实现了空间24小时多重利用。

这个空间共享方法的关键就是对两种空置化现象的利用：买家的时空空置化现象不仅使得摊贩们可以更有目的性和更有针对性地使用菜场空间，也可以成为解决其余两类空间需求的基础。菜场后部空间的空间空置化现象亦是解决菜场甚至城市空间效率问题的良机——可以通过相关设计来重新利用这些空置空间去实现摊贩的生活化空间需求；与此同时，这些空置的空间可以纳入整个城市空间流通体系中，为其赋予摊贩食堂、广场舞场地、社区电影院等新功能，使菜场空间从城市"死角空间"变为城市空间中最灵活的共享节点。

4 空间共享潜能再激发——2020年的菜场空间共享化重构

为了解决菜场空间问题，可以借助结构主义建筑理论和相关技术手段构建全新的共享空间系统。共享经济时代的来临，为菜场空间问题的解决带来诸多理论和技术上的支持，使得这种全新模式的菜场在2020年就可以实现。

4.1 结构主义建筑理论与共享系统架构

空置化现象是菜场空间问题解决的重要契机，但是这种为单一使用功能而量身定制的空间在其空间活动结束后就进入闲置状态。究其原因是其异质化空间削弱了空间共享的可能性。因此，追求均质化的空间设计是提高空间利用效率的有效手段。

均质化空间即空间设计等同性，所有空间都是平等关系，没有任何一种空间处于优势地位。任何空间都会在空间活动中实现主角与配角之间的任意切换。建筑师需要做的是一个空间结构系统的搭建，在此结构系统中每个单元都可以个性发展而不会影响整体结构关系。这种思想与结构主义建筑理论相类似，荷兰结构主义建筑师赫曼·赫兹伯格提出空间等同性概念，他指出"我们所追求的是以个人角度解释集体的模式，用这样的模式来替代集体对个人生活模式的解释"，并强调"用一种特殊的方式把房子造得相像，这样可以使每个人可以运用他个人对集体模式的解释"，"因为我们不可能造成一种能恰好适应各个个体的特殊环境，我们就必须为个人的解释创造一种可能性，其方法是使我们创造的事物真正成为可以被解释的。"他探讨了由小构件单元体系构成的空间——结构建造形式，并在阿皮尔多姆的中央保险公司总部（图18）中得以实施。赫兹伯格用对角开放的矩形结构单元作为办公空间的细胞，形成一个矩形群岛，岛之间用桥联系起来（图19）。每个单元内可以通过家具摆放灵活使用，相邻单元还可以组成不同规模的办公空间。这种

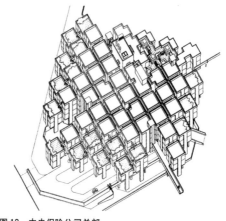

图18 中央保险公司总部

图 19　矩形结构单元

平面和空间组织具有高度灵活性和对变化的适应性。由此可见，实现空间均质化操作的基础是搭建一个大的结构系统。

因此，2020 年的菜场空间就建立在一个"大屋顶"限定下的结构系统之上，"大屋顶"是一个抽象概念，它可以是钢结构网架结构，也可以是城市建筑的底板。这个结构系统以一种骨架的形式存在，可将大屋顶下的空间均分成大小相等的空间格子，每一个空间格子都是这个结构系统里的基本单元。这些单元格子生长在方形骨架里，通过机械技术自由升降。当格子升起时成为一个功能单元，反之当格子降下去后又恢复成结构系统里的一个空间单元。相邻的格子升起后通过组合拼接可以满足各种各样的空间活动。空间格子是一种双层结构的单元，它的外表面是一个立方体骨架，是该空间格子与结构系统的接口；格子内部是一个箱型结构体，满足个性化的使用需求。通过这种"骨架＋填充箱"的空间单元格形式（图 20），满足了均质结构系统中空间个性的使用需求。

2020 年的菜场借由这套结构系统实现了空间的自由分配。这些空间格子用作摊位或是休憩设施可以满足菜场空间中的必要性活动；用作游乐设施等时可以满足菜场空间中的社交性活动；菜场空间中的选择性活动也同样可以利用这套空间结构系统来实现。

空间单元格子的具体形式可以由建筑设计师、机械工程师、家具设计师和生产厂家等多方联合研发，尽量达到操作方便、功能多元、成本低廉等目标（图 21、图 22）。

4.2　系统规则与操作方法

2020 年的菜场拥有了一套使空间自由生长的结构系统，但这种自由依然是一种建立在空间游戏规则之上的自由，是一种绝对自由与空间权利管制的动态平衡。为了使 2020 年的菜场空间结构系统高效运行，管

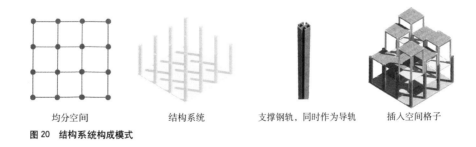

均分空间　　　　　结构系统　　　　支撑钢轨，同时作为导轨　　插入空间格子

图 20　结构系统构成模式

图 21　单元格子示意

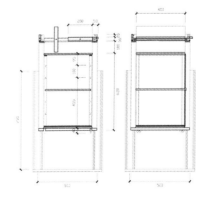

图 22　单元格子图纸示意

理者需要制定空间分配的规则。受益于飞速发展的信息科学技术，在大数据分析与移动终端等技术的支持下，2020年的菜场空间可以这样操作：

结构体系建立的第一步是均分空间，均分后的空间格子的尺寸可以由管理者利用人体工程学大数据分析技术手段来制定，例如可以是600mm×600mm的格子，这种尺度的格子是基于人通行尺度来设定的；也可以是300mm×300mm的格子，这种尺度是基于摊位尺寸来设定的。

结构体系建立的第二步是制定空间格子使用规则。空间格子分为通行格子和功能格子，由管理者编制的"菜场空间系统综合管理程序"来控制。这两种格子并无形式上的差别，那些为了保证菜场内通行顺畅而被锁定的格子就自动充当了通行格子。功能格子是菜场的功能单元，以摊位、座椅、床等功能为主。其中摊位格子的需求量、位置和具体形态由摊贩自行选择，摊贩可通过综合管理系统中的"摊位租赁管理系统"进行个性化选择。通行格子是菜场的公共交通系统，由综合管理系统中的"通行系统管理程序"统一管理；同时综合管理系统中还有"公共空间设施服务系统"来管理一些公共空间的分配和使用。管理者、摊贩和市民通过背后的大数据程序控制系统和各类移动终端相互联系在一起。

"通行系统管理程序"会锁定通行格子以保证菜场内交通流线的畅通，是菜场公共交通空间的保障者。当然这种锁定不是一种强制性的行政手段，而是一种基于服务菜场的人性化保障措施。由于摊贩选择摊位的位置、形状、大小都是灵活多变的，因而通行系统管理程序也是处于一种被动适应的状态，即只要留足通行宽度，通行路线就可以灵活多变。菜场借由该系统的程序算法兼顾了个性需求与公共公平。但是这种灵活的交通路线并不是完全自由生长的，菜场通行系统还需同时考虑其方便性和可达性。管理系统会综合大数据分析和类型学方法排除掉一些不方便的道路组织形式，并将优选的交通组织形式作为一个影响因子加入"摊位租赁管理系统"中，从而使左右摊贩对摊位进行选择。

"摊位租赁管理系统"是一种类似于图书馆选座系统的控制程序。摊贩进入菜场后根据自己的需求选择摊位的位置、大小和形状，通过移动支付缴纳空间格子使用租赁费后被选中的空间格子将会升起。空间格子中的箱体可以抽出来运输和贮藏商品。系统程序还会基于人体工程学大数据分析后计算出摊贩活动所需的面积并换算成对应的空间格子数，摊贩在租赁摊位格子时系统便会赠送相应的空间格子。这种"租赁+配套赠送的模式"使菜场内灵活生长出各式各样的摊位（图23~图25）。摊贩结束经营后可将摊位格子退租，

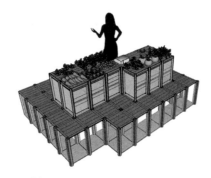

图23 蔬菜摊

图24 水产摊

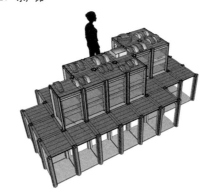

图25 肉摊

被退租的空间格子可以回到系统中等待其他使用者的调遣。

新模式菜场的建造应该由政府和民间资本共同完成，共同参股。菜场的经营权归政府和个人共有。民间资本参股后，菜场的部分盈利可以归个人所有，调动菜场经营的积极性。政府的参股更多是为了保障菜场内的公共活动，为菜场空间的共享使用提供经济基础。

4.3 空间共享潜能与菜场空间空置化的再利用

新模式菜场的这套结构系统不仅方便了摊贩的经营活动，还可以利用菜场空间空置现象将菜场的公共空间共享属性进一步放大。

对于摊贩来说，当系统分配的摊位附属格子被升起至450mm时就可以成为摊贩的休息座椅，当三个附属格子同时升起时就可以成为摊贩午休的床铺。早市结束后，菜场后部的空置空间可以升起一些格子组建摊贩食堂（图26），利用菜场内的新鲜蔬菜，方便菜场内经营者的生活需求。

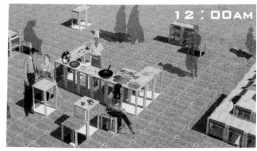

图 26 摊贩食堂

图 27 儿童游戏

图 28 广场舞

图 29 2020 菜场生活图景

下午空置化程度较高的时段，可以升起一些格子作为摊贩子女游戏的场所（图 27）。对于顾客来说，可以将一些空闲的格子升起满足其休息、聊天和摘菜等功能需求。

对于非购物市民来说，升起的格子还可以承担展览、社区现场办公、烹饪小课堂等功能。收摊后的菜场可以进行各种公共活动。格子基本全部降下去后留出的空地可以为中老年人跳广场舞提供场所（图 28）。空地还可作为社区电影院，可以升起部分格子作为座椅。青年人可以升起部分格子进行滑板、五人制足球等体育活动。22 点之后夜宵小贩可以入驻菜场，这样既合理利用菜场空间，又解决了夜宵小贩占道经营的问题。

这些空间共享方式优化了必要性活动的空间氛围，创造了社交性活动所需的空间氛围，并为菜场选择性活动提供了若干可能性。

4.4 2020 年的菜场一天

2020 年的新模式菜场展开一幅全新的生活图景（图 29）：2020 年的一天，小贩 A 在总批发市场购入了各式菜品后驱车赶往 B 菜场。小贩 A 在 B 菜场有长期租赁的摊位，他每日只需进入菜场升起格子进行经营活动即可。但是近期新上了一批蔬菜销量很好，小贩 A 决定扩大摊位经营规模，因此他需要在系统里重新修改自己的空间格子租赁数。小贩 A 打开移动终端，登录 B 菜场"摊位租赁管理系统"进行摊位再分配。选择完毕后小贩 A 支付了新租赁空间格子的费用，升起了格子，取出箱体到菜场门口将菜品运输到摊位上进行摆放，喷水，等待顾客的到来。最早迎来的顾客是老年人，小贩 A 辛苦忙碌着，上午半天小贩 A 的菜就卖掉一半，于是他把边缘的一个格子降下去，系统退回了部分预付的摊位租赁费。中午，A 到菜场后部摊贩食堂用餐，用餐结束后去小贩 C 的摊位打牌。13 点左右小贩 A 回到自己摊位升起三个格子开始午休。15 点小贩 A 重新整理菜品，又将空余的单元格子退租。17 点小贩 A 的孩子放学来到菜场，与相邻摊位的孩子们到菜场后部由升起的格子组成的游乐场嬉戏玩耍。小贩 A18∶30 收摊，打卡退租后降下所有格子。晚餐过后小贩 A 重新回到菜场，此时菜场内格子已经全部降下变成一个小广场，小贩 A 和朋友一起跳广场舞健身。

5 结语

本文通过对菜场形成过程的梳理初步认识到菜场空间是城市空间共享的产物，并通过进一步调查研究理清了目前菜场所存在的空间利用率低下、空置化现象等问题。最后通过均质化微元空间结构系统的自主操作解决了菜场空间的多重化利用问题，实现了空间的共享。

但是值得关注的是，低技术低成本是菜场的重要特征，新模式菜场无疑增加初期建设成本和运营维护成本。还需要建筑学和材料科学、计算机科学等学科通力协作创新，不断降低各类成本，确保共享化新菜场更好的落地实施。

参考文献：

[1] 陈侠，江浩．建筑学和城市规划中的结构主义 [J].城市建筑．2015.
[2] 褚晓琦．近代上海菜场研究 [J].史林．2005（05）.
[3] 胡双婧．当代北京旧城菜市场空间研究 [D].北京：清华大学，2014.
[4] 李冬冬，汪永平．赫曼·赫兹伯格的结构主义思想 [J].华中建筑．2006，24（8）：13-15.
[5] 吕佳璘．菜市场空间使用与空间治理研究——以厦门第八市场为例 [D].厦门：华侨大学，2017.
[6] 盛强，刘星．社区级中心发展演变的空间分析 [J].新建筑．2016（01）.
[7] 邢诚．传统菜市场在城市复兴中的作用 [D].合肥：合肥工业大学，2012.
[8] 钟骅．上海菜场布局规划思考与探索 [J].上海城市规划．2012（3）：92-97.
[9] 朱亦民．荷兰建筑中的结构主义 http：/blog.sina.com.cn /s / blog _ 6072c75A010 2ws35.html.[J/OL]. 2016-07-20.

图片来源：

图1　来自网络（https：//www.nanrenwo.net/uploads/allimg/150810/8420-150Q0144S7-50.jpg）
图2　来自网络（https：//timgsa.baidu.com/timg?image&quality=80&size=b9999_10000&sec=1537197600742&di=178bbb98e04f61B05d92529B1cc9d12f&imgtype=0&src=http%3A%2F%2Fn.sinAimg.cn%2FsinAcn14%2F40%2Fw480h360%2F20180729%2F7530-hfxsxzh4522903.jpg）
图3　来自网络（http：//www.bswxw.com/Upload/bsqbsw/ContentMAnAge/Article/imAge/Be9A0Aee910B4fB2A8593A0e19Ac6450.jpg）
图4　来自网络（http：//s11.sinaimg.cn/mw690/001zolfVgy6FQR0stvA1A&690）
图5　来自网络（http：//s8.sinaimg.cn/mw690/001zolfVgy6FQR2GBrFf7&690）
图6　作者自摄
图7　作者自绘
图8　作者自绘
图9　作者自绘
图10　作者自摄
图11　作者自摄
图12　作者自摄
图13　作者自摄
图14　作者自摄
图15　作者自摄
图16　作者自摄
图17　作者自摄
图18　来自网络（https：//www.instagram.com/p/BX8LecPB-Rz/）
图19　来自网络（https：//instagram.com/p/BNr5BuPgt9R/）
图20　作者自绘
图21　作者自绘
图22　作者自绘
图23　作者自绘
图24　作者自绘
图25　作者自绘
图26　作者自绘
图27　作者自绘
图28　作者自绘
图29　作者自绘

作者：李绍东，男，云南省设计院集团有限公司第一建筑设计研究院，助理工程师；刘悦，女，昆明理工大学津桥学院建筑工程学院，助教；杨毅，男，昆明理工大学建筑与城市规划学院副院长，教授，博士生导师

从"共享"到"优享"：对共享建筑时间空间模式的探讨

吴冰　贺冰洁　赵小刚

More Efficient Sharing——Discussion on Optimizing the Time and Space Mode

■ 摘要：随着共享经济的发展，共享建筑进入人们的视野，围绕着其时间模式与空间模式的讨论也在展开，人们追求更高效、更人性化的共享方案。本文从"优享"的观点出发，总结概括现有共享建筑特点，并展开对未来共享建筑模式优化方案的构想。

■ 关键词：共享建筑；时间模式；空间模式；互联网平台；模块化

Abstract：With the development of sharing economy，sharing architecture has come into people´s view，and the discussion about its time mode and space mode is also unfolding. People are pursuing more efficient and humanized sharing scheme. From the viewpoint of "More Efficient Sharing"，this paper summarizes the characteristics of existing sharing architecture，and expands the idea of optimizing the sharing pattern in the future.

Keywords：Shared Architecture；Time Mode；Space Mode；Modularization

0　序言

　　共享经济最早是由美国社会学教授马科斯·费尔逊和琼·斯潘思于 1978 年提出，它是指拥有闲置资源的机构或个人有偿让渡资源使用权给他人，让渡者通过分享闲置资源创造价值并获取回报。共享建筑能够进入市场是因为建筑与共享经济有契合之处：首先，建筑作为一种物质空间载体，其使用功能承担着重要价值，可以被视作"资源"。其次，建筑空间具有使用寿命长、可多次重复使用的特点，单次短期使用过后不影响继续使用。由于建筑空间受到时空限制，不能随身携带，建筑资源更容易出现资源闲置的情况。通过共享的手段将闲置的建筑资源转让给他人使用，所有者和使用者都可以在共享过程中受益，建筑资源的供需关系也得到平衡。综合来看，建筑拥有共享经济产品所要求的必需因素，符合城市发展趋势。

基金项目：河北省高等学校人文社会科学研究重点项目（项目编号：SD201037）

1 共享建筑的起源和发展

1.1 共享建筑的起源

建筑领域的共享最早出现于欧洲 20 世纪 60 年代,北欧地区的工业化进程加快,居民的生活方式发生了巨大的变化:人们开始寻求能够挣脱繁忙工作和封闭家庭的集体生活方式——"共享居住"①。为了节约时间,降低生活成本,居民会共享公共空间、相互借用日常用品、轮流打扫卫生等。这种新的居住模式通过居民共享公共空间和生活用品,降低了生活成本,增加了邻里交流,降低资源浪费现象。

共享理念在我国的传播与现实社会环境密切相关:我国房地产大规模开发导致社区建筑密度高,居民缺乏公共活动空间。低水平的空间环境难以吸引人群使用,空间资源闲置浪费现象严重。共享的优势在于整合资源,为普通群众创造低成本使用空间的方式(图1)。

图 1 社会问题与背景

1.2 发展现状

根据使用功能划分,目前共享建筑的主要形式有共享办公、共享居住、共享厨房、共享餐厅、共享旅社等。共享办公通过在网络平台提前预订租用服务,实现办公空间及其配套设备资源的共享。例如 Liquid Space、东京 GO TODAY SHAIRE 共享沙龙、伦敦 Second Home 共享办公空间;共享居住通过房主在 Airbnb、蚂蚁短租、途家网等平台将闲置建筑资源公开在应用平台上,用户通过应用程序获得租住资讯并且完成租住预定流程。

国外事务所也在探索未来共享形式,宜家的研究实验室 Space10 与建筑工作室 EFFEKT 合作进行了基于数字平台订阅的"城市乡村项目",它从住房建造和房屋购买两方面解决了可负担住房的问题:建造成为一个持续更新的过程,能够适应不断变化的需求;购买也不再受传统交易额度限制,居民在有能力时购买股票,逐渐成为房主。居民还可以通过订阅选择就餐、出行、娱乐服务,这些服务通过数字工具进行管理和访问,不再受时间与地点的限制,居民可以随时随地根据自己的财务状况更新需求,以适应家庭结构的变化(图 2)。

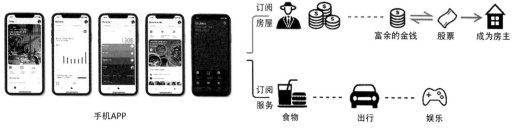

手机APP

图 2 订阅平台流程图示

1.3 共享建筑面临的问题

共享建筑的发展很快,但现阶段仍然存在一些问题。在时间模式上:共享与大数据互联网平台结合较弱,信息更新慢,不能为闲置的空间及时找到需求者;在空间模式上:人均使用面积普遍较小,空间局促,不能满足多种使用功能;资源的整合共享不够高效,分散的资源信息无形中加大了租赁者的时间成本;公共性和私密性的划分并不明确,共享的安全性受到质疑。此外还存在共享空间的维护问题(除了基于人均道德水平的提高,还需要建立完善的共享建筑使用规范)。

2 共享建筑的时间模式

共享建筑的使用现状存在许多问题,在时间模式上如何使共享更优化和高效值得我们深思。虽然分享者利用闲置的资源创造出更多的价值,但客户能否最快地从众多信息中选出最适合自己时间及价位的目标?我们需要建立更完善的信息平台向分享者和使用者提供准确资讯,使资源利用最大化;此外,我们可以把时间作为标尺来划分空间,以不同时间尺度来组织人群不同的行为方式。未来的共享建筑的时间模式应有以下两个特点:

2.1 临时性

SANE architecture 设想规划以时间为主题的共享住宅，根据居民在建筑中度过的时间来组织空间，使建筑成为一个动态平衡的系统，以不同的时空状态呈现出来。这个住宅系统由终身居住的公寓、周期为几个月的公寓、周期为几个星期的公寓组成，它们的使用频率将会达到一种波动的均衡状态。在底层部分，长期居住在该建筑内部的团体将会营造一种社区感——他们在建筑内拥有可以终身居住的公寓；中期和短期的公寓、居住几个月或几个星期的房子可以出租给外来探亲人士或短期游客（图3）。长住居民可以将公寓出租，在为短期居民提供便利的同时获取利润。周期为几个星期的住宅可以和 airbnb 等服务组织进行合作，周期为几个月的住房以临时工作合同、学生学期为前提做短期住宿。每人每月固定支付的费用包括使用空间的租金、共享空间和物业服务产生的生活费用。这个方案解决了住宅闲置浪费及共享不均衡的问题，并提供了更人性化、可持续的思路（图4）。

2.2 不受时间限制

当今发展趋势下共享已不被传统的作息时间所限制，24小时共享成为社区的卖点与大众的关注点。以东四"共享际"为例，共享际位于北京东四九条胡同中，提供联合办公、胡同星空公寓等多种业态，还入驻了美食孵化器、自助健身房、高黏性读书社区、Pop-up 浮游之岛、露天电影院。人们在一天24小时中根据自己的时间安排可以与他人相遇，进行思维上的互换与精神上的沟通，居住、办公、美食、艺术、健身、服务都可以与他人共享。24小时共享通过个体间的自由组合形成群体的共同活动，而个体本身仍具有自主选择的权利与支配时间的权力，这样既最大程度上满

足了使用者与消费者的需求，又使资源及时得到利用，还创造了人与人之间的相遇、促进了相互交流沟通。此外，东四共享际不仅提供了新的生活模式，还赋予了旧胡同、老建筑新的生命活力，创造了新的经济价值，老街区作为公共空间除了保护修复外，还可以设置共享空间，提供除了参观展览以外更多的切合当地文化特色的功能，塑造新的精神文化中心。景德镇老瓷厂内设置共享手工作坊、老北京胡同内设置街区老游戏体验站等都可以激活逐渐衰落的场地。

3 共享建筑的空间模式

新观念与新技术推动着新空间的产生，共享建筑的空间模式集中体现着科技生产的发展对建筑空间的影响。轻质高强的新型材料、日趋成熟的装配式技术为共享空间的视线自由、功能复合、动态开放提供了现实基础。

3.1 可解构与重生的空间系统

共享建筑的概念由共享经济热潮催生而来，鼓励人们把闲置的房屋资源进行共享，产生更多价值。在这个过程里强调建筑空间的使用权而不是所有权，这将涉及建筑空间的不同使用功能的切换，所以在空间组织上需要一定的灵活性。由 waa 未觉建筑设计的 WeMarket 共享零售空间是集潮流、艺术、设计于一体的设计师展售平台。零售共享商业模式需要空间多种变化的可能性来适应不同零售商品的展售。设计师团队通过可移动门框进行空间的组合和构成，采用推动驱动架构开发组件的技术设计出可移动展示架，再用面板进行空间上的分隔。可移动展示架和面板的位置的不同组合方式，可以营造出 5m² 、10m² 和 20m² 的三种空间体量，为表演、展览等活动提供丰富可变的场所（图5）。

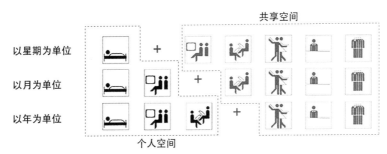

图3 不同居住周期的个人空间与共享空间划分

图4 居住空间使用频率分布示意

图 5　WeMarket 共享零售空间　　　　　图 6　KITCHEN L 共享厨房

　　拾集建筑设计的上海KITCHEN L 共享厨房，将共享厨房、烘焙体验课、派对酒吧等功能集中到一起，设计的重点也围绕着如何针对不同需求的人群对空间进行组合变化而展开。在这个设计作品中，设计师选择使用悬挂系统，隔断可以在悬挂轨道上进行组合排列，从而创造出四个独立的厨房区域，或是合并成两间大空间厨房，抑或是取下所有隔断而形成一个提供给公共活动的大场地（图6，图7）。

　　伦敦 Second Home 共享办公空间也同样通过可移动家具的方式生成可解构和可重生的空间系统（图8）。Second Home 为小规模创业公司提供共享办公空间，办公空间可以通过遥控升降办公桌变成活动空间，作为体育娱乐场所使用，以尽可能地实现空间的多重利用。

　　共享建筑运用可移动的隔断、家具等方式，构成了可解构和可重生的空间系统。用户可以根据自己的需求对空间进行划分操作，很好地解决了功能受空间限制的问题，为闲置建筑的多功能发展方向提供了更多的可能性。

3.2　模块化、单元化

　　共享建筑致力于资源的整合，在这个过程里，每一部分的资源都将尽可能发挥最大的价值。模块化的建筑空间让资源的整合和共享变得更加高效。日本建筑师青山周平在探讨共享建筑的未来发展上有过"400盒子的社区城市"项目。在这个项目中，每个人的生活区都按照功能划分成了一个个的小盒子，每个盒子就是一个模块单元。卫生间、淋浴室、衣柜等被分成不同的盒子单元放置在公共空间里。这 400 个单元盒子自由排列组合构成了城市。模块化的生活空间使得资源共享成为现实，同时这些可移动的盒子也创造出更加多样的共享空间。

　　荷兰 Superlofts 共享社区用混凝土结构赋予了建筑模块框架，将办公室、工作室、居住空间划分成不同的单元安置在模块中（图9）。结构中另设夹层楼板不影响承重墙，使用者可以自由地组织划分空间。单元化的这种建筑空间的使用方式更加灵活，而且节约资源，增加了建筑的循环使用寿命。WeMarket 共享零售空间用可移动展示架和面板将建筑内部分成了若干个小的空间单元，每个单元区域有 2.7m×1.8m 的面积，同时包括 3 个可移动面板、4 个底座、1 个 LED 标志。每个设计师在自己的单元区域里进行展售，也可以给自己的区域增添个性化的设计。

　　小体量的模块化、单元化设计在共享建筑中独得青睐，因为它实现了精简空间的目标，提高了空间利用效率，并且将可共享的资源整合在一起，将共享的概念和人们日常生活的行为方式联系起来。

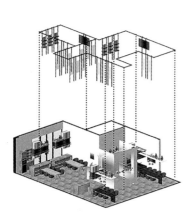

图 7　KITCHEN L 空间系统分析图　　　　图 8　Second Home 共享办公空间

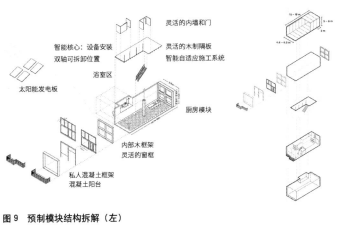

图 9 预制模块结构拆解（左）
图 10 400 盒子的社区城市（右上）
图 11 400 盒子的社区城市（右下）

3.3 公共性向私密性的延伸

现在的社区一方面生活方式趋于独立，另一方面很多服务设施都在向"共享"的形式转变，很多城市空间趋于形成"大社区、小社会"格局。随着社会经济发展和年轻人独立生活的需要，在核心家庭以外催生出了新的单身公寓的居住模式，这种居住模式相应产生了人们对于公共交流平台的需求。所以未来的城市公共空间将是家的延伸，城市中越来越多的空间可以变成共同的家园。既有个人独处空间又有公共社交空间，同时还降低了个体的租赁成本，这种模式可以解决很多"空巢青年"的生活问题。

2016 年"China House Vision 理想家"项目中青山周平的"400 盒子的社区城市"里也探讨过未来居住的私密性与公共性。每个人的生活空间都由盒子组成：承担睡觉功能的盒子是个体独享的私密空间，卫生间、衣柜、书架这些功能区域被做成一个个小盒子放在私密空间外的公共空间中，通过盒子的灵活移动形成公共活动的区域（图 10，图 11）。小小的私密空间与灵活的公共空间结合催生出具有多种可能的社区生活。

4 "优享"建筑总结

基于以上对共享建筑的时间模式和空间模式的分析，结合国内市场及人群需求的现实情况，下文将从空间模式、时间模式方面总结我国共享建筑优化的方向。

第一，通过增加使用者拥有自行组织生活空间的权限来提高空间使用率，增加邻里交往的可能。使用者相互交流空间设计经验，亲身参与空间改造项目，激发室内设计的无限灵感。使用者亲身参与其中使设计更加贴近需求，这样才能增加空间的使用效率，避免空间闲置浪费。

第二，创造灵活高效的结构体系。在开放建筑理论下建筑分为"易变"和"不变"的部分，预制基本模块作为"变"的部分可以灵活地嵌入房屋"不变"的支撑结构中。"悬浮"的夹层楼板摆脱了承重墙结构，使用户在不改变或移除墙体结构的情况下自由组织空间，体现了建筑极大的灵活性和适应性。灵活的结构体系可以使废弃的工业厂房得到重新利用，保留原有的大结构框架，通过置入模块的不同排列组合形成集艺术家工作室、创意厨房、居酒屋、办公空间于一体的复合型空间。

第三，通过开放建筑底层使建筑连通街道，将多种社会生活元素整合在一起。扬·盖尔认为真正好的建筑和规划必然满足理想社会结构和物质结构完美结合的条件，才能更好地促进活动的产生。在良好的户外空间中非必要性活动会大量增加从而增加城镇活力[②]。合理设计建筑底层空间并向街道开放，人们会自发地在公共空间聚集进行社交或其他活动（图 12，图 13）。2018 年住房城乡建设部提出了复合社区的概念，复合居住区是指以居住街坊为基本结构单元，各种功能、人群和建筑形式相互支撑、融合，共同构成的城市有机居住社区。在新的居住区设计中可以将住宅围绕着公共空间排布，建筑物底层成为开放的共享空间，与街巷结合成为串联的系统，并配置咖啡厅、书吧、沙龙、垃圾分类回收站等设施。街道转变成人们进行社交娱乐、亲近自然的场所，也承担着庆祝节假日活动的功能。

第四，创造不同属性空间的混合共享。例如将"共享"概念与教育、社区联系起来。法国 Trivaux-Garenne 共享校园将 4 个学校分散于首层巨大的花园屋顶下面，为了保持学校环境的安静安全，没有出入口可接近学校，但行人可以从外侧看到。在建筑整体承重结构分支出来的空间下，分布着一些通高的空间和屋顶开敞的室外空间，这些空间承载着学生及周边居民的社会活动。这个场地的空间都是共享的，由于它城市化、社会化的特点，这个项目也为周边街区住户提供使用的可能。社区与教育的结合及空间共享可以为解决我国社区建筑密度高、城市公共活动空间缺失

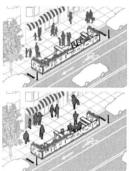

图 12　街道生活场景　　　　　　　　　　　图 13　鼓励街边活动与社区交流

　　的问题提供思路。创造共享开放型校园，成为周边社区的联系纽带，校园场地及部分设施对周边居民开放，这样既解决了城市空间利用率低的问题，也将原本分隔的社区居民重新组织在一起。

　　第五，我国互联网发展较快，大数据、云计算技术较为先进，应充分利用技术优势实现"智联优享"，降低用户时间成本。通过在互联网平台或手机 APP 展示共享空间的模数尺寸及配置，介绍空间的多种使用方法，汇总信息生成时间表，减少用户的等待成本与搜寻成本。此外，可以针对不同人群的使用习惯及要求划分使用时间，使建筑空间和设施能在 24 小时内不断地循环使用。

5　结语

　　随着土地资源的减少和住房资源紧张情况的加剧，共享建筑无疑会成为越来越多人的选择。伴随着共享建筑未来的蓬勃发展，政府和市场监管也需一起跟进，法律法规制度也需更加细化和完善，个体的共享意识、对待公共资源的保护意识和责任意识也需加强。在共享的道路上我们要完成"共享"到"优享"的转变，在空间模式和时间模式上充分发掘、合理分配，未来任重道远。

注释：
① 顾闻，李振宇.欧洲共享住宅的发展历程和共享模式探究 [J]. 城市建筑.2018（34）：70-73.
② 扬·盖尔.交往与空间 [M].何人可译.北京：中国建筑工业出版社.2002.

参考文献：
[1] 彭一刚.建筑空间组合论 [M].北京：中国建筑工业出版社，1998.
[2] SCOTTHANSON C，SCOTTHANSON K. The cohousing handbook：building a place for community[M]. Canada：New Society Publishers，2005.
[3] 田媛.共享经济模式下的智慧建筑 [J].中国建设信息化，2017（17）：36-37.
[4] SPACE10&EFFEKT.The Urban Village Project [EB/OL]. https：//www.urbanvillageproject.com/，2019.5/2019.11.10
[5] SANE architecture. 以时间为主题的共享住宅 [EB/OL]. http：//www.archcollege.com/archcollege/2018/03/39353.html?preview=true&preview_id=39353/，2018.03.08/2018.10.12
[6] 篠原聡子.王也.许懋彦.共享住宅——摆脱孤立的居住方式 [J]. 城市建筑，2016（4）：20-23.
[7] 扬·盖尔.交往与空间 [M].何人可译.北京：中国建筑工业出版社.2002.

图片来源：
图 1　作者绘制
图 2　作者绘制
图 3　作者改绘 http：//www.archcollege.com/archcollege/2018/03/39353.html?preview=true&preview_id=39353
图 4　作者改绘 http：//www.archcollege.com/archcollege/2018/03/39353.html?preview=true&preview_id=39353
图 5　摄影师舒赫 https：//www.gooood.cn/wemarket-co-share-store-china-by-waa.htm
图 6　摄影师 Peter Zhang https：//www.gooood.cn/kitchen-l-in-shanghai-china-by-xu-studio.htm
图 7　https：//www.gooood.cn/kitchen-l-in-shanghai-china-by-xu-studio.htm
图 8　摄影师 Iwan Baan https：//www.gooood.cn/second-home-offices-london-by-selgascano.htm
图 9　http：//www.360doc.com/content/16/1218/09/2369606_615665584.shtml
图 10、图 11　http：//www.360doc.com/content/16/1218/09/2369606_615665584.shtml
图 12、图 13　SRC 街景研究中心

作者：吴冰，河北工业大学建筑与艺术设计学院；贺冰洁，河北工业大学建筑与艺术设计学院学生；赵小刚（通讯作者），河北工业大学建筑与艺术设计学院副教授

2019《中国建筑教育》·"清润奖"全国大学生论文竞赛评选与颁奖纪要及获奖名单

评审概况

2019届论文竞赛，在教育部高等学校建筑学专业教学指导分委员会指导下，由中国建筑出版传媒有限公司（中国建筑工业出版社）《中国建筑教育》发起，联合清华大学建筑学院、北京清润国际建筑设计研究有限公司共同主办。旨在促进全国各建筑院系建筑思想交流，提高在校学生各阶段学术研究水平和论文写作能力。

本届赛事由清华大学建筑学院院长庄惟敏教授出题，题目为《现代主义百年后的建筑思考》。

自2019年6月向海内外广大建筑院校学生发布竞赛题目，至2019年9月20日截稿，共收到中国大陆64所、境外2所共66所院校的投稿228篇，其中本科组116篇，硕博组112篇。

2019年9月20日截稿后，在评委会主任王建国、仲德崑、朱文一教授的指导下，由建工出版社欧阳东副社长主持，评审工作分为初审、复审、终审三个阶段依序展开，全过程为匿名盲审。初审由李东主编主持，在《中国建筑教育》编辑部由杨桂龙等编辑进行资格审查和检查，复审评委由老八校院长以及主办方负责人等13位专家、教授组成。本届轮值评委包括：孔宇航、卢峰、仲德崑、朱文一、庄惟敏、刘克成、孙澄、李振宇、彭长歆、韩冬青教授（按姓氏笔画为序）、马树新总建筑师、欧阳东副社长、李东主编。复审阶段，以各评委打分的平均分排序决出论文名次，根据平均分的高低决定入围名单。之后，入围论文经过查重和审核进入终审。终审阶段，再次对入围论文进行评分，并最终根据终审平均分决出一二三等奖及优秀奖。

值得一提的是，2019年的评审工作横贯整个十一国庆假期，在各位评委的大力支持下，评审工作得以在10月12日顺利完成。

本届竞赛共评出本科组、硕博组获奖论文38篇，其中一、二、三等奖共18名，本科组、硕博组各9名，其余为优秀奖。

本科组、硕博组一等奖分别来自淮阴工学院和深圳大学。优秀组织奖获奖院校有7所：合肥工业大学（13篇）、华中科技大学（13篇）、北京交通大学（11篇）、上海交通大学（10篇）、深圳大学（9篇）、东南大学（9篇）、河北工程大学（9篇）。

本届赛事情况分析

（1）参赛院校地域分布更加广泛，论文主题更加多元。

（2）是国内更加活跃的建筑理论与实践思考的一个侧面映射。

（3）获奖情况：本科组百花齐放中不乏异军突起；硕博组传统博士点院校占优。

竞赛颁奖

2019年10月19日，2019全国高等学校建筑教育学术研讨会暨院长系主任大会（教育部高等学校建筑学专业教学指导分委会年会）在西南交通大学体育馆隆重召开。会议由教育部高等学校建筑学专业教学指导分委会（以下简称"教指委"）、西南交通

"清润奖"大学生论文竞赛颁奖现场

大学联合主办，由西南交通大学建筑与设计学院承办。19日下午，在大会主会场举办了"清润奖"大学生论文竞赛颁奖仪式。我社咸大庆总编辑，《中国建筑教育》李东主编，以及孔宇航、蔡永洁、范悦、孙澄、张彤教授等竞赛评委和教指委委员作为颁奖嘉宾，向"清润奖"大学生论文竞赛的获奖学生、指导教师与组织院校进行颁奖并合影留念。

竞赛成果

本届赛后，本科组、硕博组一等奖论文将发表于《中国建筑教育》，同时获奖论文将两年一辑结集出版。已出版有《建筑的历史语境与绿色未来——2014、2015"清润奖"大学生论文竞赛获奖论文点评》；《设计的智慧：建筑和历史的对话——2016—2017"清润奖"大学生论文竞赛获奖论文点评》。可扫描二维码购买。

建筑的历史语境与绿色未来
——2014、2015"清润奖"大学生论文竞赛获奖论文点评

| 订购方法 |

建工社中国建筑书店直接购买

（扫描二维码，进入购买页面）
也可在当当网购买。

设计的智慧：建筑和历史的对话
——2016—2017"清润奖"大学生论文竞赛获奖论文点评

| 订购方法 |

建工社中国建筑书店直接购买

（扫描二维码，进入购买页面）
也可在当当网购买。

本科组获奖名单

获奖情况	论文题目	学生姓名	所在院校	指导老师
一等奖	西方现代主义建筑思潮对中国本土建筑设计的影响（1949—1980）——浅谈中国建筑设计和建筑教育的发展	赵奕霖	淮阴工学院建筑工程学院	邢烨炯、康锦润
二等奖	"出乎其外"抑或"入乎其中"——地域文化现代性转化的双重视野	安若琪	山东建筑大学建筑城规学院	—
二等奖	建筑师的"设计"与没有建筑师的"反设计"——从"莪山实践"谈西方现代主义与中国乡土营建的碰撞融合	陈秋杏	苏州大学金螳螂建筑学院	叶露
二等奖	传统与现代的碰撞——审视中国剧场百年演变的得与失	童徐颖、秦源	武汉工程大学土木工程与建筑学院	彭然、徐伟
三等奖	"大屋顶"的祛魅——论中国建筑实践的现代性与复杂性	蔡金晓、何宇皓	东南大学建筑学院	王为
三等奖	建筑的"地方图式"——对现代主义建筑的修正	邹雨薇	郑州大学建筑学院	郑东军
三等奖	现代主义建筑复杂性与城中村自生长活态研究——从韧性理论到参数化实践	练茹彬	北京交通大学建筑与艺术学院	胡映东
三等奖	批判性接受，创造性传承——现代主义空间观念对中国本土建筑设计的影响	齐玥彬	合肥工业大学建筑与艺术学院	曹海婴
三等奖	巨型结构理论视野下对当代中国建筑设计问题的刍议——以中西方的两个相关案例为例	潘秀兰	西南交通大学建筑与设计学院	戚立
优秀奖	浅议藏式建筑在现代主义建筑思潮冲击下的发展困境	张贝尔	青海民族大学土木与交通工程学院	张韬
优秀奖	拱廊街与现代商业空间百年——公共领域的衰落	林凯逸	东南大学建筑学院	王为、夏铸九
优秀奖	现代主义对中国建筑的渗透——基于中国制度转换与民族特性的思考	赵梦静	武汉大学城市设计学院	邵宁
优秀奖	以水产馆为例——浅谈对岭南现代主义建筑的修复和保护策略思考	曹海芳	华南理工大学建筑学院	—
优秀奖	中国近代监狱建筑的本土现代性表达——以苏州司前街监狱为例	成玲萱、黄楠	苏州大学金螳螂建筑学院	叶露
优秀奖	逆境中生长的现代主义——以抗战时期杨廷宝在渝作品为例	陈虹合	中国人民解放军陆军勤务学院	李震
优秀奖	西方现代主义建筑思潮在中国的"本土化"转换与演进研究	张铭宸、张玉平	山东农业大学水利土木工程学院	王学勇
优秀奖	从"外向型"到"内向型"的转化——中国现代建筑本土化的长久探索	许嘉艺	北京交通大学建筑与艺术学院	李珺杰
优秀奖	现代主义在居住建筑中与中国城市居民生活的不相容性——基于文学作品的讨论	原琳	天津大学建筑学院	盛明洁

硕博组获奖名单

获奖情况	论文题目	学生姓名	所在院校	指导老师
一等奖	从中国早期建筑实践活动看现代主义建筑的引进	邓湾湾	深圳大学建筑与城市规划学院	覃力
二等奖	中国近代建筑度量制的信息解码 ——以上海为中心（1932—1937）	张书铭、付婧莞	哈尔滨工业大学建筑学院	刘大平
二等奖	拿来主义下的现代思潮 ——近代天津的现代建筑	黄元、唐陈琪	华中科技大学建筑与城市规划学院	谭刚毅
二等奖	面向数字未来 ——以风格为切入点的 Álvaro Siza 设计认知因素解析	孟雨	天津大学建筑学院	汪丽君
三等奖	萧山地区乡土住宅的百年风格演变 ——一种无意识的现代主义	陈钰凡	浙江大学建筑工程学院	贺勇
三等奖	中国建筑教育现代转型的尝试 ——童寯的"新建筑"观	郭睿	浙江大学建筑工程学院	王竹
三等奖	"之间"：中西方建筑边界综述及表层空间认知	宋睿琦	天津大学建筑学院	胡一可、 孔宇航
三等奖	"失"·"适"·"拾" ——现代主义影响下中国建筑不同历史发展阶段的响应与进步	黄宝麟、于沛	南京工业大学建筑学院	蒋博雅、 胡振宇
三等奖	现代主义建筑教育在中国失利的百年回溯与启示	宫丽鹏	西安建筑科技大学建筑学院	张颖
优秀奖	土豆建筑类型视角下的现代主义医院初探 ——以威尼斯医院为例	闫演、黄维	深圳大学建筑与城市规划学院	齐奕
优秀奖	从现代化的构成到解构与和谐 ——当代中国城市发展的危机与转机	卢艺灵	华中科技大学建筑与城市规划学院	雷祖康
优秀奖	殊途同归 ——海峡两岸现代建筑发展路径再思考（1949—1980）	周昕怡	东南大学建筑学院	汪晓茜
优秀奖	基于现代主义语境，关于"乡土重建"的思考及其异质同构的表现	孙瑜、沈濛	中国矿业大学（北京）力学与建筑工程学院	郑利军
优秀奖	中国早期现代高等教育建筑探索实例 ——冯纪忠先生设计的华东水利工程馆	吴淑瑜	同济大学建筑与城市规划学院	朱晓明
优秀奖	重构信仰 ——现代主义百年影响下中国信仰空间建构之道	谢锴	中央美术学院建筑学院	吕品晶
优秀奖	基于生产力和生产关系理论下的中国现代建筑发展初探	田春来	重庆大学建筑城规学院	阎波
优秀奖	岛屿上的曲径通幽 ——现代主义建筑在台湾的进程	陈宏	厦门大学建筑与土木工程学院	王绍森
优秀奖	时代嬗变下城市设计的视角变更与语言学转译	王天奇	内蒙古工业大学建筑学院	任杰
优秀奖	浅谈现代建筑中的超现实氛围	杨柳青	深圳大学建筑与城市规划学院	龚维敏
优秀奖	美国建筑团体制度特征及其对中国的启示	何媛	西南交通大学建筑与设计学院	袁红、姚强

邓湾湾

从中国早期建筑实践活动看现代主义建筑的引进

邓湾湾

The Introduction of Modernist Architecture from the Early Construction Practices in China

■ 摘要：20世纪20～50年代，西方现代建筑引进中国的各种途径、相关人物、理论争鸣以及设计实践，是沿着多重线索展开的，呈现出多样性和复杂性。本文从追溯西方现代建筑自身发展的基本历史情况出发，对300余个实际建筑案例归纳分析，以挖掘现代主义建筑观念被认识、接受和转化的过程，为今日中国建筑现代化解决建筑的时代性和民族性问题提供思考。

■ 关键词：引进途径；现代主义风格；风格特征；建筑实例；社会文化心理

Abstract：From the 1920s to the 1950s，the various ways in which Western modern architecture introduced China，related figures，theoretical debates，and design practices were developed along multiple cues，presenting diversity and complexity. Based on the basic historical situation of the development of modern Western architecture itself，this paper summarizes and analyzes more than 300 actual architectural cases to explore the process of understanding，accepting and transforming modernist architectural concepts，and solving the contemporary era of architecture in today's Chinese architectural modernization. And provide national thinking and provide thinking.

Keywords：Introduction path；Modernist style；Style characteristics；Architectural examples；Social and cultural psychology

西方现代建筑在中国引入和传播，有着多重历史线索，遭遇复杂的历史环境，也取得了丰硕成果。现代建筑在观念与实践的多个层面对于近代中国发展有着影响，这种影响为中国现代进程翻开了崭新的一页。

1 现代主义建筑的界定

对现代化、现代性和现代主义作理论区分[①]，有助于更好地认识西方现代建筑的各种议题、特征及其关联性。现代化指向社会进程，现代性则指现代这一特定时间内，产生的所有人类经验方式的总和。而现代主义（Modernism）则是指新文化和艺术运动形式来表达的，对现代性经验的自觉反响，并对未来的赞赏和进步的愿望，因而也被称作现代运动（modern movement）。

对现代建筑与现代主义建筑在概念上，既相互联系又有所区别。现代建筑是指现代（包括1840年）到目前整个阶段的所有建筑活动。而现代主义建筑则更偏向于某种特定风格的建筑类型，其思想来源主要是黑格尔的进步史观——相信在18世纪以来的科学技术、社会生活以及文化形态都已发生巨大变化的条件下，建筑发展的根本任务就是寻找新的风格和原则，以反映时代精神。因而复古倾向或折中主义的学院派传统应予拒绝，创造一种新的建筑传统，重新建构文化的统一体。现代主义建筑兴起于20世纪20年代的欧洲"包豪斯"学派，成为20世纪建筑设计的核心主流，深刻影响了整个世纪的物质文明和生活方式。

2 中国现代主义建筑引进途径

欧洲现代主义建筑的产生是根植于工业革命和科学技术迅速发展的基础上，由其价值观念的变革引发的。美国、日本、中国都是在欧洲现代主义建筑产生的几乎同时期引进的。但由于引进的途径不同，且正值国内战争不断，社会意识形态发生大变革，导致稳定的建设时期太短，这段关于现代主义建筑的探索中国比日本晚了40年，比美国晚了30年才到达现代主义建筑实践的高潮。

2.1 美术界的初识

20世纪20年代，现代建筑随着西方新美术艺术风格的兴起，首次进入中国人的日常生活。美术界对于西方现代艺术发展的反应显然早于建筑界，美术领域思想的探讨，常常把建筑包含其中，"美术建筑"就这样孕育而生。[②]

1922年，两次东渡日本留学的黄忏华，出版了《近代美术思潮》，是将西方现代艺术及现代主义建筑引介到中国的最早出版物。

1927年，刘既漂完成"中国新建筑应该如

何组织"一文，首次提出"美术建筑"概念：艺术与科学相结合，因地制宜或表达个性，与时俱进。

1928年，丰子恺在开明书局出版了《西洋美术史》，作为近代中国第一部全面叙述西方美术历史的著作，其最后两章"现代的建筑、雕刻及工艺"以及"新兴艺术"中，包含了对欧洲兴起的现代主义建筑的介绍。

1929年，李寓一发表在《妇女杂志》上的文章"欧洲新建筑概略与国内建筑"，将艺术界和建筑界聚焦的维也纳分离派（Secession）的人物、作品与思想介绍到中国。

2.2 报纸专著的引介

20世纪30年代报纸专著浅显地引介了现代主义建筑理论。其中，美国作家、历史学家、戏剧评论家Cheney著、沈一吾译的《新世界之建筑》（《申报》，1934年7月17日、7月31日、8月7日），第一次将魏森霍夫住宅展介绍到中国，称建筑都体现了"勇敢与忠实"的精神。

同时期的学术刊物、专著则传播了现代主义建筑运动所倡导的时代精神。1936年，商务印书馆出版了勒·柯布西耶著、卢毓骏译的《明日的城市》，是介绍西方现代主义建筑设计和规划理论的重要著作。

1933年，《时事新报》刊登瑞典籍建筑师林朋的《林朋建筑师与"国际式"建筑新法》一文。林朋是将欧美有影响的现代建筑师群体介绍给中国的第一人。林朋不强调"国际式"仅是一种样式，而是视其为包含科学理想思想的设计原理，尤其关注现代住宅设计的表达："求建筑外观之简美；求建筑物造价之低廉；求建筑物寿命之增长；求住户生活之改进。"[③]

1936年，广东省勤勤大学建筑系学生创办的《新建筑》，旗帜鲜明地指出："反抗现存因袭的建筑样式，创造合适于机能性、目的性的新建筑。"

2.3 建筑实践的推进

1929年末至1939年，为使现代主义建筑通过专业期刊与学术专著传播，引发了学术界从未有过的理论探讨与学术争鸣，推动了现代建筑实践的进程，并冲击了主流社会文化心理。与此同时，迅速成长的中国职业建筑师群体以及在中国实践的西方先锋建筑师，成为引介西方现代建筑思想与设计实践的主导力量。

3 中国早期现代主义建筑实践

20世纪初，中国早期的现代建筑设计实践的开始，是一个从移植西方新生事物到转化的复杂的非线性探索（图1、表1）。对中国近代最有名、最有影响的建筑师作品进行归纳分析，可以得出其建筑风格主要有三种表现方式：

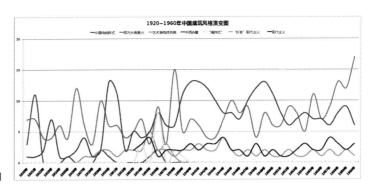

图1 1920—1960年
中国建筑风格演变图

1920—1960年中国建筑实例风格统计表 表1

时间	中国传统样式	西方古典复兴	艺术装饰派风格	中西合璧	"满洲式"	"折中"现代主义	现代主义
1920年	3	7	0	1	0	0	0
1921年	11	7	0	1	0	0	0
1922年	0	4	0	2	0	0	0
1923年	0	4	0	7	0	0	0
1924年	0	6	0	1	0	0	0
1925年	1	4	0	1	0	0	0
1926年	0	12	0	2	0	0	0
1927年	0	6	1	4	0	0	0
1928年	0	3	1	1	0	0	0
1929年	2	10	2	2	0	0	0
1930年	1	6	2	13	0	0	0
1931年	0	6	1	11	0	0	0
1932年	0	4	2	2	0	0	0
1933年	0	5	2	5	0	0	2
1934年	0	7	2	4	3	0	3
1935年	1	3	5	5	0	1	4
1936年	2	9	2	8	8	2	1
1937年	0	3	3	6	0	2	2
1938年	0	15	2	6	2	1	2
1939年	0	5	0	11	1	2	2
1940年	0	7	0	13	0	2	3
1941年	0	6	0	13	0	3	2
1942年	0	4	0	12	0	2	3
1943年	0	4	0	10	0	2	3
1944年	0	7	0	8	0	4	4
1945年	0	10	0	8	0	2	2
1946年	0	8	0	7	0	1	2
1947年	0	9	0	10	0	2	1
1948年	0	4	0	12	0	1	3
1949年	0	8	0	13	0	2	1
1950年	0	6	0	11	0	1	2
1951年	0	6	0	8	0	1	1
1952年	0	9	0	6	0	2	1
1953年	0	8	0	7	0	1	2
1954年	0	5	0	8	0	1	3
1955年	0	11	0	7	0	2	2
1956年	0	7	0	7	0	1	2
1957年	0	9	0	6	0	2	4
1958年	0	13	0	8	0	1	3
1959年	0	12	0	9	0	2	2
1960年	0	17	0	6	0	1	3

第一种是在中国倡导西方复古主义建筑实践的外国建筑师。随后以陆谦受、关寿同和关颂声为代表的一些中国建筑师事务所也设计了一批新古典主义作品。

第二种是利用现代建筑技术和结构，重新塑造传统造型的"折中"现代主义。这一学派的代表有美国的亨利·墨菲、加拿大的何西、中国的吕彦直、董大酉和 William H.Chaund 那样的建筑理论家。

第三种则是中西方建筑师也以自己的创作实践推动中国建筑向正统的现代主义方向发展。赉安洋行与斯洛伐克建筑师邬达克是这一潮流中颇有影响的代表人物。由启明建筑事务所旗下的建筑师奚福泉设计的虹桥疗养院也是典型的现代主义建筑，其设计手法与以布鲁诺·陶特为代表的德国 Der Ring 流派类似。⑥以童寯、林克明、庄俊为代表的一批建筑师，亦是现代主义建筑实践的典型代表。同时，在中国其他地方也出现了一批不知名建筑师的设计作品，比如日本的太田宗太郎设计的大连火车站就依循了德国正统现代主义建筑表现手法。

3.1 1920-1932 年

这个时期中国的现代主义建筑实践还未产生。最早开放的通商口岸以及外国租界，是西方建筑师建筑实践的沃土。外国建筑师主要采用的是 19 世纪末到 20 世纪初流行于西方的折中主义建筑风格，这些建筑的所有者希望通过创造一种与其本国建筑相类似的形式，表达其殖民主义的野心。在这些事务所中，最多也最坚定地推动西方建筑风格在中国发展的要数成立于 1868 年的上海公和洋行。

公和洋行的前身是公共洋行，是香港的一家老牌建筑设计机构⑦。1911 年，由于上海经济繁荣及其远东最大都市地位的确立，决定在上海开设分部，并取名"公和洋行"。20 世纪整个 20 年代和 30 年代初期，公和洋行以其不可匹敌的雄厚设计实力，成为当时上海最大的设计机构。从 1916 年公和洋行的主持人威尔逊到上海后的第一个西方古典建筑设计作品天祥洋行大楼建成，到 1929 年沙逊大厦（今和平饭店北楼）的建成，标志着公和洋行的设计风格从复古主义向装饰艺术派的彻底转变。公和洋行以其绝对数量和高超水平的设计作品，在中国近代建筑史中扮演了一个极其重要的角色。其作品几乎成了整个中国近代建筑 20 世纪 20 和 30 年代探索的缩影（表 2）。

公和洋行主要建筑作品和风格特征表　　　　　　　　表 2

建成年份	作品名称	建筑风格特征
1916 年	天祥洋行大楼	西方古典主义复兴式
1918 年	永安公司	西方折中主义风格
1920 年	扬子大楼	西方折中主义风格
1922 年	蓝烟囱轮船公司大楼	西方古典主义复兴式
1923 年	麦加利银行	西方古典主义复兴式
1923 年	上海汇丰银行大楼	西方折中主义风格
1924 年	横滨正金银行	西方古典主义复兴式
1927 年	上海海关大楼	艺术装饰派风格
1929 年	沙逊大厦	艺术装饰派风格
1930 年	中央大学大礼堂	西方古典主义复兴式
1931 年	犹太会堂	犹太建筑特色
1932 年	亚洲文会	艺术装饰派风格
1932 年	沙逊别墅	英国乡村别墅式住宅
1933 年	河滨公寓	艺术装饰派风格
1934 年	汉弥尔登大厦	艺术装饰派风格
1934 年	都城饭店	艺术装饰派风格
1935 年	峻岭公寓	艺术装饰派风格
1937 年	上海中国银行大楼	艺术装饰派风格
1937 年	三井银行	艺术装饰派风格

3.2 1933-1958 年

从 1933 年开始现代主义建筑在中国出现。西方建筑师首先接应了西方现代主义新思想，成为用新颖杰出的设计引领现代都市的"摩登"生活的新建筑风格的先锋人物。第一批留学归来的中国青年建筑师出色地设计了一批公共建筑与民用建筑。1930 年以来，中国建筑师的设计实践超过西方建筑师，成为引领中国建筑新潮流的主力军（图 2）。这一时期的现代主义风格的建筑大多数还停留在小型住宅设计，重要公共建筑设计虽然有部分为现代主义建筑但是都未产生重大影响。

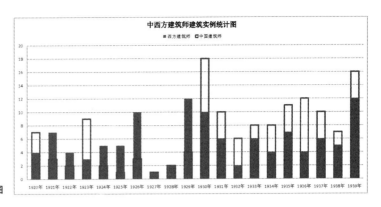

图2 中西方建筑师建筑实例统计图

1. 小型住宅

现代主义建筑风格首先在住宅中得到较广泛的实践运用,但探新局限在前沿建筑师,大部分仍然保留折中主义风格(表3)。1925年,斯洛伐克建筑师邬达克在上海开业成立邬达克建筑设计事务所。作为现代主义实践的先锋人物,吴同文住宅则是邬达克将现代主义建筑新风格运用于住宅设计的一个成功的实例。毕业于法国里昂美术专科学校的林克明是我国近代推进岭南现代主义建筑形成的一位先驱者。从其设计的众多作品序列分析中,可以看出其对装饰艺术风格的初步认知在1930年形成,并在1934年勤勤大学新校建设中成熟。1930年代中后期,现代主义建筑风格逐渐影响到功能主义新住宅设计,林克明完成了自宅设计,其中贯注了本人对现代主义的深刻理解。基泰工程司的杨廷宝的建筑创作路线是随社会发展而不断自我完善的体系,从一个侧面反映了半个多世纪中国建筑发展的进程。1947年,中央研究院社会科学所和南京孙科公馆(延晖馆)建成。这两个作品正好体现了杨廷宝的两个设计极端——中国传统风格建筑与现代主义建筑,表明他的设计思想可以在极端之间自由驰骋。

(1)吴同文住宅:这个"远东最大最豪华的住宅"的建筑立面呈绿色,由6cm×10cm的釉面砖铺砌而成。立面除大量运用玻璃窗外几乎没有其他装饰,显得较为简洁。部分转角处的立面做成弧形甚至半圆形并配以观景窗,以丰富立面造型。总之,建筑平面布局自由,合理利用了直线和弧线,成为上海滩上十大名屋(住宅)之一(图3)。

(2)南京孙科公馆(延晖馆):建筑周围有大片绿地环绕,正门朝向西北,门前庭院供停车和警卫之用,住宅后为花园和树丛。建筑平面轮廓大体上为十字形,为钢筋混凝土结构,平屋顶,在大卧室屋面上还设有水池。整座建筑造型简洁,构图活泼,是中国近代建筑史上受现代主义建筑思潮影响的大型私人别墅住宅的典型实例(图4)。

(3)林克明自宅:这是广州第一个有防空洞的私人住宅,故居是清水红砖墙,结合淡黄色意大利批荡,有船舷圆弧玻璃窗和露台。该建筑共二层,平顶设计,具有架空的底层,构图自由的平面和立面,以及作为个人标签的跌落平台、转角窗、金属栏杆。林克明自宅从另一个角度反映了建筑师对新建筑的进取求新心态(图5)。

20世纪20年代~40年代著名住宅和风格特征表 表3

建成年份	作品名称	建筑风格特征
1920年	天津段祺瑞住宅	中西合璧
1920年	保定王占元故居	中国传统式
1920年	八卦楼	西洋式
1920年	重庆魏氏住宅	新古典主义
1921年	祁县乔家大院	中国传统式
1921年	庐山雷格里尔别墅	英国乡村风格别墅
1922年	天津章瑞庭住宅	欧洲别墅住宅
1922年	张作霖大青楼帅府	西方古典复兴
1924年	饮冰室	意大利文艺复兴风格
1930年	张作相公馆	西方古典复兴
1930年	花石楼	西方折中主义
1930年	刘佐龙官邸	中西合璧
1931年	青岛居庸关卢10号别墅	西洋式
1931年	邬达克自宅	英国乡村风格别墅

建成年份	作品名称	建筑风格特征
1931 年	成都王泽俊宅	仿欧式别墅
1931 年	上海孙科住宅	西班牙教会式花园别墅
1931 年	遵义柏辉章官邸	中西合璧
1932 年	沙逊别墅	英国乡村别墅式
1934 年	汤玉麟公馆	西洋折中式
1934 年	王伯群住宅	英国哥特式风格
1934 年	西安张学良公馆	中西合璧
1935 年	林克明自宅	现代主义风格
1935 年	董大酉自宅	折中现代主义
1936 年	马勒住宅	北欧风格特征
1936 年	广州梅花村模范住宅	中西合璧
1937 年	吴同文住宅	现代主义建筑
1937 年	洛阳香山别墅	中西合璧
1938 年	夏斗寅别墅	中西合璧
1938 年	重庆宋子文公馆	欧洲乡村风格
1939 年	少帅府	中西合璧
1939 年	重庆孙科住宅	中西合璧
1939 年	重庆蒋介石官邸（云岫楼）	中西合璧
1947 年	南京孙科公馆（延晖馆）	现代主义风格

2. 公共建筑

在公共建筑方面，虽然未在重要建筑上成为社会主流意识，但已初露端倪。上海赉安洋行在上海后期设计的建筑开始转向现代主义风格。退去浮华的装饰，风格趋向简洁明朗，建筑材料趋向现代化。其独到的设计手法曾引领了当时上海滩国际化潮流风尚。在其现代主义风格的建筑中，较为典型的有法国雷米小学、道斐南公寓、麦兰捕房、麦琪公寓等。1933 年，华盖建筑师事务所的三位建筑师——赵深、陈植、童

图 3　吴同文住宅

图 4　延晖馆

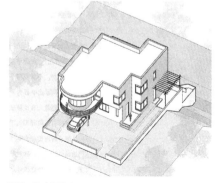

图 5　林克明自宅

寓，正式合作时，就相约一起摒弃"大屋顶"，坚持走新建筑的发展方向。⑥尽管他们仍然有多个项目保留了中国固有式风格，但在政府文化类建筑上已经作出探索。他们为民国政府设计的项目南京首都饭店，就是代表性作品。庄俊是中国近代最早的建筑师之一，他曾受到最正统的学院派的建筑教育，他的早期建筑作品大都是西洋古典风格，但在20世纪30年代中期，他接受了现代主义建筑的主张，并赞扬现代式建筑"外取简洁明净而雅澹端详，内求起居偃息之舒泰，以适合于身心之需要。"⑦日本建筑师太田宗太郎设计的大连火车站，是1930年代中国殖民城市的现代主义建筑的代表作，其参照了他自己几年前设计、已竣工的东京上野火车站。

（1）法国雷米小学：平面一字形，以矩形体为主，平顶、多窗、白墙、少装饰。建筑立面作横向带状窗，横线条处理，除立面入口旁设有两个圆形的舷窗外，没有多余的装饰。立面化繁为简，线条利落干脆，设计功能合理，形式简洁，建筑的外立面采用横向构图。费安洋行设计的这些建筑，有着纯净的几何构图，虽简洁却极具表现力（图6）。

（2）南京首都饭店：这是中国建筑师的第一个现代主义建筑作品，也是华盖建筑师事务所唯一——次在《中国建筑》3卷3期的介绍中提到的"国际式风格"。设计为不对称的"7字形"的抽象的几何形体。平面布局灵活精巧，正面为椭圆形广场，周围用名贵树木点缀园景，中部设有花坛，大楼的主体为对称的两翼，中部为厅楼。面砖及水泥砂浆饰面，坡屋顶，外观简洁明快。立面主要以窗和墙体组成线条，简洁明快，构思新颖（图7）。

（3）上海孙克基妇产科医院：在设计之初孙克基要求妇产医院须："具庄严气象，幽静风景，

简洁色彩，均衡光影，必得空气之川流，流浊之隐泻，内外之相应，四面之衔接。"建筑全部构造用钢筋混凝土。外墙第一层用人造芝麻石，其余贴泰山面砖。立面由于楼梯间向外凸，被划分为不等的四块。手术室采用钢门、钢窗、电气设备均依照当时最新方法设置，以满足病人需要（图8）。

（4）大连火车站：站房为钢筋混凝土结构，地上四层，地下一层。坐北朝南，广场在位于正前方低洼处，不同标高的建筑与广场的连接则是通过弧形大坡道紧密结合，交通极为方便。建筑平面与空间功能明确合理，主入口设在二层，旅客流线顺畅，人流货流分离。建筑立面形式对称简洁，宏伟大度（图9）。

3.3　1958年以后

由于政治与战乱，在这20年的时间里现代主义建筑在中国严峻的条件下依然有局部探索。1958年的"大跃进"，是经济建设的大冒进，但在建筑方面却留下了"十大建筑"这组中华人民共和国成立10周年的纪念碑。1970年代地域性的现代主义探索主要表现在以广州为代表的高层建筑上。由于广州位于对外交流的特殊地理位置，是新中国成立之后高层建筑领先的城市，建造技术上率先使用水平玻璃带窗，整片幕墙，并把底层抬起。莫伯治⑧在1958年设计建成了广州北园酒家，此后在探索岭南地域建筑方面取得丰硕成果。1962年建成的白云山山庄旅社是岭南园林艺术和现代建筑艺术结合的模范之作。

1978年十一届三中全会为建筑界打开了新的门窗。现代建筑在中国真正解禁，建筑师在此迸发出对现代建筑的向往，重要建筑开始全面采用现代主义新风格。

图6　法国雷米小学（上左）
图7　南京首都饭店（上右）
图8　上海孙克基妇产科医院（下左）
图9　大连火车站（下右）

4 国外现代主义早期建筑实践比较研究

现代主义建筑之根,可以追溯到欧洲工业革命及由此产生的生活大变革。现代主义建筑于19世纪下半叶开始早期探索,于20世纪30年代发展成为对全世界都很有影响的建筑流派。它具体表现在以格罗皮乌斯、勒·柯布西耶、密斯·凡·德·罗为代表的革新建筑师和建筑作品中。随着法西斯的猖獗,包豪斯被迫关闭后,格罗皮乌斯和密斯于1937年移居美国并于哈佛大学执教,现代主义建筑思想开始对世界各国建筑教育产生深远影响。而同时期的中国却远远没跟上世界建筑主流,仍然在新古典主义与折中主义风格中徘徊不前。

4.1 德绍包豪斯校舍与北京燕京大学

经过工业革命的催生,新建筑革新浪潮——工艺美术运动、新艺术运动、德意志制造联盟的推动,1933年"雅典宪章"的提出标志着现代主义建筑成为当时占欧洲建筑界主导地位的思潮。

1926年,格罗皮乌斯于1925年在德国的德绍为包豪斯设计的新校舍建成。校舍所代表的现代主义设计方法在今天仍在延续,已成为现代主义建筑的经典作品,在世界建筑史上具有划时代的里程碑意义(图10)。

同年,燕京大学(今北京大学)落成。墨菲设计了6栋折中主义的中式建筑。以玉泉山为校园东西轴线,各类用途按中轴线布置。建筑群外观模仿中国传统建筑式样,建筑主体结构由混凝土和砖墙组成,屋顶用木屋架屋盖铺中式琉璃瓦。其中,最具特色的是高达13m的水塔,仿八边形中国传统古塔设计(图11)。

4.2 费城储金会大楼与上海沙逊大厦

20世纪30年代建造的摩天大楼,都尽力把欧洲历史上各种建筑样式完整地或者零碎地照搬在这种功能、结构和体量完全不同于先前的建筑物中。但1929年到1933年美国爆发的经济大危机,转变了美国人的生活条件,也转变了他们的心态和思想。这个时候美国建筑界兴起了同欧洲十年前建筑界类似的观念——"新客观精神"。⑨建筑观念开始由保守古典主义倾向向现代主义建筑转变。此后,美国人接受了欧洲的现代主义建筑,并且迅速把它变成美国最流行的一种样式风格。

1932年,建筑师霍埃——费城杰出的由传统转向现代的建筑师,设计的费城储金会大楼竣工(图12)。整个外观与内部空间吻合,不对称,不附加雕刻装饰,完全抛开了学院派建筑构图规则,成为全世界第一个以现代主义建筑风格建成的高层建筑。

同时期竣工的上海沙逊大厦由公和洋行设计,是上海第一座10层以上的高层建筑。平面为三角形,立面以花岗石贴面,处理成简洁的直线条,采用当时美国流行的"芝加哥学派"设计手法。它突破了木构架建筑体系,大胆采用钢框架,但仍然是艺术装饰派风格(图13)。

4.3 广岛和平纪念馆与北京人民大会堂

1868年明治维新后,日本"脱亚入欧",首先还是完全照搬西方建筑模式,而后部分摒弃,最后使其充分本土化。在20世纪初期,日本开始派留学生到西方学习现代建筑,其中最早回国成为日本现代建筑先驱的是后藤庆二和本野精吾。他们从德国留学回来以后,开始尝试设计西式建筑。1914年是日本现代建筑的元年。这个时期的

图10 德绍包豪斯校舍(上左)
图11 燕京大学(上右)
图12 费城储金会大楼(下左)
图13 上海沙逊大厦(下右)

图 14　广岛和平纪念馆　　　　　　　　图 15　北京人民大会堂

作品大多是模仿新古典主义风格，代表作有后藤 1915 年设计的"丰多摩监狱"和本野 1914 年设计的"西阵织物馆"。

日本习惯把欧洲的现代主义建筑分为两大流派：包豪斯学派和柯布西耶派。柯布西耶在建筑里面进行粗糙处理的非规范美的审美传统，在日本受到广泛欢迎。因此，出现了一批自称"柯布西耶派"的现代主义建筑师，其中 1924 年来日本的捷克籍建筑家安东宁·雷蒙德，以及他教育培养出来的前川国男、日后被视为"日本现代建筑之父"的丹下健三，都是其中的中坚人物。丹下健三于 1942 年设计的大东亚建设忠灵纪念堂，1952 年设计的广岛和平纪念馆（图 14）等项目，都体现出他对现代主义建筑的深刻理解。

同一时期，1959 年建成的北京人民大会堂，由北京市规划管理局设计院（今北京市建筑设计研究院）建筑师赵冬日、沈其主持方案设计，张镈、朱兆雪等主持施工图设计。在建筑艺术方面，创作思路基本自由，但仍然以西方古典主义复兴风格为主（图 15）。

5.　对现代主义建筑的引进的反思

早期现代主义建筑引进的社会条件和当代既有巨大的差别又有很多类似之处。时代总是在基于过去的基础上有所继承，有所发展。所以，在思考当代建筑问题时，以早期建筑师的现代主义建筑实践活动的成败得失作为参照，还是能够有所裨益的。

5.1　早期现代主义实践的局限性

20 世纪 20 年代至 40 年代的近 30 年间，现代主义始终未能超越官方主导的固有建筑思想，从而上升为中国建筑学的主流意识形态。西方现代主义所倡导的为平民社会建立大量的、工业化廉价住宅的理想也从未在近代中国实现。早期现代主义建筑的实践，仅仅作为一种形式而不是运动。流于形式表面的背后折射出社会政治文化改革的复杂性和矛盾性。

1. 文化运动的缺失

在欧洲，现代建筑思想产生于新的时代精神——18 世纪启蒙运动中孕育的科学理性精神，为现代建筑思想奠定了基本框架。工艺美术运动是现代建筑运动的重要源头，技术与艺术、实用艺术与纯艺术相结合的艺术整合观、以建筑为手段为大众服务的社会理想等，都被现代建筑运动所吸收和发扬。直至 19 世纪末到 20 世纪初，新艺术运动是继工艺美术运动之后，风靡欧美、影响广泛的艺术设计运动。新艺术运动的先锋们从生机勃勃的自然与生命形态出发，摆脱了历史风格的束缚，对包括建筑形态在内的使用艺术造型进行了大胆的探索。在美国，伴随资本主义商业文化兴起的芝加哥学派和装饰艺术派风格，是对正统现代主义机器美学的修正。第一次世界大战前后，意大利的未来主义、荷兰的风格派、苏联的构成主义以及德国的表现主义，这些狂热的先锋性文化运动成了现代建筑运动不可或缺的重要侧面。在此之后，现代主义建筑在欧洲相继问世，水到渠成。

在中国，以小农业和家庭手工业相结合为基本特征的自给自足的自然经济，一直是中国封建时代的社会基础。清政府一直执行着"重农抑商"政策，把先进的工业技艺当作"奇技淫巧"，根深蒂固的封建势力，阻碍了资本主义萌芽的发展。清王朝以天朝自居，封建大吏闭塞无知，束缚了知识分子的思想，先进的文化运动在当时贫穷落后的中国是不可能实现的。

2. 经济技术的制约

从 1840 年鸦片战争开始，中国进入半殖民地半封建社会。一直到 1949 年以前，大部分时间都处于战争、内乱之中。腐朽的社会制度束缚着生产力的发展，压抑着经济主体的技术创新。西方现代建筑的基础是工业社会中建筑空间、功能、材料、结构与形式的革命性变革。工业社会的形成是现代主义产生的前提，是一切现代意识产生的根源。然而在近代中国，以钢筋和水泥为主导的建筑市场却遭遇落后的工业生产的矛盾。近代市场经济发育的欠缺，成为中国建筑业走向现代化的严重阻碍。

3. 价值取向的困惑

建筑的价值观是与一定的社会文化心理相一致的，建筑的形式只有满足这种社会文化心理才能纳入整个社会的认知体系，成为代表这个社会的风格。现代主义建筑在20世纪30年代的中国仅仅作为建筑师的个人表现，并未在价值观上得到认同，最终只能落得昙花一现的结局。

（1）对西方古典式的崇尚：19世纪后半叶，一批最先采用西洋建筑法的工厂、办公建筑开始兴建起来。1900年庚子事变以后，在北京大量建造西式的商业建筑和官署建筑。在地方上，孙支厦为清末状元实业家张謇在南通设计建造了一批厂房和学校，也都是西洋风格。1920年建成的南通商会大厦（今通崇海泰总商会大楼）是其代表作品。近代第一批归国留学生，更是西方古典式的忠实追随者。如庄俊设计的清华大学大礼堂、体育馆、图书馆，沈理源设计的北京真光电影剧场（今中国儿童剧院），甚至后来张邦翰设计的云南大学会泽院都是西方古典复兴风格的典型代表。在20世纪初的上海，"钦慕洋房"更是蔚然成风。在众多的外国事务所中，最多也最坚定地推动西方古典式建筑风格在中国发展的要数成立于1868年的上海公和洋行。可见，中国公众、实业家、官方和建筑师心仪的"现代建筑"都是模仿西洋古典式做法和风格。

（2）对民族固有式的要求：20世纪20年代中后期，中国人对新建筑有了民族性的新要求——建筑形式是民族文化的外在表现，反映着民族的兴衰。大批受过学院派教育的建筑师们登上历史舞台的时候，"中学为体，西学为用"的理想主义产生了。建筑师们试图在接受西方进步的科学技术文明的同时，展现出中国文明古国的原创性特征。正如1932年11月，中国建筑师学会会长赵深在《中国建筑》的发刊词上所倡导的："融东西方建筑学之特长，以发扬吾国建筑固有之色彩。"其中，杰出的建筑师代表是杨廷宝。在1930年前后，进一步发展成为"中国古典复兴式"，成为中国官方的标准式样。

近代中国，缺少站在时代前列、积极提倡现代主义理论的世界级建筑大师，也缺乏能载入建筑史的划时代的建筑杰作，是因为其只能发展与其社会价值取向相符合的建筑形态与风格。曾经创作过现代主义风格的建筑师，也不得不去迎合社会对中国固有式建筑的需要，追求也始终难以如一。

5.2 作为建筑史观的意义性

我国近现代建筑史的研究以及对当代建筑的品评也基本上以西方现代主义审美原则为依据。这主要包括功能主义的"功能形式论"、理性主义的"真实论"以及"时代精神论"。虽然近年来后

现代主义和其他新建筑理论向现代主义建筑发起挑战，新的建筑史观不断涌现，但其影响远远不能和现代主义相提并论。

1. 以空间为核心

空间是现代建筑的核心，密斯提出的"流动空间"的新概念，强调建筑艺术的终点应该从平面和立面转移到空间和体量，并考虑人在观察建筑过程中的时间因素。这与中国山水画中的"气韵生动"有着异曲同工之妙。

2. 重视使用功能

沙利文提出："形式追随功能"的口号，成为现代主义的主要设计信条和建筑表现形式的美学依据。在建筑设计和城市规划中，以功能关系作为建筑空间组合和城市布局的理性依据，严格功能分区，采用树形的城市结构、几何图式的道路骨架，以求理想的功能关系。

3. 技术艺术统一

结合工业技术的发展，探索工程技术在建筑形式上的运用和表现，注重新型建筑材料在建筑艺术造型上的表现力。把钢和玻璃提高到和古代建筑中的柱式和大理石同等重要的地位，抓住了现代建筑中材料运用的重要课题，现代主义建筑师把技术和艺术统一了起来。

4. 简洁自由构图

注重满足使用功能要求，平面采用非对称组合，立面简洁自由，体形大多为简单的几何形体。勒·柯布西耶认为："经济的形体是美的形体"，密斯提倡："少即是多"，格罗皮乌斯认为："美的观念随着思想和技术的进步而改变。"

现代主义建筑的美学原则，集中表现为强调功能对建筑形式的统领作用，把功能看作是建筑设计主要的美学依据，认为建筑完善的功能表达就是美，把建筑的经济性提高到重要的程度，认为满足社会与城市工业化进程的需求，创造最大的经济效益，就是真、善、美。正如格罗皮乌斯在《论现代工业建筑发展》一文中指出的："新时代要有它自己的表现方式。现代建筑师一定能创造出自己的美学章法。通过精确的不含糊的形式，清新的对比，各种部件之间的秩序、形体和色彩的匀称与统一来创造自己的美学章法，这是社会的力量与经济所需要的。"

6 小结

当代中国的现代主义建筑更多的是一种风格的移植，一种理论零散片段的译介。前沿建筑师所要做的主要工作，是全方位、系统地考察时代背景、发展演变、历史地位以及局限性，重新引入以观念和策略为主导的现代主义建筑精髓——建筑随时代的发展而变化，现代建筑服务于社会发展需要；一切从实际功能出发，建筑设计以经

济适用为原则；采用现代新材料、新结构、新技术服务于建筑设计；采用全新的建筑设计逻辑思维，摆脱对传统建筑样式的依赖，自由地创作；借鉴现代工业技术美学新形式，创造属于新时代的建筑美学。现代主义建筑是一种精神，一种人类追随的目标，不是一种程式，更不是一种风格。

注释：

① 马歇尔·伯曼（Marshall Berman）.一切坚固的东西都烟消云散了（All that Is Solid Melts into Air）[M]. 1982.
② 徐苏斌, 著.近代中国建筑学的诞生 [M]. 天津：天津大学出版社, 2010 ：166-170.
③ 沈潼."国际式"建筑新法 [R]. 时事新报, 1933-02-15.
④ 陈从周, 章明, 主编.上海近代建筑史稿 [Z]：135.
⑤ 公和洋行于1868年创立于香港, 创始人是英国建筑师 William Salway。1890年以后它的两位合伙人 C.Palmer 和 A.Turner 成为其主持人, 其名称也改为 Palmer & Turner Architects and Surveyors, 此后一直沿用此名称。"公和洋行"是其20世纪20~30年代在上海用的中文名称。Palmer & Turner 的设计活动一直持续到现在, 现在香港注册, 一般人称其为"巴马丹拿事务所"。
⑥ 陈植.意境高逸、才华横溢——悼念童寯同志 [J].建筑师, 1983, 11（16）：3.
⑦ 庄俊.建筑之式样 [J].中国建筑, 1935, 3（5）.
⑧ 莫伯治长期从事建筑设计, 比较重视下面一些思维领域：融合岭南建筑和庭园于现代主义风格之中；在现代主义原则的基础上, 探索现代建筑与历史文化、地方特点的结合；现代建筑艺术创作手法的发展和演绎。
⑨ 在建筑设计领域, 新客观精神（New Objectivity）事实上是通常所谓的功能主义。

参考文献：

[1] （美）彼得·罗（Peter G.Rowe）,（美）关晟（Seng Kuan）, 著.承传与交融:探讨中国近现代建筑的本质与形式 [M].成砚, 译.北京：中国建筑工业出版社, 2004.
[2] 邓庆坦, 著.图解中国近代建筑史 [M].武汉：华中科技大学出版社, 2009.
[3] 蒋春情.华盖建筑事务所研究（1931-1952）[D].上海：同济大学, 2008.
[4] 赖德霖, 伍江, 徐苏斌, 主编.中国近代建筑史 第3卷 摩登时代 世界现代建筑影响下的中国城市与建筑 [M].北京：中国建筑工业出版社, 2016.
[5] 李海清, 著.中国建筑现代转型 [M].南京：东南大学出版社, 2004.
[6] 沈福煦, 黄国新, 编著.建筑艺术风格鉴赏 上海近代建筑扫描 [M].上海：同济大学出版社, 2003.
[7] 束建民, 主编.南京百年城市史 1912-2012 12 国际化进程卷 [M].南京：南京出版社, 2014.
[8] （日）藤林照信, 著.日本近代建筑 [M].黄俊铭, 译.济南：山东人民出版社, 2010.
[9] 同济大学, 编写.外国近代现代建筑史 [M].北京：中国建筑工业出版社, 1982.
[10] 王唯铭, 著.与邬达克同时代——上海百年租界建筑解读 [M].上海：上海人民出版社, 2013.
[11] 王英健, 编著.外国建筑史实例集 3 西方近代部分 [M].北京：中国电力出版社, 2006.
[12] 吴焕加, 著.插图珍藏本 外国现代建筑二十讲 [M].北京：生活·读书·新知三联书店, 2007.
[13] 南京工学院建筑研究所, 编.杨廷宝建筑设计作品集 [M].北京：中国建筑工业出版社, 1983.
[14] 杨永生, 顾孟潮, 主编.20 世纪中国建筑 [M].天津：天津科学技术出版社, 1999.
[15] 张复合, 著.北京近代建筑史 [M].北京：清华大学出版社, 2004.

图片来源：

表1、表2、表3、图1、图2 作者自绘
图3、图4、图6、图10、图11、图12、图13、图14、图15：来自网络
图5 朱晓明, 吴杨杰.建筑大师自宅 1920s-1960s[M].北京：中国建筑工业出版社, 2018：77、79.
图7 中国近代建筑史料汇编（第一辑）中国建筑·第三卷·第三期 [M]：1671.
图8 中国近代建筑史料汇编（第一辑）中国建筑·第三卷·第五期 [M]：1819.
图9 关肇邺, 吴耀东, 主编. 20 世纪世界建筑精品集锦 1900—1999·第9卷·东亚 [M], 1999：64.

赵奕霖

西方现代主义建筑思潮对中国本土建筑设计的影响（1949—1980）

——浅谈中国建筑设计和建筑教育的发展

赵奕霖

Impacts Western Current of Modernism
Shows on Chinese Architectural Design:
A Brief Analysis of The Develpment of
Chinese Architectural Design and
Architectural Education

■ 摘要：起源于西方的现代主义建筑思潮对近现代中国的建筑有着深远的影响，主要在建造和设计方法两个方面。在工业化水平并不高的建国初期，现代主义建筑在中国初步发展，并衍生出了本土化的设计手法和建造策略，但是受当时建筑创作环境制约，理论研究不成熟，所以中国现代主义建筑思潮并没有得到普及发展，这一过程时间很短，却对我的建筑设计和教育影响巨大。

■ 关键词：现代主义；建筑理论；建筑设计；建筑史；建筑教育

Abstract：The current of modernism in architecture from the west shows a far-reaching impact on China，Especially on two aspects：construction and design method. However，the current of modernism in China was not able to develop and spread. The whole procedure was brief，but the impacts on architectural design and architectural education in China were great.

Keywords：Modernism；Architectural theories；Architectural Design；Architectural history；Architectural Education

淮阴工学院校级教改课题重点课题．
课题编号：Z201A17504
课题名称：基于培养创新能力的专业竞赛体系研究、建设与实践——以建筑类专业为例
2018年度教育部人文社会科学研究青年基金项目，"城中村"改造中的文化迁徙途径及重建模式研究，课题编号：18YJC760034

1 引言

查尔斯·詹克斯说道："现代建筑于 1972 年 7 月 15 日下午 3 点 32 分在美国密苏里州圣路易斯市死去。"然而时至今日，所谓"现代"依旧在世界建筑业内业外被广泛讨论，国内也不例外。有人认为，现代主义建筑是促进了中国城市现代化的先锋；也有人认为，现代主义建筑是导致传统建筑文化丢失的元凶。本文即从现代主义建筑在中国的发展历程出发，探讨现代主义建筑思潮对中国建筑和建筑设计的影响、局限以及对此的反思。

2 积极影响

2.1 工业化结构体系对建筑面貌的改变

现代主义思潮给中国带来的最深远的影响，就在于它的工业化的结构体系。从 19 世纪开始，随着工业革命以及各种民主化思潮的到来，建筑设计开始面临一些从未曾出现的问题。建筑的业主中，新兴资产阶级群体大量出现，在追求利益和效率的资本主义社会，这些人比起纯粹的形式，比过去的贵族更看重建筑实用层面的指标，特别是建筑的造价和功能。在这样的限制下，人们对建筑的关注点开始出现了变化，真正开始思考如何才能事半功倍地修建楼房。

18 世纪就已经成为了结构材料的铁，在此时得以大规模地运用，从英国皇室的布莱顿皇宫，到以水晶宫为代表的一大批使用铁构架和玻璃为材料建设的展馆，再到布鲁塞尔都灵街 12 号（图 1）和家庭保险大厦（图 2）这样的私人住宅和办公楼，金属骨架不仅运用越来越广泛，节点设计和工程水平也得到了发展，进而促进了它更广泛的运用。

而与此同时，另一种重要的人造材料混凝土也日渐成熟，从原先不承重的地板材料逐渐演变成和钢筋结合的钢筋混凝土，其中钢筋混凝土梁柱体系成了一种新兴的便捷耐用的结构体系。这两个工程上的重大进步不仅极大程度上使建筑的速度得以提高，建筑的体量得以变大，更重要的是这两种结构体系的结构构件非常适合工厂化批量生产，空间分隔上也远比原先的所有结构体系都要灵活，可以根据建筑的功能需求设定层高和隔墙，以塑造出更符合使用要求的空间，这些优点不仅导致了钢结构和钢筋混凝土结构在 20 世纪的广泛运用，更是成了密斯·凡·德·罗的"均质空间"和勒·柯布西耶的"新建筑五点"能得以实施的技术前提。而且随着工程技术的进步，更多的建筑结构，例如壳体结构和网架结构等大跨度结构也随之出现，随之而来的是更多对建筑的新需求。

2.2 工业化结构体系对建国初期大规模城建的推动

工业化建造方式对于近现代的中国而言相当具有吸引力。首先，被我们津津乐道的中国传统木结构建筑体系尽管巧妙，却无法在城市现代化的进程中成为主流，木材本身在物理性能和产量上的劣势等问题使得木结构在钢结构和钢筋混凝土结构面前相形见绌，根本无法胜任短时间内大规模的建造。其次，在近代建筑发展历程中，建筑的新兴结构体系本身带动了建筑类型的发展，城市中出现了任何传统体系都无法胜任的新类型建筑。因此，在 20 世纪初，当钢结构和钢筋混凝土结构传入中国时，中国几乎被动地接受了发源于西方的现代建筑体系。

这样的被动接受总体上给我国带来的是有利影响。首先，新结构体系创造出了更多符合时代需求的建筑空间。建国初期，大部分城市都在面临基础设施大规模建设，相较建筑的文化和艺术层面，功能性的需求更加紧迫。也正因如此，在新中国成立初期的一批建筑中，我们可以发现很多使用工业化结构体系的例子：

图 1　布鲁塞尔都灵街 12 号　　　　图 2　家庭保险大厦

图4 北京火车站

图4 北京工人体育馆

使用了预应力曲面扁壳结构的北京火车站（图3），在保证了使用空间的跨度和指标的基本要求的基础上与车站的折中主义风格装饰相适应，满足"适用、经济，在尽可能的条件下注意美观"的基本方针；使用了悬索结构屋盖，跨度在当时同类建筑中位居前列的北京工人体育馆（图4），在选用了悬索结构后，不仅降低了自重，还节省了钢材。其次，工业化结构体系对于建筑的建造进度的加快也很有帮助。以夏昌世的中山医学院教学楼建筑群为例，从1953年到1958年，新建、扩建的教学楼共有五座，面积共有10318m²，在强调"增产节约"的时代，这是一个非常不错的成就。

2.3 功能主义设计理念的沿革与实用价值

同样深刻影响了中国建筑行业和建筑学教育面貌的，是现代主义建筑思潮的灵魂——功能主义理念。

在现代建筑结构体系的帮助下，建筑的体量可以做得更大，层数可以做得更多，因此建筑的流线、空间都在往更复杂的方向发展。随着"形式追随功能"的口号被提出，人们开始真正优先关注建筑的物理环境和人机功效等问题，这促使了构造节点和建筑设备的进步，比如尺寸更大便于采光的玻璃窗和电梯这样的设备，而这些设备的出现对空间本身提出了更高的要求，也进一步促使人们去理性地根据建筑的功能要求进行分析和方案设计。各种各样的新的设计要点在实践中落实、改进，并最终促成了各种各样的不同于过去只注重立面构图的设计方法的新指导思想诞生，即功能主义。尽管不同建筑师对这个概念的诠释区别非常大乃至被归类于功能主义的设计策略非常多，比如阿尔瓦·阿尔托从声学和视觉构图出发设计的波浪状天花板和密斯·凡·德·罗从建筑未来可能存在的功能变更着手提出的"均质空间"概念，但是这些不同的诠释都不约而同地指向了工业化的建造、对抗古板的古典主义布局以及对建筑使用空间和人机工效的重视，是一种由

内而外的设计方法。

2.4 功能主义设计理念的适应性对我国的影响

1. 功能主义理念对建筑实践的推动

（1）对功能流线与空间尺度的重视

我国建国初期的一批现代主义建筑中，尽管功能主义理念作为欧美的建筑学思潮被冷落，但建筑实践中，功能主义理念实际上得到了很好的运用。这体现在一些建筑师在实际项目中建筑师对空间尺度、功能分区的控制和对建筑物理环境调控的策略两个方面。

首先是对建筑尺度和功能分区两个方面的把控。杨廷宝的和平宾馆的门厅远小于同时期的一些宾馆。通过合理的布局，包含了休息厅功能的两百多平方米的门厅（图5）不仅没有局促感，还在避免了流线交叉，这归功于建筑师在丰富的实践经验中培养的尺度感和功能分区的意识。此外，和平宾馆的设计中还包含了一些打破惯例的地方，比如在建筑一层开设了可供汽车通行的洞口（图6）以便使停车场布置在建筑物的后方。这样一来停车场可被建筑物的阴影遮挡，避免阳光直射，二来建筑物的前院就被解放了出来，避免了宾馆前方被车辆挤满的窘状。由此可见，想要满足建筑指标，单纯追求体量大、用地大并非最佳解决方案，有时从细节下手、从内部入手，建筑的经济指标和空间体验就可以在建筑体量和基地面积不变的情况下得到满足。

（2）对建筑内部物理环境的调控

从改善建筑内部物理环境的角度体现功能主义理念的实际案例的代表是夏昌世在建国初期的建筑实践，他的策略可分为建筑的遮阳、隔热和通风三个方面。遮阳方面，以夏昌世的总结来看，他不仅专注于遮阳的效果，还综合考虑了外观、造价和施工进度等因素，不断地改进遮阳板的形式。最早在中山医学院生化楼使用的综合式遮阳板（图7）尽管效果显著，但是出现了施工困难，

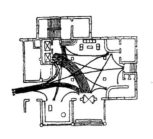

图5 和平宾馆入口流线分析

图6 和平宾馆正面的洞口

造价较高以及影响美观的问题。在随后的遮阳板设计中，夏昌世采用了两种改进的策略，一是尽可能采用预制件（图8）；二是在确保遮阳效果的前提下简化了遮阳板的形式（图9）。这样的思路取得了不错的效果，夏昌世甚至得出"有遮阳板的建筑物，单位面积的造价，不会提高"[①]的结论，可见策略的方向完全符合当时的客观条件。

隔热方面就更具有特色了，夏昌世最早从在广东地区常被用于防止屋面渗漏的大阶砖上获得灵感，尝试将大阶砖抬高，下设通风隔热层（图10），但是由于结构载荷以及屋面角度问题，效果并不是很好。作为改进，夏昌世转而大阶砖改为砖砌拱，将通风隔热层变成拱形通风道（图11），这样一来自重降低、屋面角度改善，彻底解决了大阶砖隔热屋顶的不足，同时节省了材料、造价，并且使得以直线为主的现代主义建筑多了一些活泼的曲线形视觉元素，最重要的是这种新设计加强了通风散热，最根本的隔热功能本身也得到了加强，可谓一举多得。

而对于建筑的通风问题，夏昌世的功能主义设计理念就更多体现在了细节，比方说门窗的位置与构造的设计等。尽管这些都是一些常用的策略，但是夏昌世仍然尽可能从细节入手，针对特定的位置设计了不同的构造，同样取得了一些效果。

2. 功能主义理念对建筑学教育体系实用化的推动

功能主义理念不仅对于建筑实践产生了深远影响，而且同样给中国的建筑学教育留下了难以磨灭的印记。20世纪50年代之前，中国的建筑学教学基本照搬陈旧的鲍扎体系，过分强调二维构图和细部设计，轻视功能分区和实用层面的平面布局，在20世纪50年代，以"新中国十大建筑"为代表的带有传统建筑元素的折中主义建筑就是接受鲍扎体系教育的建筑师的代表作，过于高昂的造价和"形式主义"的批评之声表明，鲍扎体系教育理念不符合当时国情，对更关注建筑实用层面的教学理念的需求迫在眉睫。

图7 中山医学院生化楼的综合式遮阳板

图8 华南工学院化工楼个体式遮阳板

图9 鼎湖山教工休养所遮阳板

图10 中山医学院学生宿舍大阶砖隔热层侧面

图11 中山医学院400床医院砖拱隔热层

从20世纪60年代起，冯纪忠就受功能主义的由内而外的设计思路影响，结合当时建筑设计原理的不足提出了被称为"空间原理"的建筑设计方法，其最大的特征在于设计流程是对过去由外向内通过建筑单体直接确定建筑内部的方法的改进，从建筑外部和建筑内部同时推进，最终确定建筑单体的形态。"空间原理"需要前期尽可能地多分析场地、层数等因素，同时还要确保足够的设计深度，特别是需要根据室内的布置来确定房间平面的形状。这样从大尺度和小尺度同时出发的设计思路是对纯粹的功能主义理念的扬弃，正如冯纪忠在述要中所说，"古典主义的由外到里和功能主义的由里到外都是片面的"②，这套设计原理的目的就是让在设计的各阶段中确保各个因素都能被很好地考虑到，避免孤立地看问题。

除了冯纪忠之外，彭一刚的《建筑空间组合论》也颇受功能主义影响，在从空间和功能性着手讲述建筑设计原理的同时结合了建筑构图原理，使得书中的内容与现实紧密结合，将建筑学的空间、构图的概念以通俗易懂的方式解释了出来，赢得了学生和从业人员的青睐。

这些具有浓厚的功能主义色彩的建筑设计方法顺应了当时的国情和建筑学发展趋势，也没有与现实脱节，将这些设计方法用于教学是比较符合大部分毕业即进入建筑设计行业参加工作的学生的定位的，因此尽管后来功能主义的教纲在西方受到了后现代主义思潮的批判并逐渐失去主流地位，但是时至今日，它仍然在国内建筑学专业大规模使用。

3 局限性

3.1 保守的鲍扎体系对新思潮的阻碍

尽管现代主义为当时的中国建筑界注入了新鲜的血液，也为中国的城市化建设做出了不可磨灭的贡献，但是是否就可以凭此得出结论，断定中国彻底接受了现代主义思想呢？答案是否定的。

众所周知，我们的建筑学教育的先驱们基本参照鲍扎体系对自己的学生教授建筑学。尽管两个体系并不是完全对立的，现代主义五大师中的密斯和勒·柯布西耶也非常注重二维视角的构图，但是长期以来的鲍扎体系训练对于学生的影响很大。建国初期建成，颇具现代主义色彩的同济大学文远楼从整体风格上看当然非常符合机器美学，但是鲍扎体系所推崇的古典主义秩序仍然有迹可循，最为明显的是原计划作为主立面使用的南立面的入口部分（图12）仍然是典型的主次分明的轴对称布局。除此之外，不论是文远楼还是和平宾馆，那个年代的大部分现代主义建筑仍然保留了很多带有传统色彩的装饰大样，最显眼的就是镂花（图13）和图案（图14）的运用。这些鲍扎体系教育的痕迹对于建筑本身的美观性没有什么不良的影响，影响的是学生的设计思路和对国外更先锋的设计理论的理解与吸收。

3.2 政治环境与经济发展状况对新思潮的制约

通过上述的例子我们不难发现，现代主义给中国的深远影响更多还是体现在了建造方式和设计方法上，但是在此过程中，我们并没有发现现代主义风格对中国的建筑理论产生什么巨大的影响，这是当时"民族形式"的思潮占了主流，现代主义的功能主义理念因来源于欧美而成了批判对象的大形势导致的结果。功能主义固然不会因为思潮的变化丧失其实用价值，但是长期以来在思想上的压制使得现代主义并没有可能像西方一样逐渐演变成艺术风格，像国际主义风格一样成为审美倾向，得到业内外的推广。

除此之外，绝大部分中国现代主义建筑外观上的简洁，实际上都有一种"适用、经济，在可能条件下注意美观"的消极节约造价的无奈，这和柯布西耶等人豪情万丈地推广自己的建筑美学的态度完全不同，而这些建筑的内部设施相比现在也是非常简陋，使用感受很不好，这使得大部分人对这些现代主义建筑的印象以负面的居多。也正因这个时代的现代主义建筑给人们留下的刻板印象，很多人并没有从心里去把现代主义当作一种设计风格，甚至对这些建筑颇为嫌弃。

图12 同济大学文远楼南入口

图13 同济大学文远楼北立面的镂花装饰大样

图14 同济大学文远楼立面上简化的柱头图案装饰

3.3 现代主义建筑理论的先天不足

1. 现代主义风格对形式要素的排斥

现代主义建筑理论年代并不久远，是在原先的理论无法适应工业化和现代化的大趋势这一前提下被提出来的，本身就具有一定的探索的性质。后来的实践基本是成功的，但是依旧暴露出了非常多的问题，现代主义建筑最容易被人们发现的问题，就是过于单一呆板的形式，这是过于注重技术因素，轻视建筑所在地文化因素导致的。虽然纵观现代主义建筑的发展史，我们可以看到很多建筑师尝试着去改变这个问题，但是终究不能取得很好的效果，毕竟现代主义建筑诞生之初很多观点过于激进，对于折中主义建筑中常见的带有古典元素的符号，现代主义建筑师们一向如临大敌，然而这些符号之所以能流传千年，是因为他们在历史和艺术两个方面都存在极大的价值，强行摒弃是矫枉过正的行为。现代主义晚期，密斯开始回归古典秩序和黄金比例，柯布西耶在昌迪加尔高等法院的门口挂上自己的画作和当地手工业者织的毛毯（图15），典雅主义建筑师们捡回了柱廊，可见这种清规戒律是一条歧路。

在中国，现代主义建筑同样遇到了难以本土化的窘境，对于功能主义的过度批判虽然同样是不合理，但是在大部分人仍然没有接触过全新的建筑思潮和抽象艺术的情况下强制推行纯粹的现代主义建筑，实在是勉为其难。在现代主义建筑对于传统文化传承和城市面貌产生了不良影响已经成了学术界的定论的今日，我们也需要对这一个问题进行适当的反思。

2. 现代主义建筑师对尺度和功能的肤浅理解

就今天看来，尽管现代主义建筑思潮有了对于一些可量化因素的关注和研究，但是这些研究的成果仍然不到位，很多设计手法不仅不成熟，而且还违背了现代主义建筑师群体力图表现出的以人为本的理念。这不仅引发了现代主义建筑实践中一些重大挫折，而且使人们对现代主义建筑思潮逐渐失去信心。

（1）不宜人的尺度对外部空间的恶化

尽管现代主义建筑师们很早就开始重视在人体尺度上的研究，并且使得模数的概念得以推广至整个行业，但是在很多大尺度的设计，尤其是室外空间设计中，我们可以发现这些建筑师对尺度的研究没有得到充分运用。最著名的例子是勒·柯布西耶在昌迪加尔（图16）的尺度惊人的规划，这个古典主义色彩浓厚的城市规划方案没有贯彻他一直以来对于人体尺度的关注，因为他过分强调了建筑群在图面上的效果以及建筑单体的纪念性，把建筑和周围的景观完全当成了纪念碑，导致这座城市根本不适合步行出门，缺乏人气和生机。除此之外，现代主义建筑思潮的巅峰期中被建造出来的一批集合住宅也暴露出了这样的尺度问题，过高的体量不仅给人以心理上的压迫感使得建筑间的道路难以成为热闹的交流场所，更导致了气流不稳定，形成"怪风"，导致室外环境不宜人停留。这些对于城市公共空间的负面影响是现代主义建筑思潮被批判的重要论据。

（2）对建筑功能的肤浅理解导致设计策略的死板

功能主义理念强调的从内而外的设计方式让建筑师把焦点放在了功能分区和功能流线上，然而随着技术水平的发展和建成的现代主义建筑逐步暴露出的问题，这样的理念被证实是片面的。

众所周知，现代主义建筑思潮对功能的理解只局限于建筑内部的物理环境和与建筑内人的活动直接相关的要素，且对于不同的功能大部分以分隔来解决问题。而过多强调空间分隔的设计方法有待商榷。现代主义建筑思潮晚期，一些现代主义建筑师就已经在尝试突破这个规则，密斯的"均质空间"就是一种不对空间进行严格分隔的策略，且已经通过了实践的考验。然而，这样的手法在国内的案例中体现的不多，大部分相关的教材和建成项目仍在强调非常严密的空间分隔。虽然在一些功能流线比较复杂的建筑中这种设计方法没有问题，但是随着科技发展，有很多原本存

图15 勒·柯布西耶所作的昌迪加尔高等法院挂毯模型

图16 昌迪加尔鸟瞰图

在的功能用房，不是不存在就是失去了分隔出单独的空间的必要性。如今，诸如图书馆和办公楼这样类型的建筑的流线已经大大优化，严密的分隔非常少见了，库哈斯这样的建筑师更是专门把各种功能分区刻意打通，以便增加人们交流的机会。可见强行用分割出的空间来对应功能的策略并不严谨。

到了20世纪80年代，拨乱反正和改革开放彻底结束了建筑创作思想单一的局面，只是此时，现代主义建筑思潮在欧美已经逐渐失去了主流地位，传入中国的新思潮是异军突起的后现代主义建筑思潮，自此，中国的现代主义思潮就告一段落了。

4 反思与改进

4.1 现代主义思潮理性思维的现实意义

中国本土的现代主义建筑思潮持续的时间比较短，大部分时间，人们都是将其看成一种快速便捷的建造方式，而非时髦先进的建筑风格。由于这些建筑大部分都是"反浪费运动"时期建造的，不论是造型还是质量都不是特别尽如人意，因此并没有给人们留下什么好感。这种负面评价甚至持续到了今日，以至于改革开放30年出现的"千城一面"乱象这笔账也被算在了现代主义建筑的头上，实在是过了。

实际上，正如我上文提及的那样，这些建筑虽然简陋，但是不论是设计思路还是建造方式，都非常符合当时的需求。其中的一些策略至今都十分值得借鉴，比如夏昌世在调节建筑物理环境时归纳的各种方法和数据。现代主义建筑思潮最具借鉴意义的，正是这样一种通过分析、量化数据后利用适当的策略来应对问题的设计方式，这也是现代主义思潮强调的工程师精神的核心所在。不幸的是，我们长期以来都没有在教学上重视这样一种理科思维，也长期忽视让学生培养出对可行性和资源限制等问题的敏感度，这其实是一种相当不好的现象。设计行业是不可能有无限制发挥的情形的，抛开资源限制，一切都是空中楼阁。如今很多人反映建筑学教育与建筑行业存在脱节问题，其实有一大部分就源于教学上理性分析的思维的缺乏。对此，我们应该学习传统的工科知识，并且充分利用一些其他学科的新成果，特别是认知心理学、环境心理学的新成果，来武装我们的设计方法，使得设计变得有理有据。

4.2 增加公众参与度的必要性

现代主义思潮存在的问题，其实也是可以用科学的办法去解决，倘使勒·柯布西耶能在昌迪加尔积极地让当地居民参与整所城市的规划，根据他们的意见和其他因素适当调整自己的设计方案，想必最终结果会好很多。我们总是批判现代主义建筑和规划思想没有人情味，但是本质上，这是建筑师过分凌驾于公众实际需求之上、凌驾于当地实际情况、把建筑设计等同于艺术创作的恶果。这样简单粗暴的设计流程走下来，不论最终的建筑风格如何，结果总是会招致各种不认同的声音。就算现代主义建筑思潮结束，后现代建筑思潮也时常有针对这种社会问题的批判之声，可见这不是简简单单的艺术风格问题。

然而迄今为止，这种现象在建筑行业仍然频频出现。由于社会问题并非建筑行业一己之力能达成，两种思潮传入国内后没有从根本上改变相应的决策机制，改变中国城市面貌评价不高的状态。对此，我们应当将增加公众参与度的社会议题纳入未来的努力方向，呼吁多方相关部门完善公众参与机制，让公众在建筑项目策划阶段到项目建成、实际运营过程中都有机会去参与讨论甚至决策，提出他们发现的一些问题，表达他们的见解，从而使得设计结果向良性的方向发展。

4.3 现代主义建筑语汇存在的合理性

现代主义建筑思潮有着偏激和反传统的部分，这个是定论，可是我们不应该就此得出"现代主义死亡"之类的简单粗暴的结论，这样的说法并没有找到问题本质。随着后现代主义建筑思潮的崛起又衰落，如今的建筑设计领域很难谈得上有什么得到普遍认同的设计手法，甚至有一大批先锋建筑师是反其道行之，通过一个反常规造型的争议性来博取知名度和社会讨论。

这种相对包容的环境中，我们不应该直接否定任何一种风格或思潮，而是应当多看多思考，与世界各地的从业者和教育人士互相交流，避免思想上的封闭。现代主义思潮遭遇了挫折跟理论上的短板关联很大，但设计本质上还是在解决问题，问题解决得好固然是件好事，可是解决得不好就应当因噎废食吗？不是应该吸取教训、总结经验，同时利用原本的优势来尽可能提高自己的实力吗？

对批判现代主义思潮时出现的一些不顾实际空谈社会责任，把社会问题归结到建筑的艺术风格上混淆视听的观点而言，历史已经证明了它们的片面和激进。难道现代主义建筑语汇一无是处吗？并非如此，否则贝聿铭和迈耶的作品又怎么能在后现代主义思潮中仍然独树一帜，成为一个又一个的经典呢？在现代主义建筑百年之际，我们仍然发现有大批著名建筑师在努力挖掘现代主义建筑语汇的潜力，诸如仙台媒体中心这样的项目在结合了新技术成果的基础上，让经典的语汇和概念焕发出了新的视觉观感和文化内涵，可见现代主义建筑语汇本身不存在那么多不合理性，只要善于挖掘，善于批判吸收，它依然能焕发生机。

4.4 大众媒体对建筑学知识普及的潜力

抛开建筑行业内部的问题，另一个问题也需要得到重视，那就是建筑行业与业外的群众之间存在的隔阂，这尤其体现在建筑风格、建筑评价标准这样的问题上。中华人民共和国成立初的大屋顶建筑在业内评价不高，因为它的所有装饰不仅没有结构上的功能可言，而且浪费了空间、提升了造价，更没有体现使用现代建筑结构体系的建筑应有的面貌，仅仅是仿照着古建筑的模样做造型。但是时至今日，我们依然可以发现很多新建建筑的顶部有这样的大屋顶，因为对于没有了解过建筑结构知识和近现代建筑史的普罗大众而言，这样的"虚伪"的造型实际上并不影响观感，相反，建筑上显眼的传统元素比被业内奉为圭臬的舶来的建筑语汇和概念讨人喜欢，这是人们对自己的文化的朴素的认同感导致的现象。然而建筑学终归是不能因为普罗大众的主观审美倾向而停止发展的步伐的，怎么办？

别的国家的建筑师已经给出了经验——我们可以利用大众媒体普及学科基础知识和最新的发展方向。过去我们的声音太小了，小到有人都不知道何为建筑学，建筑学和建造建筑之间有什么关系，这是非常不好的一件事情。作为一种应用性很强的行业，我们不应该高高在上、闭门造车，无视普罗大众的声音。当大部分人并不了解这些学科里的知识的时候，我们应该为自己发声，将我们的工作内容、学科知识、业内学术的争鸣分享给他们，拉近我们和大众的距离。

5 总结

现代主义思潮只不过是中国现代建筑发展史的一部分，但是其中的成果、暴露的问题，至今仍然值得我们反思。总的说来，建筑学教育也罢，建筑行业也罢，在大规模的城市化逐渐到了尾声，高质量的设计越加重要的今日，我们应该去归纳一些过去的经验，在转型期完善建筑设计的工作流，在针对国情的前提下引入新的科技成果，提高设计项目的完成度，提升中国建筑师群体平均的设计水平。当更多的人愿意脚踏实地地去思考如何做好建筑时，当更多的项目得到普罗大众的认可时，中国建筑师群体就算是更进一步了。

注释：

① 引自夏昌世.亚热带建筑的降温问题——遮阳·隔热·通风 [J]. 建筑学报.1958 (10)：36-39，+42.
② 引自冯纪忠."空间原理"（建筑空间组合设计原理）述要 [J]. 同济大学学报.1978 (02)：1-9.

参考文献：

[1] 冯纪忠.IKAS 哥本哈根会议评析——关于城市设计、住宅建设及后现代主义等问题 [J]. 时代建筑.1985 (01)：3-5，24.
[2] 冯纪忠."空间原理"（建筑空间组合设计原理）述要 [J]. 同济大学学报.1978 (02)：1-9.
[3] 华揽洪.谈谈和平宾馆 [J]. 建筑学报.1957 (06)：41-46.
[4] 罗西子.西方现代建筑技术发展及其对新中国建筑影响研究 [D]. 重庆大学，2017.
[5] 罗小未.外国近现代建筑史 [M]. 第二版.中国建筑工业出版社，2004.446.
[6] 彭一刚.建筑空间组合论 [M]. 第三版.中国建筑工业出版社，2008.402.
[7] 潘谷西.中国建筑史 [M]. 第七版.中国建筑工业出版社，2015.555.
[8] 钱锋."现代"还是"古典"？文远楼建筑语言的重新解读 [J]. 时代建筑.2009 (01)：112-117.
[9] W. 博奥席耶·勒·柯布西耶全集 第 8 卷·1965～1969 年 [M]. 建筑工业出版社，2005.188.

[10] 夏昌世.亚热带建筑的降温问题——遮阳·隔热·通风 [J].建筑学报.1958 (10) ：36-39，42.
[11] 邹德侬，张向炜，戴路.中国现代建筑史 [M].第二版.中国建筑工业出版社，2019.352.

图片来源：

图 1 www.sina.com
图 2 zhuanlan.zhihu.com
图 3 www.sina.com
图 4 www.sohu.com
图 5 谈谈和平宾馆.华揽洪.建筑学报.1957 (06)：44
图 6 谈谈和平宾馆.华揽洪.建筑学报.1957 (06)：45.
图 7 亚热带建筑的降温问题——遮阳·隔热·通风.夏昌世.建筑学报.1958 (10)：36
图 8 亚热带建筑的降温问题——遮阳·隔热·通风.夏昌世.建筑学报.1958 (10)：39
图 9 亚热带建筑的降温问题——遮阳·隔热·通风.夏昌世.建筑学报.1958 (10)：37
图 10 亚热带建筑的降温问题——遮阳·隔热·通风.夏昌世.建筑学报.1958 (10)：39
图 11 亚热带建筑的降温问题——遮阳·隔热·通风.夏昌世.建筑学报.1958 (10)：37
图 12 news.sohu.com
图 13 自摄
图 14 自摄
图 15 www.justeasy.cn
图 16 blog.163.com